可拓学丛书

低碳设计可拓智能方法

赵燕伟　洪欢欢　周建强　任设东　王万良　著

国家自然科学基金资助项目

科学出版社

北　京

内 容 简 介

本书针对设计初期综合考虑产品全生命周期低碳多设计要素而形成的复杂冲突矛盾问题，研究基于可拓学理论方法的低碳设计矛盾问题求解策略和智能算法模型。从知识驱动的角度，研究低碳实例知识的建模、检索、分类技术，基于可拓学方法的矛盾问题智能化求解技术，集成创新方法的设计知识派生技术。各章节均有翔实的低碳设计案例，以加深读者对相应理论知识的领悟。

本书可供机械设计、制造与控制技术、人工智能、计算机技术及相关领域的科研和工程技术人员参考阅读，特别适合作为高等院校相关专业的本科生和研究生的选修教材。

图书在版编目（CIP）数据

低碳设计可拓智能方法/赵燕伟等著. —北京：科学出版社，2019.11
（可拓学丛书）
ISBN 978-7-03-061864-1

Ⅰ. ①低… Ⅱ. ①赵… Ⅲ. ①机械设计-节能设计 Ⅳ. ①TH122

中国版本图书馆 CIP 数据核字（2019）第 147035 号

责任编辑：张海娜 乔丽维 / 责任校对：郭瑞芝
责任印制：吴兆东 / 封面设计：陈 敬

科学出版社 出版
北京东黄城根北街 16 号
邮政编码：100717
http://www.sciencep.com
北京中石油彩色印刷有限责任公司 印刷
科学出版社发行 各地新华书店经销
*
2019 年 11 月第 一 版 开本：720×1000 B5
2024 年 1 月第四次印刷 印张：15 1/4
字数：300 000
定价：128.00 元
（如有印装质量问题，我社负责调换）

"可拓学丛书"编委会

"可拓学丛书" 序

人类的历史是一部解决矛盾问题、不断开拓的历史。可拓学研究用形式化的模型分析事物拓展的可能性和开拓创新的规律，形成解决矛盾问题的方法，对于提高人类智能有重要的意义。根据这些研究成果探讨用计算机处理矛盾问题的理论和方法，对于提高机器智能的水平有重要的价值。可拓学研究正是基于这种目的而进行的。

可拓学选题于1976年展开，1983年发表首篇论文《可拓集合和不相容问题》。十多年来，在广大可拓学研究者的努力下，经历了无数的艰辛，逐步形成了可拓论的框架，开展了在多个领域的研究，一个新学科的轮廓已经形成。

近年来，不少学者加入了建设这一新学科的行列。可拓学的应用研究和普及推广迫切需要一批介绍可拓学的书籍，供研究者参考。为此，我们组织了"可拓学丛书"的编写，希望通过这套丛书，把可拓学介绍给广大学者。

诚然，目前可拓学还未完全成熟，可拓学的研究水平还不高，理论体系还要进一步建设，应用研究还需深入进行，大量的问题尚待解决。因此，这套丛书只能起抛砖引玉的作用。我们希望通过这套丛书，为广大学者提供可拓学的初步知识和思维方法，并提供研究的课题。

我们相信，丛书的出版将会吸引更多学者加入可拓学的研究行列，成为可拓学研究的生力军，推动可拓学的完善和发展。我们也希望广大读者对本丛书提出宝贵意见，为可拓学的建设添砖加瓦。

中国人工智能学会可拓工程专业委员会主任

国家级有突出贡献的专家

新学科可拓学的创立者

蔡　文

2002年6月

"可拓学丛书"前言

"可拓学"是以蔡文教授为首的我国学者创立的新学科，它用形式化的模型，研究事物拓展的可能性和开拓创新的规律与方法，并用于处理矛盾问题。

经过可拓学研究者多年的艰苦创业、共同奋斗，可拓学已初具规模，包括可拓论、可拓创新方法、可拓工程等。在理论和方法研究上取得了创新性、突破性的研究成果，在实际应用中，具有多领域、多类型的成功事例。可拓学及其应用已引起国内外学术界的广泛关注，具有一定的影响。其主要成果如下：

(1) 可拓论。包括基元理论、可拓集合理论和可拓逻辑。

基元理论提出了描述事、物和关系的基本元——"事元"、"物元"和"关系元"，讨论了基元的可拓性和可拓变换规律，研究了定性与定量相结合的可拓模型。提供了描述事物变化与矛盾转化的形式化语言。基元理论为知识表示提供了新的形式化工具，可拓模型为人工智能的问题表达提供了定性与定量相结合的模型，对人工智能的发展有重要意义。

可拓集合论是传统集合论的一种开拓和突破。它是描述事物"是"与"非"的相互转化及量变与质变过程的定量化工具，可拓集合的可拓域和关联函数使可拓集合具有层次性与可变性，从而为研究矛盾问题、发展定量化的数学方法——可拓数学和可拓逻辑奠定基础。

可拓逻辑是研究化矛盾问题为不矛盾问题的变换和推理规律的科学，它是可拓学的逻辑基础。

(2) 可拓创新方法。可拓创新方法是可拓论应用于实际的桥梁。在可拓学研究过程中提出了基于可拓论的多种可拓创新方法，如发散树、分合链、相关网、蕴含系、共轭对等方法；优度评价方法；基本变换、复合变换和传导变换等可拓变换方法；菱形思维方法及转换桥方法等。

(3) 可拓工程。将可拓方法应用于工程技术、社会经济、生物医学、交通环保等领域，与各学科、各专业的方法和技术结合，发展出各领域的应用技术，统称为"可拓工程"。可拓工程研究的基本思想是用形式化的方法处理各领域中的矛盾问题，化不可行为可行，化不相容为相容。近年来，可拓学在计算机、人工智能、检测、控制、管理和决策等领域进行的应用研究取得了良好的成绩。实践证明，可拓学的发展及应用具有广阔的前景。

"可拓学丛书"的出版，总结了多年来可拓学在理论和应用上的研究成果，这对于可拓学的应用和普及具有重要的意义。它将推动可拓学研究的深入和发展。虽然可拓学研究目前已经取得了初步的成绩，但是还有许多工作要做，也可能遇到各种各样的困难和挫折。尽管科学的道路是不平坦的，但前途是光明的。特赋诗一首以祝贺"可拓学丛书"的出版：

　　　　　人工智能天地广，
　　　　　可拓工程征途长。
　　　　　中华学者勇创新，
　　　　　敢教世界看东方。

中国人工智能学会荣誉理事长

"可拓学丛书"编委会主任

涂序彦

2002 年 6 月

前　　言

在全球经济突飞猛进、产品快速更新的进程中，资源短缺、生态失衡、环境恶化已成为21世纪人类面临的严峻挑战。为实现制造业的可持续发展，产品生态化设计理念已被公认为最大化经济效益和环境效益的重要技术手段。低碳设计作为面向可持续设计的技术方法，在保证应有功能和质量的前提下，应综合考虑产品全生命周期碳排放。产品低碳性能与原有功能结构、制造工艺、装拆维修、使用维护、成本效益等多因素之间的冲突问题是制约产品低碳设计有效实施的主要瓶颈，属于可持续设计与制造领域的重要科学问题之一。

本书将可拓智能方法应用于低碳设计复杂矛盾问题的求解。研究低碳多设计因素关联建模方法，面向产品低碳实例的检索、分类技术，低碳设计可拓知识的重用模型与演化算法，复杂矛盾问题的建模方法及矛盾问题的集成协调创新技术。通过研究产品低碳设计冲突协调创新方案生成的设计方法理论，探索、挖掘冲突协调过程中可拓知识的演化规律，实现以知识驱动的产品低碳创新设计和智能设计。

本书共11章，第1章总体阐述低碳设计的内涵及研究现状、产品设计冲突协调方法和基于知识驱动的智能设计方法；第2章研究低碳设计碳足迹、成本、性能的多因素关联建模技术及设计知识建模方法；第3章构建多维关联函数模型，并应用于低碳多属性相似实例的检索；第4章研究基于可拓集的静态分类方法及基于实例域变换与多维关联函数变换的实例域动态分类方法；第5章建立基于需求-功能-行为-结构的映射过程可拓推理知识重用模型及面向结构重构的可拓变换知识重用模型；第6章研究低碳设计冲突问题的建模方法，构建冲突问题镜像模型及传导模型；第7章研究低碳设计性能冲突协调方法，提出性能冲突核问题求解策略；第8章研究面向功能创新、结构创新、结构参数优化的结构变异再生方法；第9章研究集成TRIZ与可拓学方法的低碳创新设计，建立面向技术矛盾和对立问题、物理矛盾和不相容问题的低碳设计可拓知识派生策略；第10章研究基于多维关联函数的改进演化算法，求解低碳设计方案组合爆炸问题；第11章开发产品低碳设计可拓智能方法的原型系统。

作者将可拓学方法应用于产品设计领域，相继完成多项国家自然科学基金，率先提出了可拓设计方法，已经出版专著《可拓设计》。可持续设计、智能设计是设计方法学重点关注的科学问题，作者应用可拓设计方法智能化处理低碳设计领域的复杂设计矛盾问题，取得了创新性的研究成果。本书得到了国家自然科学基金项目"面向复杂技术冲突协调的可拓设计集成创新方法研究"(51875524)、"面向产品低碳设计冲突协调的可拓知识演化方法"(51275477)和"面向绿色设计冲突消解的可拓层次基元模型及其变换方法研究"(51175473)，浙江省自然科学基金项目"绿色设计不相容问题的 E-FSED 模型及其智能化协调方法"(LY15E050021)，浙江省公益技术应用研究计划项目"多层数控裁床过窗裁剪技术及其智能化研究"(2017C31072)，广东省创新方法与决策管理系统重点实验室资助项目"面向 TRIZ 理论的可拓创新设计方案自动生成系统"(2011A060901001-07A)的资助。在此作者衷心感谢国家自然科学基金委员会等部门多年来对可拓设计研究工作的大力支持。

经过作者研究团队多年来的共同努力，培养了一批从事产品低碳设计可拓智能方法理论与应用研究的年轻学者和工程技术人员，他们是洪欢欢、陈建、叶永伟、张景玲、朱李楠、姜高超、陈尉刚、何路、周建强、楼炯炯、任设东、冷龙龙、桂方志、谢智伟等，他们的研究工作为本书的完成做出了贡献。

本书撰写工作得到了广东工业大学可拓学与创新方法研究所杨春燕研究员、李兴森教授、汤龙博士等专家学者的关心和指导，在此表示深深的感谢。

由于作者水平有限，书中难免存在不足之处，恳请读者批评指正。

作　者

2019 年 6 月于杭州

目　　录

第1章 绪 论

1.1 研究背景与意义

产品设计是一种创新过程，是对主观思维、空间想象的一种形式化、定量化的客观展示过程。产品技术的创新就是解决或协调设计过程中出现的矛盾问题，矛盾问题或冲突问题的尖锐程度直接凸显技术创新层次[1]。设计问题可表述为"通过内部环境的组合来适应外部环境的变化"，不仅关注产品上市成功的内在设计问题，还要考虑到与生态环境的和谐相容性。生态环境属性在产品设计过程中的重要性凸显，是实施可持续发展的重要保障。

低碳设计是在实现产品功能、满足性能和符合经济指标的条件下，降低产品全生命周期各阶段的碳排放量，达到以低碳产品认证为目的的一种设计方法[2]。在可持续设计与制造实施过程中，低碳、节能型产品固然为企业赢得市场份额提供了更多机遇，但同时由于产品生命周期的拓展以及环境因素的纳入给产品研发、制造和工艺带来了更多挑战。提升产品低碳性能的同时有可能削弱其已有的功能、行为和结构性能，进而降低产品的市场竞争力。另外，产品生态化、轻量化、模块化设计性能的增强有可能极大地增加其使用、维护与重用的难度和成本，又受到产品使用维修、回收、重用等后半生命周期因素的制约。因此，产品低碳性能与产品原有功能结构、制造工艺、装拆维修、使用维护、成本效益等多因素之间的冲突问题是制约产品低碳设计有效实施的主要瓶颈，属于可持续设计与制造领域的重要科学问题[3, 4]。

产品的低碳性能通常表现为多因素关联，如碳足迹评估、拆卸回收分析、结构模块重用、可维修性和环境友好性评价等，与需求驱动的产品功能、结构、环境等既密切关联又相互排斥甚至干涉冲突，呈现出生命周期多学科领域知识的矛盾性、复杂性、动态性、多样性等特征。需要研究低碳设计知识拓展规律、知识分类方法和跨域映射机理，以揭示产品生命周期低碳设计知识的演化规律。因此，迫切需要一套针对低碳设计问题的知识建模、变换推理、冲突协调的智能设计方法体系。

可拓学是用形式化模型研究事物拓展的可能性和开拓创新的规律与方法，并用于解决冲突矛盾问题的新学科。可拓知识是指冲突矛盾问题协调过程中可拓推理、可拓变换等动态可变知识。产品低碳设计伴随着多因素复杂冲突问题，涉及大量隐性、变换的设计知识。因此，有必要研究面向知识驱动的低碳设计过程变换知识的建模方法，以及可拓知识重用模型、演化算法，探索低碳设计过程中可拓知识的派生、演化规律，实现产品的创新、智能化设计。

1.2　低碳设计内涵

1.2.1　低碳的相关概念

在产品快速更新的进程中，资源短缺、生态失衡、环境恶化已成为 21 世纪人类面临的最严峻的挑战之一。随着社会经济发展模式的转变、温室效应的巨大挑战及人们对高品质生活的追求，"低碳"这种包含发展理念、自然和谐模式与未来生活品质的新概念名词迅速走上历史舞台。

1) 低碳

低碳(low carbon)是指较低或较少的温室气体排放。在联合国政府间气候变化专门委员会(IPCC)的出版物 *Climate Change 2007: The Physical Science Basis* 中列出了详细的温室气体清单，主要包括二氧化碳(CO_2)、甲烷(CH_4)和氮氧化物等温室气体以及其他类气体(包括氢氟碳化物和全氟化碳)。而其他温室气体可以通过全球增温潜势(GWP)[5, 6]转化成二氧化碳当量，任何一种温室气体的减少都可称为"低碳"，因此二氧化碳被视为低碳的量化评判指标。

2) 碳足迹

依据二氧化碳排放量，英国的碳信托有限公司给出了一个全新的专业名词——碳足迹(carbon footprint, CFP)，即低碳程度评价量值。当时给碳足迹的定义为：用以确定和衡量每件产品或每一项活动的供应链流程步骤中温室气体总排放碳当量的一种明确的方法和技术。企业通过碳足迹分析向消费者提供产品碳足迹信息，让消费者对产品生产的环境影响有一个量化认识，继而引导其消费决策。可见，低碳是一种明确的环境属性且拥有量化的计算方法，具有针对性强、目标性明确、可操作性好等特点。

3) 世界对"低碳"采取的措施

低碳目标的实现源于全球国家之间的通力协作和努力倡导。1992 年 6 月，在巴西里约热内卢召开的联合国环境与发展会议中通过了《联合国气候变化框架公约》(以下简称《公约》)，这是世界上第一个为全面控制二氧化碳等温室气体排放，以应对全球气候变暖给人类经济和社会带来不利影响的国际公约。1994 年 3 月 21 日，《公约》正式生效，缔约方每年举行缔约方大会(Conference of the Parties, COP)，以商讨如何应对全球气候变暖给人类社会和经济带来的不利影响，这是世界上参与国家和地区最多、影响最大的气候大会。随着《公约》附加条款《京都议定书》和《巴黎协定》(该协议是继《公约》和《京都议定书》之后, 人类历史上应对气候变化的第三个里程碑式的国际法律文本, 形成 2020 年后的全球气候治理格局)的生效, 在举行《公约》缔约方大会的同时, 也举行《京都议定书》缔约方大会(CMP)和《巴黎协定》缔约方大会(CMA), 这些会议也称联合国气候变化大会。历届会议主要内容如表 1.1 所示。

表 1.1 联合国气候变化大会主要内容

时间/地点	会议名称	主要内容
1995 年 3 月/德国柏林	COP1	通过《柏林授权书》等文件
1996 年 7 月/瑞士日内瓦	COP2	讨论 "柏林授权" 所涉及的 "议定书" 起草问题
1997 年 12 月/日本京都	COP3	通过《京都议定书》
1998 年 11 月/阿根廷布宜诺斯艾利斯	COP4	发展中国家产生分化
1999 年 10 月/德国波恩	COP5	通过《公约》附件, 对技术开发与转让、发展中国家及经济转型期国家的能力建设进行协商
2000 年 11 月/荷兰海牙	COP6	世界上最大温室气体排放国美国坚持大幅度提高其减排指标
2001 年 10 月/摩洛哥马拉喀什	COP7	通过《京都议定书》履约问题, 形成《马拉喀什协议》
2002 年 10 月/印度新德里	COP8	通过《德里宣言》, 强调应对气候变化必须在可持续发展的框架内进行
2003 年 12 月/意大利米兰	COP9	通过近 20 条具有法律约束力的环保决议
2004 年 12 月/阿根廷布宜诺斯艾利斯	COP10	讨论在《公约》下的技术转让、资金机制、能力建设等重要问题
2005 年 11 月/加拿大蒙特利尔	COP11/CMP1	发布控制气候变化的 "蒙特利尔路线图"
2006 年 11 月/肯尼亚内罗毕	COP12/CMP2	帮助发展中国家提高应对气候变化的能力
2007 年 12 月/印尼巴厘岛	COP13/CMP3	发布 "巴厘岛路线图"
2008 年 12 月/波兰波兹南	COP14/CMP4	八国集团领导人就温室气体长期减排目标达成一致
2009 年 12 月/丹麦哥本哈根	COP15/CMP5	发表不具法律约束力的《哥本哈根协议》
2010 年 11 月/墨西哥坎昆	COP16/CMP6	通过两项气候变化协议, 确定创建 "绿色气候基金"
2011 年 11 月/南非德班	COP17/CMP7	体现发展中国家的两个根本诉求; 发达国家在《京都议定书》第二承诺期进一步减排; 启动绿色气候基金
2012 年 11 月/卡塔尔多哈	COP18/CMP8	通过一揽子决议, 宣布 2013 年开始实施《京都议定书》第二承诺期

续表

时间/地点	会议名称	主要内容
2013 年 11 月/波兰华沙	COP19/CMP9	敦促发达国家进一步提高 2020 年前减排力度；加强对发展中国家的技术和资金的支持；进一步推动德班平台
2014 年 12 月/秘鲁利马	COP20/CMP10	对 2020 年后各国减排做出要求；产出一份巴黎协议草案
2015 年 12 月/法国巴黎	COP21/CMP11	通过《巴黎协定》
2016 年 11 月/摩洛哥马拉喀什	COP22/CMP12/CMA1	对发展中国家水资源短缺、水污染和水的可持续发展问题进行多边协商

另外，为了应对能源消耗对碳排放的影响，世界各国制定碳税或能源税政策。所谓碳税，就是针对排放二氧化碳产品和服务的税收。20 世纪 90 年代，北欧成为世界上最早推行碳税制度的地区，其中，丹麦、荷兰、芬兰、瑞典等国家已经建立起较为完善的碳税制度；2007 年，日本开始实施碳税政策并逐年完善，将税收投入到国家道路建设、家用汽车购置优惠政策等方面；2008 年，加拿大不列颠哥伦比亚省开始实施碳税政策。虽然碳税政策在某些国家和地区得到民众的理解和支持，但在其他一些国家却是一波三折。2012 年，欧盟向所有经过欧洲国家机场的航班征收碳税，但被世界其他国家甚至欧盟内部国家反对，最终实施了 11 个月的碳税政策被"腰斩"，仅向欧盟国家征税；2011 年 7 月，澳大利亚宣布征收碳税，但在 2014 年就被废除，成为世界上第一个制定碳税政策又取消的国家；同时，美国拒绝通过各项碳税法案，虽然有部分州进行了碳税的征收，但是国家政府方面还尚未有所作为。

4) 中国对"低碳"采取的措施

我国从"八五"计划(1991~1995 年)开始，就将全球气候变化作为重要研究内容列入国家的科技发展计划中。制定"十五"计划以来，颁布了多项法律条文来规范低碳经济的发展，如《中华人民共和国清洁生产促进法》、《中华人民共和国大气污染防治法》、《中华人民共和国环境影响评价法》等一系列法律；从 2008 年开始，每年 11 月发布《中国应对气候变化的政策与行动》，阐述中国对低碳事业的作为和决心。2016 年 11 月，国务院发布《"十三五"控制温室气体排放工作方案》的通知，对减排工作做出具体部署，并设立短期目标：到 2020 年，单位国内生产总值二氧化碳排放比 2015 年下降 18%，碳排放总量得到有效控制。

1.2.2 碳足迹评估

碳足迹计算方法最早见于英国标准协会(BSI)编制的 PAS2050 中，它给出了通用碳足迹的计算步骤，由于不同类型产品在全生命周期各个阶段的碳足迹计算方法存在差异，目前还未形成有效统一的计算方法。

Wiedmann[7]研究了投入-产出的产品碳足迹计算方法。Jeswiet 等[8]将零部件制造过程的耗电量与碳排放直接关联，定义了电网碳排放标志(carbon emission sign, CES)，通过获取单个零件加工的耗电量 CES，间接计算出制造过程的碳排放。Joyce 等[9]提出了通信产品碳足迹的启发式计算方法。张秀芬[10]研究了产品拆卸过程碳足迹量化方法。孙良峰等[11]建立了基于分层递阶的碳足迹计算模型。

黄海鸿等[12]建立了能量消耗的抽象过程模型，给出了产品生命周期各阶段能量的量化公式。尹瑞雪等[13]建立了砂型系统碳排放评估边界。陶雪飞等[14]建立了基于碳排放强度系数的产品物料消耗评价模型。Pasqualino 等[15]以包装材料和尺寸的不同来评估其最终的处理方法，应用结果显示碳足迹变化明显。Myung 等[16]对汽油、柴油、液化石油气、低碳燃料在轻型车辆做发射特性的各种认证模式进行了研究，研究显示低碳燃料能大幅增加冷启动时的瞬时加速度、减少微粒燃烧及帮助清洁燃烧。Rotz 等[17]研发并提供了一种针对产品单日碳足迹的相对简单的评价管理工具。可见，通过便捷的碳足迹计算方式，可以简单评估低碳生活质量。

虽然存在不同的碳足迹评估方法，低碳设计的真正难度在于如何将复杂的碳足迹评估方法合理地简化应用到产品设计初始阶段，获取低碳化程度高、产品功能质量和性能满足要求的设计方案。

1.2.3　低碳产品认证

低碳产品认证意在鼓励企业生产低碳产品和提供低碳服务。在越来越多的国家和机构的大力宣传、支持和倡导下，企业从设计阶段考虑产品全生命周期内的碳排放量并进行可行性评估，对低碳产品授予碳标签。

英国是最早推出产品碳标签(图 1.1)制度的国家，于 2007 年试行推出全球第一批面向消费类产品的碳标签产品。2008 年，在碳基金(carbon trust)大力推广下，产品碳标签标识在 Tesco、可口可乐等 20 家厂商的 75 种产品中得到应用，具有较好的通用性。

图 1.1　英国碳标签

美国的三种碳标签为碳排放量标志 Carbon Label 碳标签、强调低碳的 Climate Conscious 碳标签及碳中和的 Carbon Free 碳标签，如图 1.2 所示。

(a) Carbon Label标签碳　(b) Climate Conscious碳标签　(c) Carbon Free碳标签

图 1.2　美国的三种碳标签

另外，还有法国的 Group Casino Indice Carbon 碳标签(图 1.3(a))、瑞士的 Climatop 碳标签(图 1.3(b))、德国的 Product Caron Footprint 碳标签(图 1.3(c))、日本碳足迹标签(图 1.3(d))、韩国碳标签(图 1.3(e))。

(a) 法国碳标签　　　　　　　(b) 瑞士碳标签　　　　　　　(c) 德国碳标签

(d) 日本碳足迹标签　　　　　　　　　(e) 韩国碳标签

图 1.3　各国碳标签

中国环境标志低碳产品认证标志如图 1.4 所示。该标签由外围的 C 状外环和青山、绿水、太阳组成。标志中心结构表示人类赖以生存的环境，外围 C 状外环是碳元素的化学元素符号，代表低碳产品，倡导支持低碳产品来共同保护人类赖以生存的环境。

图 1.4　中国碳标签

低碳产品认证作为产品低碳化程度的一个整体评价，体现了一种生活态度，是对现在环境的一种保护，也体现了包含人文关怀、道德品德、可持续发展的一种思想，是对低碳技术的一种肯定和鼓励。

在低碳化日趋成熟的发展趋势下，低碳产品认证的要求越来越高，所涉及的行业也越来越多，使低碳设计冲突问题变得尤为尖锐。尤其是竞争激烈的机械行业，低碳设计冲突问题变得具有层次性、不确定性以及数据量大等特点，是一个复杂的系统性问题。因此，冲突协调的层次和状态决定了一个产品低碳化水平的高低。低碳设计冲突问题主要表现在低碳性能之间、低碳性能与常规性能、低碳性能与碳足迹及成本等方面。

1.2.4　低碳设计与绿色设计内涵理念

低碳内涵的扩展产生了众多息息相关的名词概念，如低碳经济、低碳生活、低碳社会、低碳城市、低碳社区、低碳家庭、低碳消费、低碳文化、低碳艺术等，低碳经济和低碳生活是其核心。低碳经济(low carbon economy)是指以低能耗、低污染、低排放为基础的经济发展模式，其核心是能源和减排的技术创新、产业结构和制度创新及人类生存发展观念的根本性转变，最早见于 2003 年的英国政府文件——能源白皮书《我们能源的未来：创建低碳经济》。低碳生活(low carbon life)

是指生活作息时崇尚减少碳排放、节电节气和重回收利用，它不仅是一种口号，也是一种态度和时尚，还是社会责任感的一种体现。

低碳设计(low carbon design)是指能达到减少温室气体排放效果的一种设计活动，是节能减排的一种新形式、新方法、新观念[18]。低碳设计是实现低碳经济和低碳生活的保障与前提条件，且低碳经济和低碳生活源于低碳设计。

在学术研究中，低碳设计经常与绿色设计这一概念混在一起，因此要明确低碳设计的范围。

绿色设计是指增加产品的回收价值及减少环境破坏，从材料选择、可制造性、使用、维护、回收、再生、再利用等几个方面作为研究重点展开[19-21]。绿色属性在需求中独立出来，具有很强的设计指导作用，取得了很好的社会反响，达到了可持续发展的目的。

低碳设计与绿色设计一样同属于环境范畴，也是贯穿产品全生命周期的一种属性要求。两者的极限(绿色无限大和低碳无限小)就是回归自然，这是理想化的趋同[22, 23]。

低碳设计的侧重点是设计过程中输出量值的计算，绿色设计的侧重点为理论指导或者原理输出，且绿色范畴大于低碳范畴，但是低碳并不全属于绿色范畴框架之内，这两者是有交集的关系而非包含的关系。例如，产品的制造阶段和使用阶段是环境破坏最大的两个输出环节(约 90%以上)，只要这两个环节的低碳化能被很好地控制，对产品全生命周期低碳化的影响就很显著，相比较而言，产品的可回收性更多的是体现产品设计的绿色化，但低碳性的体现就略显不足。它们各自实现目标的方法有差异，在产品全生命周期各阶段的设计战略不一致，因此低碳和绿色有着很大一部分的相同目的，但也存在小部分的差异。

1) 低碳设计与绿色设计的相同点

(1) 目的性。两者都是在需求输入的同时凸显环境需求的重要性，满足可持续发展的目的。

(2) 实质性。两者都是考虑各自属性最优化下的节能减排技术。

(3) 设计方式。两者都是在满足产品基本属性的基础上，实现该属性最大化的一种协同的、并行的设计过程。

(4) 产品周期。两者都是面向产品全生命周期各个阶段。

(5) 无认证标准。两者都没有形成规范的产品认证标准，如绿色产品或低碳产品的判定参考标准、各阶段绿色或低碳实时监控标准等。

2) 低碳设计与绿色设计的相异点

尽管低碳设计与绿色设计都属于生态设计的一种，但是低碳设计并不是绿色设计的新称谓，虽然在大众面前其涵义可能延伸到了整个环境问题，但是在学术中存在着一些差异。

(1) 研究侧重面。绿色设计侧重于研究产品全生命周期中制造阶段、维护阶段、回收利用阶段的绿色实施情况，而低碳设计侧重于研究产品全生命周期中制造阶段、使用阶段的低碳化实施情况。

(2) 设计结果。两者都是以环境影响最小化为设计目的，但是绿色设计偏向于提高资源的循环利用率，而低碳设计偏向于提高资源利用率下的最低碳排放。

(3) 设计参数量化。绿色设计没有专门的绿色度或绿色性量化计算公式，无法给出最直接的、最有效的评价依据，而低碳设计有专业的参数量化工具——碳足迹。

(4) 理论成熟性。绿色设计起步较早，相对成熟，而低碳设计起步晚，还存在许多技术上和理论上的缺陷。

可见，在绿色设计中，"绿色"是作为宏观性指标，没有给出量化指标方法，也没有给出属于或者达到绿色范围、绿色等级划分依据等。低碳设计可认为是绿色设计的量化版，更具有针对性和目标性。

如何将低碳理念切实地转变为低碳产品，迫切需要形成一套完整的低碳设计方法体系。首先，将低碳设计理念和可持续发展设计观念植入设计思想中，因为产品设计方案决定了从制造、使用到废弃的资源利用率及对环境的影响程度。其次，通过技术突破、发展模式转变、政策扶植等进行低碳的推广研究与应用[24]。例如，2012 年伦敦奥运会主体育馆"伦敦碗"和非长久性使用的临时结构、2010年上海"低碳世博"理念及所使用的环保设计方案。

1.3　低碳设计研究现状

产品低碳设计过程是一个涉及多学科、多领域知识的复杂系统决策过程，国内外分别在节能生态化设计、轻量化设计和模块化设计等方面展开研究。从低碳设计与制造的提出、发展到现在，有待形成低碳设计与制造的基本概念、内涵、框架体系、规范和设计准则、设计方法。围绕产品全生命周期的特定阶段，已提出的相关理论方法包括产品生命周期绿色设计制造技术[25]、基于产品零部件的拆卸回收[26-28]、关键零部件的再制造[29, 30]、清洁生产、维护性维修性设计、绿色供应链以及产品全生命周期评估等[31-33]。产品低碳设计因受到产品生命周期不同阶段的多因素制约，如材料、加工工艺、装拆结构、使用维修、报废回收等，需要多领域设计知识的协调优化，国内外学者已经从不同方面开展了富有成效的研究[34-37]。

因此，本书对这些设计方法所具体实施的对象进行综合分析并归类，从产品结构低碳化、基于动力驱动变换、基于性能驱动变换、产品控制技术四个方面综述产品低碳设计过程中的具体低碳化操作。

1.3.1　产品结构低碳化研究现状

产品结构低碳化操作是以产品结构为基础，对其实施的结构改进或者创新，达到高效、减排及节能节材的一种操作方法。刘献礼等[38]将机械加工低碳制造重点划分为产品低碳设计、低碳生产过程和低碳能源开发三个部分，阐明了产品低碳设计中有关轻量化、模块化及生态化设计的基本概念；同时，概述了结构优化在产品低碳设计中的重要性，指出了低碳化操作的基本方向。以下对结构轻量化、生态化和模块化这三类产品结构低碳设计方法进行阐述。

1) 结构轻量化

结构轻量化主要通过优化结构或材料替代物来减轻质量，其实质是优化设计中考虑轻量设计理念，在大型产品(如飞机、汽车、机床等)设计中尤为重要。

李祺等[39]研究了航空结构件的并联动力轻量化设计方法。吴清文[40]、谭惠丰等[41]、杨合等[42]对飞机结构及飞机配用设备进行了轻量化操作，从而实现飞机的轻量化目标。焦洪宇等[43]基于相似理论和弹性静力学理论对桥式起重机的主梁进行了轻量化设计。郭垒等[44]、Zulaika 等[45]对机床结构进行优化以实现轻量化目标。史国宏等[46]、赵韩等[47]、李艳萍等[48]、彭禹等[49]、Fredricson[50]对汽车结构进行了优化，在功能和性能满足要求的前提下实现汽车车身或者发动机等的轻量化。

对大型产品实施轻量化操作，在满足功能、性能、质量要求的前提下，具有较大的优化空间，对结构节材和制造加工过程中的减少碳排放量有重要作用，因此该类产品轻量化操作本身就是一种低碳化设计方法。

2) 结构生态化

结构生态化是指按生态学原理进行的人工生态系统的结构、功能代谢过程及其工艺流程的系统操作方法。其核心是将环境因素纳入设计之中并贯穿整个生命周期，因此它包含了生态性、绿色性及全生命周期性等因素。

生态性主要体现在生态设计过程中，该设计过程包含生态系统框架、生态系统模型或集成方法的提出等方面。由此 Jiao 等[51]、付培红等[52]都建立了产品生态设计的生态框架，并以此为基础构建了相应的分析模型。生态系统框架的构建有助于协调处理环境因素及其约束条件，量化结构生态化操作范畴和预测结构生态化目标。张秀芬等[53]在结构生态化的研究基础上，提出了基于拆卸结构单元图谱的智能拆卸方法。刘征等[54]提出了集成 TRIZ(theory of inventive problem solving)的产品生态设计方法研究，通过深入研究方法的集成，有利于更好地实现结构生态化操作，为以后的研究提供较好的参考依据。左铁镛等[55]依据我国有色金属材料产业发展态势及相关产业应用模式，提出了"减量化、再利用、再循环"原则，积极推广生态设计。结构生态化是通过生态性约束结构特征，降低对环境的负面影响，大幅提高其重用性，实现有价值的循环利用，从一个侧面说明其所具有的低碳性。

绿色性侧重于产品报废后的可拆卸和可回收性。前者有可拆卸图谱构建、拆卸序列规划和评价[56, 57]及绿色模块[58, 59]，实现结构的绿色模块可拆卸化操作、拆卸的序列生成。后者有回收材料方面的研究、回收工艺方面的研究和回收方案评价[60]。潘云鹤等[61]、李方义等[62]将绿色设计扩展到全生命周期。该类研究实质是从设计制造源头就考虑绿色因素并贯穿产品全生命周期。李先广等[63]提出了齿轮加工机床的绿色设计和制造技术框架。

全生命周期性考虑产品结构的生命周期，包括全生命周期的结构管理[64]、功能结构信息采集[65]、结构能耗信息模型[66]、各阶段信息表达模型演化、以结构为基础的产品风险管理。Ross 等[67]指出生命周期评价技术是有效的绿色设计与制造共性支撑技术。产品结构全生命周期性的关键点在于结构模型在各阶段的演化方法、实时的结构能耗动态变换信息采集手段和结构特征在各阶段的变换规律，为结构低碳化操作提供关键的实际验证依据。

3) 结构模块化

结构模块化有助于增加产品构成零部件标准化数量、实现产品的快速配置及提高可拆卸性。这些优势有助于减少产品全生命周期各环节的直接或间接碳排放。

模块化设计概念于 20 世纪 50 年代提出，在此研究基础上逐渐形成了模块识别划分[68]、模块接口分析、模块重用度评价[69]、模块建模[70, 71]、广义模块化设计[72]等研究方向。在模块化理论研究日益深入及应用研究更加紧密的态势下，模块结构的标准化、模块接口的标准化、模块的可重用度、模块的可拆卸性和可回收性对于结构低碳化操作及结构组合技术实施具有重要的引导作用。

刘昆等[73]提出了流体管道系统的管道-体积模块化分解方法。汪文旦等[74]提出了可视化设计结构矩阵方法用以实现模块识别的可视化技术。朱元勋等[75]提出模块接口系列化设计方法，并对装载机的工作装置和铲斗进行了相关研究。孙喜龙[76]提出的模块化建模指的是将物体按照物理模块划分成多个子模块，每个模块形成独立的模型文件。李彭超[77]针对智能水下机器人的水动力模型进行模块化设计，并对其进行建模与仿真分析，比传统建模方法更加简便，而且降低了原材料的过度消耗。

1.3.2　基于动力驱动变换的低碳设计研究现状

随着全球能源结构的变化，如图 1.5 所示，通过驱动源的变换来实现碳排放的减少，并生成相对应驱动结构是一种低碳化操作方法。这类操作方法主要针对资源动力供给产品(如汽车、飞机、五金等)，在使用阶段和维修阶段起到很好的减排效果。

动力驱动变换是以产品动力驱动为基础，这里以汽车动力驱动为例，阐述其在低碳时代的发展态势。首先是汽车燃料驱动的燃料可替代性，如表 1.2 所示，汽油等燃料在消耗过程中都会产生大量的温室气体，因此天然气、生物燃料、煤基燃料及氢能等替代燃料的研究越来越热门。其次是动力驱动类型的转变，由燃料动力驱动发展到油电混合动力、气电混合动力及电动驱动等类型。最后是动力驱动结构的更替,包括前面两点所对应的结构生成及在原发动机基础上的结构创新。

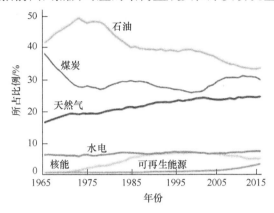

图 1.5 世界主要能源比例趋势

表 1.2 单位机动车燃料燃烧的碳排放系数[78]

项目	碳排放系数/(tC/TJ)	每吨能源碳排放量/t
汽油	18.90	0.84672
柴油	20.20	0.87527
液化石油气	17.20	0.81373
原油	20.00	0.82632
天然气	16.10	0.47125
原煤	27.17	0.56812

动力驱动型产品低碳设计研究显示使用阶段的碳排放量占全生命周期碳排放量的 50%以上,因此加速该类产业的低碳升级势在必行。图 1.5 显示,50 多年来,煤炭和石油的消耗量大致呈下降趋势,而水电、核能以及可再生能源的比例逐渐上升;低碳技术将成为引领全球未来 20 年经济增长的主导技术。

1.3.3 基于性能驱动变换的低碳设计研究现状

现代机械产品设计决策目标体系主要包括时间、成本、质量、服务和环境五个要素,其中质量包括设计质量、性能质量和服务质量。而产品市场竞争力的决定因素主要包括产品的功能、质量、性能和服务,其中产品性能是设计过程最核心的要素。但性能在设计领域表述时仍是一个笼统的概念,没有一个统一的标准定义,过于抽象,且不同的专家学者有不同的理解。因而,针对产品实例库性能需求的有效检索,挖掘性能驱动的设计时变性和冲突问题,是实现产品设计决策目标体系中时间要素的关键。性能驱动中的冲突问题不仅仅是技术问题，不能仅改变某些参数或设计方案而实现冲突消解，同时设计过程中代表不同利益方的知识决策导致的冲突问题具有"多输入-多输出"的特性，因此需要通过一种"互动决策"或"共同决策"来实现冲突问题的协调。

　　谢友柏[79]基于现代设计理论，指出产品性能是功能和质量的集成，功能是产品满足需求的最基本特征，是产品的效能体现，质量是反映功能满足需求的程度，是功能优劣的衡量指标。冯培恩等[80]提出产品的广义性能包括技术性能、社会性能和经济性能等，其中技术性能可以是技术特性参数，如空气压缩机的转速、功率、排气量等。在产品性能结构映射方面，魏喆等[81]基于"对象结构"公理推导，将产品广义性能分为结构性能和行为性能两类，构建了相关的符合模型，给出了性能驱动的产品设计方案图解及算法。孟祥慧等[82]针对汽车发动机在使用过程中的性能退化现象，分析了结构特征参数变化对其性能的影响，提出面向时变性能的设计理念。以上研究侧重于性能与结构的关联映射，以产品单一性能优化或多个性能的协同优化为目标，实现产品性能冲突问题协调，但缺少性能之间动态的传导分析，导致在性能优化时，无法确定某些产品性能指标变化是否满足设计要求。

　　针对产品性能优化冲突问题协调，常用的研究领域包括公理设计、多目标优化、并行设计、协同设计等，例如，基于规则、实例推理消解等适合一些常规的、耦合度较低的冲突问题消解，但更复杂的多因素耦合关联的矛盾问题则不易得到解决[83]。周思杭等[84]将交互式协商冲突消解方法应用于协同装配系统中。

1.3.4　面向控制技术的低碳设计研究现状

　　产品控制技术以产品控制系统为基础，凭借控制系统的高效性、稳定性等特征，在低碳化设计过程中实现节能减排的目的。产品控制技术的对象主要分为两大类。

　　1) 动力驱动控制系统

　　动力驱动控制系统是汽车、飞机等产品的动力驱动控制系统，通过增加或改进控制系统的局部或整体来提升其工作的高效性和平稳性，如能量控制系统、热管理系统、涡轮增压系统、发动机管理系统等。周文滨[85]优化了并联式混合动力汽车能量控制方法，在满足汽车动力性能的前提下，实现了能源的可持续发展。高淳[86]针对增程式电动汽车动力舱的典型工况，对其热管理系统进行设计，不仅满足了车辆的动力需求，还降低了车辆的碳排放。

　　2) 应用控制系统

　　应用控制系统是家电类、动力火车等的控制系统，通过技术升级、控制手段变更来完善应用控制系统，如空调等产品的变频控制技术，手机智能技术等。姚现伟[87]就实现现有家居生活的便利性设计出智能家居的红外控制系统，实现了采用智能手机对不同家电产品进行控制的技术。李立轩[88]针对城镇路灯照明系统的能耗缺陷，提出应用 GPRS 技术和智能控制系统对其进行改进，不仅改善了照明的效果，而且节省了大量的电能。梁艳娟[89]对某企业两台空气压缩机变频前后的能耗进行了实地测算，数据显示，采用变频空气压缩机后每年节省电能 28 万 kW·h 以上，大大降低了能耗。

通过产品控制系统的不断攻关，可以更好地实施产品低碳化操作。产品控制技术是软操作，需要紧密地结合产品结构硬操作，两者相互制约、相互影响。

1.4 产品设计冲突协调方法研究

创新活动的起点是矛盾问题的发现，终点是在一定条件下、时间里、空间中的矛盾消除方案生成。因此，产品低碳设计冲突消解的过程是一个不断化解设计矛盾、反复协调多设计目标与约束、变对立设计为共存设计的复杂推理过程。目前产品设计冲突消解方法大多集中在协同设计、并行设计、公理设计和多目标优化设计等领域中，采用的冲突消解方法主要包括基于规则推理的冲突协调方法、基于协商和回溯的冲突协调方法、基于 TRIZ 的冲突协调方法、基于可拓学的冲突协调方法等。

1.4.1 基于规则推理的冲突协调方法

Wong[90]和 Klein[91]提出了基于知识的冲突协调方法，并指出领域知识通常可以通过规则形式表达以形成知识库，在推理机制下进行冲突协调。盛步云等[92]提出了一种基于粗糙集的实例推理策略，在协同设计中运用粗糙集中属性重要度确定实例各个特征属性的权重，运用知识约简的理论和方法判断实例知识库的索引。基于规则和实例推理的协调方法能有效、快捷地解决一些常规的、耦合度较低的冲突问题[93, 94]，但设计中的冲突问题一般较为复杂，涉及产品整个生命周期和多个相关领域知识，在这种情况下较难构建基于规则和实例推理的冲突协调支持库。

1.4.2 基于协商和回溯的冲突协调方法

Pena-Mora 等[95]综合应用协商理论和博弈论设计开发协商系统。Yang 等[96]为减少信念函数间冲突测度的内在差异性以及更好地利用 Dempster 规则，提出了一种信念函数间的一致度方法。陈亮等[97]指出多学科协同协商目的就是寻找一个均衡点，在这个均衡点各学科达到其所期望的满意度水平。徐文胜等[98]提出了一种基于标准满意度空间的并行工程冲突协商的方法。由于回溯过程缺少明确的依据和参考，在产品设计冲突协调中可能花费大量的工作，且无法保证能协调冲突问题。

1.4.3　基于 TRIZ 的冲突协调方法

Fresner 等[99]提出了运用 TRIZ 提高材料和能源利用效率同时减少工业废物排放的方法等。刘征等[54]将环境因素加入产品设计中，提出一种集成 TRIZ 的产品生态设计方法。Chang 等[100]针对技术与环境的冲突问题，提出了生态创新方法和冲突问题协调的 CAD 软件，同时将可拓方法和 TRIZ 方法相结合创新地解决冲突问题。马力辉等[101]根据 TRIZ 进化模式和 TOC(theory of constraints)中的必备树(PRT)分别确定产品的进化目标和设计障碍，并构建基于障碍分析的冲突确定流程和模板以确定设计冲突。楼炯炯等[102]基于可拓学方法改进了 TRIZ 矛盾问题求解的策略。Ren 等[103]开展了融合 TRIZ 与可拓学方法的产品创新设计研究。

从应用方面来看，TRIZ 方法对解决工程问题中的矛盾问题具有较强的可操作性，对设计活动有很强的指导、引导、启发作用。TRIZ 是以解决技术矛盾为主，但是技术矛盾指系统中的问题是由两个参数互相制约导致的矛盾，即一个参数的改善会引起另一个参数的恶化。而矛盾矩阵仅仅讨论一个参数与另一个参数之间的矛盾，实际工程问题中则存在大量一个参数与多个参数同时发生矛盾的情形。这也是 TRIZ 的局限性所在，因为现今产品一个参数的改善可能引起多个参数变化的恶化，其中的一部分只是微小的恶化(或许可视为正常的参数变动)，另外的是较大的恶化，是参数之间的强关联性所致。正如 Chen 等[104]的研究所强调的那样，人们在对系统做出某些改善时，经常无法察觉这一改善将具体引发何种新问题。

TRIZ 的灵活应用需要较高的门槛，TRIZ 创始人 Altshuller 在一开始就强调，TRIZ 的应用主体是高水平的发明家。相关 TRIZ 专家也多次指出，真正掌握 TRIZ 方法需要很长时间，且大多数 TRIZ 案例都是回溯性的，它们是一些根本没有应用 TRIZ 而获得的发明或者是事后根据 TRIZ 进行解释的发明[105]。在 TRIZ 解通用化的过程中，虽然应用类比设计、情景设计等方法将其具体化，但是这些仍然在很大程度上取决于人们的直觉和灵感，而且它们对矛盾问题分析和处理机制理解的助益非常有限。

1.4.4　基于可拓学的冲突协调方法

可拓学是用形式化的模型研究事物拓展的可能性和开拓创新的规律与方法，并用于解决矛盾问题的科学[106-108]。目前，通过国内外学者对可拓学的研究和完善，已逐步形成由可拓论、可拓创新方法和可拓工程构成的学科体系，并已在一些领域进行了应用的尝试。杨春燕等[109]针对策划中的矛盾问题，提出了可拓策划的理论和方法，构建"化对立为共存"的策划创意。李聪波等[110]提出了基于可拓理论的绿色制造实施方案设计方法。马辉等[111]通过设计事元和物元对产品设计知识单元进行描述，给出了面向产品设计过程的设计知识重用模型。楼健人等[112]针对产品配置效率低、难以变型等问题，提出了产品层次可拓配置设计方法。赵燕伟等[113]将可拓学的矛盾消解方法应用于机械领域的设计创新问题中，形成了一套初步的可拓设计方法。洪欢欢等建立了可拓学多维关联函数模型[114]，并针对产品创新过程中技术冲突的复杂性与模糊分类问题，提出一种冲突问题粒度分类与可拓协调方法[115]。此外，针对产品需求驱动的性能冲突问题，基于可拓学方法开展了相应的研究[116-121]。

可拓学所研究的矛盾更具一般性且主要采用数理分析的研究方法，因此它不可能提供诸如统计分析方法所能得到的解决创新问题的详细"诀窍"与方法。针对冲突问题，在给出创新性指导设计方向方面存在不足，在冲突问题的特征参数推理求解上也存在不足，需要结合其他参数化算法实现。文献[113]中也指出了可拓与适应性算法等结合研究还处于初步理论研究阶段，基元知识的转化、提取和创新推理方法还不成熟，离设计领域的智能化应用还有很大的差距，缺乏冲突问题协调的系统化方法和技术实现流程，这已成为可拓学在设计领域进一步发展的瓶颈和关键问题。

1.5 基于知识驱动的智能设计方法

现代产品设计是在已有设计知识的基础上继承、创新而实现，探索产品设计过程中设计知识的演化规律对知识重用起到关键作用。本节从设计知识的表达与获取、设计知识的推理决策、设计知识的重用派生角度论述基于知识驱动的产品智能设计方法。

1.5.1 设计知识的表达与获取

1. 设计知识的表达

知识表达为整个设计过程提供统一的沟通语言，是实现计算机辅助设计的基础。设计知识表达的方法很多，本节主要论述产生式表示方法、面向对象表示方法、本体表示方法、基元表示方法。

1) 产生式表示方法

产生式表示方法通常用于设计推理过程知识的表示，以因果关系的推理模式给出，通过"if(条件)……then(结论)"的语句表述。该方法易于理解，对推理机增加规则方便，但是对于复杂耦合系统，需要编制较多的规则，缺乏灵活性[122]。

尚福华等[123]针对传统知识表示方法的局限性和推理知识的不确定性，基于模糊框架和产生式知识表示及推理方法开展研究工作。沈亚诚等[124]基于框架和产生式知识表示方法，对病历知识库的构建展开研究。李雷[125]构建了基于产生式规则的变压器故障诊断专家系统。

2) 面向对象表示方法

基于面向对象的思想，将各类事物表示为对象，每个对象包含其静态结构和一组操作，各对象按"类"、"子类"和"超类"构成包含关系。基于面向对象的知识表示方法的封装性好、模块化程度高，便于设计知识的高效重用。

Wang 等[126]结合面向对象的专家系统，开发了基于规则推理的压力安全系统实时故障诊断平台。Khan 等[127]针对不同领域本体知识的匹配问题，提出了MBO(mediation bridge ontology)方法，利用基于面向对象的设计模式以及本体协同设计模式为匹配工具提供可拓展和重用的知识要素。Khan 等[128]采用面向对象的方法表示结构分析领域的实例知识，并应用于实例推理系统中。Jezek 等[129]将基于面向对象模型的语义架构映射到语义网语言的表达，通过底层结构的编程获取潜在的数据信息。

3) 本体表示方法

本体是共享概念模型的明确的、形式化的规范描述。将设计活动中各设计对象、过程等内容抽象出其概念模型，采用确定的语义用于计算机统一处理，实现整个设计活动各类知识的共享、集成与重用。

Witherell 等[130]提出优化本体的概念，并构建基于知识的计算工具ONTOP(ontology for optimization)，应用于工程优化。ONTOP 包含标准优化技术、形式化的方法定义工具，以及传统优化过程中未记录的优化原理、设计者优化假设等知识；通过本体技术，明确表达领域应用知识，方便系统优化过程中知识的共享与交互。张善辉等[131]提出一种基于本体的机械产品设计知识嵌入方法，解决设计过程中模型、标准等知识重用率低的问题；研究设计知识的嵌入机制，以满足自定义式知识嵌入和推送式知识嵌入的需求。

以上基于面向对象和本体的方法虽然能够形式化地表述设计知识，但是缺少与之对应匹配的设计冲突问题协调理论方法的集成研究，使形式化的设计知识只停留在表述层面，无法实现设计知识的演化。

4) 基元表示方法

可拓学基元模型形式化定性、定量表示基础设计知识，通过对知识基元的拓展推理、变换操作，以及基于关联函数的变换结果评价，生成基元封装表示的可拓知识，并将其应用于可拓知识演化全过程。

Feng 等[132]用物元、关系元、事元分别表征机械概念结构的特征信息、连接约束信息、拓扑结构变换信息，并在此基础上建立可拓复合元模型描述产品零件信息知识，提高计算机辅助概念设计中设计知识的重用效率。王体春等[133]提出一种基于公理化设计的复杂产品设计方案可拓配置方法，通过设计实例建立公理化设计的复杂产品设计框架，结合可拓变换、可拓数据挖掘技术，给出复杂产品设计方案可拓配置模型与算法的实现过程。

除上述设计知识表示方法外，还包括状态空间表示[134, 135]、基于图表示[136, 137]、Petri 语义网表示[138, 139]等方法。

2. 设计知识的获取

设计知识的获取需要研究显性知识和隐性知识的获取方法。显性知识的获取一般基于实例库或企业 PDM/PLM 数据库通过检索方法快速获取需求的知识内容，因此许多学者对相关的知识索引、检索方法展开了深入研究[140, 141]。但实例知识的获取存在检索效用问题，检索获得的最相似实例无法修改，缺乏对相似实例修改难度的评估[142]。

产品隐性知识涉及大量设计原理、设计经验知识，需要设计人员不断地积累，通过相互之间的沟通交流、学习获取。在产品试验大量数据的基础上，可通过数据挖掘、机器学习方法获取隐含在产品内部的隐性知识。Zhang 等[143]建立了基于拓展功能模型和对象模型的双层知识模型，获取特定领域中的功能设计知识。Ishino 等[144]采用基于序列模式挖掘方法获得的信息值获取工程设计知识。Huang 等[145]集成神经网络自学习能力和模糊逻辑结构化知识表达能力，构建设计与制造过程知识自动获取模型。

1.5.2　设计知识的推理决策

1) DDM

设计决策方法(design decision-making, DDM)采用某种特定的评价方式对可选设计方法进行评估，获取最优方案，其评价过程主要包括设定评价目标(一个或多个)、鉴定约束条件、评价候选方案。

对设计方案的评价由于设计阶段存在各种不确定性因素以及评价过程的主观性，输出结果并不一定满足设计要求。效用理论评价方法为不确定性设计方法的评价提供严格的评价规则，文献[146]～[148]求解效用理论中的两类问题，即效用函数的定义及模糊条件下评价指标的概率分配。

2) DSM

设计结构矩阵(design structure matrix, DSM)[149-151]是复杂产品设计中模块分解与相似模块聚类的有效推理决策工具。如图 1.6 所示，产品(由 Component A～G 组成)各模块通过 DSM 聚类算法对相似模块进行归类，并将产品分解为三个子模块，以降低复杂产品设计的难度。

此外，DSM 方法与公理化设计(AD)理论相结合，可以辅助决策设计过程中的功能独立模块、准耦合模块、耦合模块的划分。DSM 方法广泛地应用于各个领

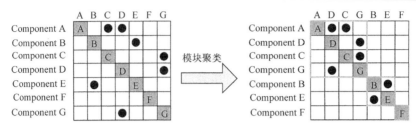

图 1.6　基于 DSM 的产品分解、模块聚类[154]

域，针对 DSM 的理论和应用研究，有专门的 DSM 网站[152]提供学习资料和应用软件，有定期举办的国际会议[153]研讨其研究进展。

3) 基于数据挖掘的设计知识推理决策

数据挖掘方法是一种基于发现方式的方法，运用算法工具获取数据间的重要关联性，不需知道预设的假定条件，相对于数值分析方法，其更符合设计知识的挖掘应用[155]。但是，基于传统的数据挖掘方法获得的设计知识仍属于静态的知识，只实现了隐性知识的显性化；而可拓数据挖掘是利用可拓学方法和数据挖掘技术挖掘可拓推理、变换等可拓知识，是一种动态知识的推理决策方法。

宋欣[156]采用粗糙集和 DSM 方法挖掘用户需求知识，将需求信息反映到设计任务的规划中；采用贝叶斯方法挖掘概念设计阶段潜在的方案选择规则；采用数值仿真分析方法挖掘详细设计阶段试验数据的回归模型，指导设计方案的调整。杨春燕等[157]论述了可拓数据挖掘的研究内容及研究进展，提出了可拓数据挖掘未来的研究前景和方向。陈文伟[158]采用可拓数据挖掘方法研究病理症状变换后疾病类型的变化规律，为实施针对性的疾病治疗方案的推理决策起到了关键作用。

此外，设计知识推理决策方法还包括可拓学菱形思维方法[159]、规则推理方法[160]、实例推理方法[161, 162]、混合推理方法[163]等。

1.5.3　设计知识的重用派生

研究探索产品设计知识演化的目的是实现设计知识的高效重用，对不满足的设计方案实施结构变异，派生出新的方案知识。

Baxter 等[164]提出了一种面向过程经验知识和设计原理知识的集成设计知识重用模型框架，该重用模型可以同时实现产品设计过程中设计知识的提取及模型知识的重用。Gray 等[165]利用本体技术建立约束知识库，构建了基于约束知识及求解方法的工程设计知识重用模型。产品设计知识演化助力产品创新设计，是一个与设计者的设计思维、设计习惯等密切相关的认知过程。产品的设计不应局限于产品的本身，还应关注认知行为的研究[166]。Kell 等[167, 168]提出了计算社会科学的概念，量化个体行为及由个体行为影响产生的设计者和消费者行为的集成突现的大规模社会行为信息，获取社会交互认知行为知识，应用于产品创新设计，派生出产品创新方案知识。

1.5.4 产品设计冲突协调方案智能化生成系统

用户需求的多样化、个性化，以及设计者对产品创新性的追求，使设计方案的变更更加频繁，传统 CAD 技术的几何建模方法在方案设计阶段已不能适合其要求[169]。为了更有效地实现创新设计，国内外学者将人工智能方法引入设计领域中，开发相应的创新方案设计系统。

Kritik 和 Ideal 是美国佐治亚理工学院 Goel 等[170]研制的产品设计支持系统，两个系统均支持产品创新设计，其中 Kritik 采用实例推理技术，Ideal 则通过扩展 Kritik 实现类比推理。FBS Modeler 是由日本东京大学 Umeda 等[171]开发的概念设计系统，该系统不仅建模了设计意图，有利于产品创新，而且能够捕捉冗余功能，实现功能共享。A-design system 是美国卡耐基梅隆大学 Campbell 等[172]开发的概念设计系统，该系统采用基于智能体(agent)的推理技术，面向机电产品，支持创新设计。EFDEX 是由新加坡南洋理工大学 Zhang 等[173]开发的基于知识的概念设计原型系统，该系统具有较强的推理功能，能够避免方案生成的组合爆炸问题。DSSUA 是悉尼大学 Gero 领导的研究小组开发的原型系统[174]，该系统基于功能-行为-结构框架，采用原型表达方式，能够支持领域间类比，具有一定的创新能力。Schemebuildert 是英国兰卡斯特大学工程设计中心 Bracewell 和 Sharpe[175]提出的，该系统的任务是提供涉及多学科知识的产品设计环境，实现概念设计与详细设计的集成。

创新设计方案生成的描述转换方式、模型生成技术、评价与修改方法、方案输出管理与保存都是概念设计到技术设计或详细设计的要点，需要在设计系统中智能化集成各技术功能模块。清华大学宋玉银等[176]开发了概念设计原型系统，该系统基于实例模型进行推理，具有较强的推理功能和较高的效率。合肥工业大学刘志峰等[177]开发出绿色电冰箱产品族评价系统。广东工业大学李立希等[178]研制了"可拓策略生成系统"演示软件，并初步应用于企业资源中的矛盾问题分析与自动求解方面。

第 2 章 低碳设计多因素关联分析与建模

低碳需求从产品需求中凸显，驱动产品的低碳设计。设计过程涉及产品全生命周期各阶段低碳属性(碳足迹)、产品性能、成本及各设计约束，因此迫切需要建立定性与定量分析相结合的设计因素关联模型，构建从低碳需求到具体设计产品结构参数的映射关系，且形成一套基于设计矛盾求解的低碳设计知识建模方法。

为此，本章提出产品低碳设计需求多因素关联分析及可拓建模技术研究方法。首先分析产品低碳需求，定义低碳属性和低碳性能，并实施规范化操作；然后分析低碳设计多因素的关联性，并结合公理化设计理论，构建低碳需求、低碳性能与结构参数的关联映射模型；接着通过改进成本分析法，建立各阶段碳足迹和成本集成模型，结合拓展性能网状图，生成性能冲突关系；最后采用基元理论，定义基于低碳结构基的可拓图，实现低碳需求、需求转换的形式化知识建模过程。

2.1 低碳设计需求解析及规范化操作

在低碳化设计过程中涉及产品功能、质量、性能之间的冲突以及成本控制与碳足迹优化等问题。如何有效地分析冲突问题产生机理及内在多因素的关联性，是制约产品低碳设计有效实施的关键步骤之一。因此，本章构建了以产品均衡体系为框架、低碳需求为输入及低碳产品为输出的产品低碳设计原理模型(图 2.1)，阐述了产品低碳设计过程的复杂性及冲突问题的多因素关联性，描述了需求升级驱动导致的冲突升级，并通过冲突升级的消解实现产品升级。

2.1.1 低碳设计需求分析

客户需求是现代产品设计理论的原始动力和出发点，不仅贯穿产品设计全过程[179]，而且囊括了产品全生命周期。将低碳需求从客户需求中凸显，并处理产品低碳设计过程中的多因素冲突协调是目前研究的热点之一。

产品低碳需求(product low carbon requirement, PLCR)具有模糊性、随意性、多样性和动态性等特点，具体如下。

(1) 模糊性。模糊性体现在不能准确表述或专业性不强的模糊描述，如螺杆空气压缩机(screw air compressor, SAC)能耗低、碳排放少、碳足迹等模糊性语言。

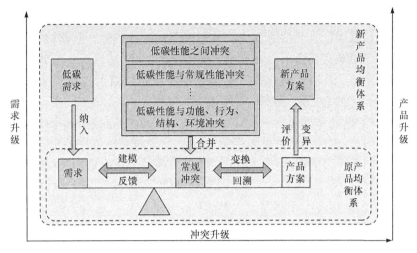

图 2.1　产品低碳设计原理

(2) 随意性。随意性体现在宏观层面上的描述，如 SAC 碳足迹符合标准、能耗在一定范围之内等宽泛的语言。

(3) 多样性。多样性体现在需求涉及产品制造、设计、回收等多方面要求，如 SAC 转子制造材料环保性、SAC 是否低碳认证、节能性等多因素语言。

(4) 动态性。动态性体现在不同时期低碳需求的差异及产品全生命周期不同碳排放指标，如对低碳产品的对比分析提出更高的要求、SAC 使用环节碳排放尽量少等变化的语言。

低碳需求中包含低碳性能需求，提高需求低碳性的同时必须协调其与产品功能实现、性能满足、结构相容等的冲突问题。性能需求驱动理论作为现代设计理论四大部分之一[79]，性能驱动的产品设计是以性能为核心的对产品设计相关知识信息的转换，是多领域知识获取、处理和应用过程[180]。碳足迹作为衡量产品低碳性的指标，首先在英国被提出，并把产品碳足迹定义为产品全生命周期的温室气体(GHG)排放量。产品低碳设计的难点之一在于将碳足迹计算有效简化到全生命周期各个阶段碳足迹量化计算，并集成为产品碳足迹的复杂计算过程模型。

因此，对低碳需求进行指标补全、量化、归类、多尺度划分是产品低碳设计多因素关联分析的必要前提，是其转换的关键步骤，也是碳足迹有效量化到各环节的基础。

2.1.2　低碳需求规范化过程

低碳需求规范化的目的是更加明确需求特征及其量值，避免在设计特征转化过程中出现反复回调、变换等问题。PLCR 依据需求类型分为低碳属性需求和低碳性能需求。

定义 2.1　低碳属性(low carbon attribute, LCA)需求是与低碳相关的产品属性需求，如 SAC 低碳认证、CFP 大小、使用阶段的碳排放量、低碳材料应用等。

定义 2.2　低碳性能(low carbon performance，LCP)需求是与低碳化操作相关的产品性能需求，如 SAC 压缩功、耗电量与排气量比值、易损零件可维修替换性、机构能量传递高效性、零件可加工性等。

可见，LCP 优化是产品低碳设计有效减少碳排放的直接途径，LCP 是 LCP 优化后的产品属性，也作为评价低碳产品及约束 LCP 优化的属性要求。因此，将满足 LCP 需求作为研究的切入点，将 LCA 映射为碳足迹评价指标及设计约束指标。

针对产品低碳需求的特点，首先需要对其进行去噪和信息补全。假设有 n 个 PLCR，分别记为 $PLCR_1, PLCR_2, \cdots, PLCR_n$。该去噪原理就是去除低碳需求中的干扰因素获得纯净的低碳需求，包括直接或间接重复低碳需求、非低碳化需求(如积碳率、碳纤维等)等，具体有如下几种方法。

(1) 直接重复低碳需求的去噪原理。

若 $PLCR_i \approx PLCR_j$，则舍去 $PLCR_i$ 或 $PLCR_j$；

若 $PLCR_i \neq PLCR_j$，$PLCR_{is} = PLCR_{jk}$，则舍去 $PLCR_{is}$ 或 $PLCR_{jk}$。

(2) 间接重复低碳需求的去噪原理。

若 $PLCR_i \subset PLCR_j$，则舍去 $PLCR_j$；

若 $PLCR_i \subset PLCR_{js}$，则舍去 $PLCR_{js}$。

(3) 非低碳化需求的去噪原理。

若 $\{PLCR_i // \{VOC_{i1}, VOC_{i2}, \cdots\}\} \bigcup VOC_{ii} \notin PLCR$，则舍去 $PLCR_i$。其中，符号 // 表示可分解为，VOC_{ii} 表示第 i 个低碳需求分解的第 i 个客户需求。

设去噪后剩余 n_1 个 PLCR，其中包含 n_2 个低碳属性，则 LCP 需求集可表示为 $S_{LCP} = \{LCP_i | LCP_i, i=1,2,\cdots, n_1-n_2, LCP_i \in PLCR_i\}$。因此，将 LCP_i 作为第一级的核心利益尺度；结合领域知识分析每个 LCP_i 所对应的 m_1 个下级性能需求，记为 LCP_{ij}(取 $m_1=2$ 或 $3, j \in m_1$)，并作为第二级的认知尺度；最后确定 LCP_{ij} 对应的 m_2 个下级需求，记为 $LCP_{ijk}(m_2=1, 2, 3, 4, k \in m_2)$，并作为第三级的低碳设计具体操作设计尺度。

多尺度划分的层次需求将反馈给客户群，依据客户群对 S_{LCA} 和 S_{LCP} 及其 S_{LCA} 与 S_{LCP} 各层次内的需求进行相对重要度打分，应用层次分析法的计算结果作为各个需求权重，依次为 λ'_s、ω'_{si}、ω'_{sij}、ω'_{sijk} ($s=1,2$)；专业领域设计人员也对其进行相对重要度打分，各个需求权重依次为 λ''_s、ω''_{si}、ω''_{sij}、ω''_{sijk}。再构建综合评定公式：$x'_i x''_i \big/ \sum x'_i x''_i$，最终确定各个需求权重依次为 λ_s、ω_{si}、ω_{sij}、ω_{sijk}。

低碳需求信息补全方法采用基元形式描述。基元模型是一种用形式化模型去描述世间万事万物的模型，它包括物元、事元和关系元三种形式。通过基元之间的变换，反映定量和定性相结合的事物质变与量变过程。

基元是将事物名称 O、特征 c 及对应的量值 v 集成的一个三元组模型 (O, c, v)，则第三级低碳设计具体操作需求尺度集可表示为

$$
S_{\text{LCP}_{ijk}} = \left\{ M_{\text{LCP}_{ijk}} \mid M_{\text{LCP}_{ijk}} = \begin{bmatrix} \text{LCP}_{ijk}, & \text{Identity\_Attrib}, & v_1 \\ & \text{Value\_LCP}_{ijk}, & (v_{ijk}, \omega_{ijk}) \end{bmatrix}, \\ i \leqslant n_1 - n_2, j \leqslant m_1, k \leqslant m_2 \right\} \tag{2.1}
$$

其中，Identity_Attrib 为低碳性能需求标识码；v_{ijk} 为低碳需求量值；$M_{\text{LCP}_{ijk}}$ 为 LCP_{ijk} 的物元模型。$S_{\text{LCP}_{ijk}}$ 将直接作为与产品工程特性映射、产品结构映射及环境映射的需求输入。

2.2　低碳设计多因素关联建模及其结构映射

产品低碳通常表现为多因素关联，如碳足迹评估、拆卸回收分析、结构模块重用、可维修性和环境友好性评价等，与产品功能、行为、结构、环境等既密切关联，又相互排斥，甚至干涉冲突，呈现出产品生命周期多学科领域知识的矛盾性、复杂性、动态性、多样性、不相容性等特征。因此，本节揭示低碳设计需求任务、目标条件与设计需求、功能、行为、结构、环境的碳排放多尺度关联效应，发现低碳设计过程中存在的深层次复杂矛盾冲突问题，实现各环节关键碳足迹的量化计算。

2.2.1　低碳设计多因素建模

针对面向全生命周期的产品低碳设计的复杂性和不确定性，将低碳需求转换为可操作的设计需求参数，以产品结构为基础，向内外扩展，将三级低碳需求映射到产品全生命周期各个阶段的碳足迹、成本、性能等，这些因素的内在关系如图 2.2 所示。

产品低碳设计以减少产品活动中的碳排放为主要目的，将 LCP 映射到产品全生命周期各阶段的性能 P 中、LCA 映射到各阶段的碳足迹 E 及低碳设计条件域 D 中、隐性成本要素映射到各阶段的成本 C 中。其中 P 包含了各个阶段的子性能，如生产阶段的可加工性能、结构稳定性、耐磨性等，使用阶段的产品可靠性、传动比的稳定性、功耗率、环境污染性等，维修阶段的可维修性、易拆装性、报修比例等，回收阶段的材料可回收性、报废污染性、回收收益等。

将低碳设计约束包含的选材生态化 D_1、结构轻量化 D_2、配置模块化 D_3、输出环境效能 D_4 及适应多样化 D_5 等作为低碳设计约束理念，并作为结构变换的约束条件 d，渗透到全生命周期各个阶段。

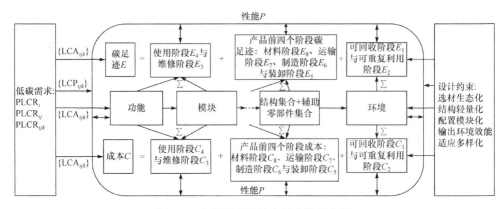

图 2.2　产品低碳设计多因素关联分析

需求层 L_1 决定了功能层 L_2、性能层 L_3、结构层 L_4 和环境层 L_5 之间的构成，后者又反过来制约着 L_1；L_1、L_2、L_3 和 L_5 直接或间接围绕着 L_4 展开，L_3 的性能直接影响 L_2 和 L_5，L_3 又与 P 直接呼应。因此，该域可作为基础变换任务 l。

低碳设计参数以满足产品低碳需求为目的，确立产品全生命周期碳足迹、成本、低碳性能与产品性能评价指标，并充分协调指标所导向的结构之间的冲突问题。产品全生命周期碳足迹 E、成本 C 和性能 P 构成了一级目标指标，E_i、C_j 和 P_k 构成了二级目标指标，i、j、k=1, 2,…, 8。

基于产品低碳设计的多因素冲突分析，包括出现的多级相容性问题与共存性问题。由于 E 和 C 期望尽量小、低，而 P 期望尽量大、高，这三者产生总的相容性冲突问题。二级目标指标中，$E_1 \sim E_8$ 越小越好，不产生共存性冲突问题；C_1、C_2 越大越好，而 $C_3 \sim C_8$ 越小越好，产生一级共存性冲突问题；$P_1 \sim P_8$ 越高越好，不产生共存性冲突问题；E_i、C_j、P_k 产生二级相容性问题。三级目标指标中，P_k 包含 $S_{\mathrm{LCP}_{ijk}}$ 和其他产品性能，可能产生 E_i、C_j 的三级相容性冲突问题，以及 LCP_{ijk} 之间和 LCP_{ijk} 与其他性能的二级共存性冲突问题。

2.2.2　低碳需求结构化转换

$S_{\mathrm{LCP}_{ijk}}$ 中的低碳需求将与产品实例直接建立映射关系。常用的需求转换理论方法有质量功能配置(QFD)和公理化设计(AD)，鉴于低碳化过程中涉及大量设计参数映射低碳性能与产品功能及其实现程度等原因，本节选取 AD 理论作为低碳需求转换方法。

功能独立性是 AD 理论中两个重要设计公理之一的独立性公理，可建立功能与结构一对一或一对多的映射关系[181]。许多机械产品的功能和性能是统一的，是相互交叉、相互融合的[182]。产品性能是和产品的某些参数密切相关的，如产品的结构参数(几何尺寸、间隙等)和物理、力学参数(阻尼系数、导热系数、摩擦因数和材料的强度极限等)。因此，结合 AD 理论，可构建低碳性能与功能、结构的间接映射关系及低碳性能与结构的直接映射关系。

结合图 2.1 与图 2.2 进行具体化分析，构建成本、性能、碳足迹的关联关系，如图 2.3 所示。图中符号①表示性能-功能-结构的顺时针虚线连线；②表示性能-结构的逆时针虚线连线；+表示两类性能的集成。

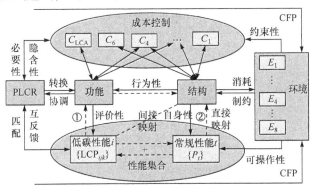

图 2.3　成本、性能和碳足迹的关联关系

由图 2.3 可知，低碳需求的量化操作可分五步：

(1) 低碳需求与低碳性能需求转换。低碳需求与低碳性能需求的关联关系可构建为

$$S_{\mathrm{PLCR}}^{\mathrm{T}} = D_{S\text{-}S} \otimes S_{\mathrm{LCP}_{ijk}}^{\mathrm{T}}$$

其中，$D_{S\text{-}S}$ 为这两者的关系矩阵；符号 $\otimes$ 表示映射操作。

(2) 低碳性能与产品功能的转换。低碳性能与产品功能存在一对一、一对多或多对多这三种关联关系。低碳性能与产品功能的关联关系可构建为

$$S_{\mathrm{LCP}_{ijk}}^{\mathrm{T}} = A_{S\text{-}FR} \otimes \mathrm{FR}$$

或者描述为

$$
\begin{bmatrix}
\mathrm{LCP}_{111} \\
\mathrm{LCP}_{112} \\
\vdots \\
\mathrm{LCP}_{(n_1-n_2)m_1m_2}
\end{bmatrix}
=
\begin{bmatrix}
A_{11} & \cdots & A_{1(m_1+m_2+n_1-n_2)} \\
A_{21} & \cdots & A_{2(m_1+m_2+n_1-n_2)} \\
\vdots & & \vdots \\
A_{(m_1+m_2+n_1-n_2)1} & \cdots & A_{(m_1+m_2+n_1-n_2)(m_1+m_2+n_1-n_2)}
\end{bmatrix}
\begin{bmatrix}
\mathrm{FR}_1 \\
\mathrm{FR}_2 \\
\vdots \\
\mathrm{FR}_{m_1+m_2+n_1-n_2}
\end{bmatrix}
$$

其中，FR 为功能需求；A_{ij} 为第 i 行 LCP 与第 j 行 FR 的关联关系，取值为 0 或 1，取 $A_{ij}=1$，说明有关联，反之则无关联。

(3) 产品功能与结构的映射，其映射关系可表示为

$$FR = B_{FR-DP} \otimes DP$$

其中，DP 表示结构域的设计参数；B_{FR-DP} 表示功能与结构关联矩阵。

(4) 结构与结构物理参数的映射，其映射关系可表示为

$$DP = C_{DP-PV} \otimes PV$$

其中，PV 表示物理参数；C_{DP-PV} 表示结构与结构物理参数关联矩阵。

(5) 分别获取低碳需求、低碳性能到结构物理参数之间的映射数学模型：

$$S_{PLCR}^{T} = D_{S-S} \otimes A_{S-FR} \otimes B_{FR-DP} \otimes C_{DP-PV} \otimes PV$$

及

$$LCP_{ijk} = A_{S-FR} \otimes B_{FR-DP} \otimes C_{DP-PV} \otimes PV$$

可见，结构是产品功能及性能的物质载体，零部件是一切性能的基本载体，因此低碳性能需求的实现将是对关联零部件及其结构模块的一个低碳化设计过程。

2.3　低碳设计实例全生命周期参数化建模

低碳实例库的构建是在以产品功能、性能参数为主要建库目的常规实例库基础上增加全生命周期的碳足迹和成本等要素，其不仅凸显产品的竞争性指标，也凸显低碳下的产品特性均衡竞争性。以低碳实例特征所需数据为基础，建立各阶段碳排放、成本量化计算模型和低碳性能指标间的内在关系模型。

定义 2.3　低碳实例是指包含全生命周期碳足迹、成本、性能、功能、规格等的相对完整产品信息的实例。

2.3.1　碳足迹、成本与性能集成分析

在低碳化设计过程中，E、C、P 三要素的定性描述与定量化建模的依托载体为产品低碳关联结构。虽然，E、C、P 最直接相关的是产品零件，但是作为产品功能实现的最小单元是结构，为了将这三要素集成在结构低碳设计中凸显，需要构建低碳结构基，实现 E、C、P 这三要素的集成封装。

定义 2.4　低碳结构基(low carbon structure basic, LCSB)是指实现功能的且包含低碳、成本、性能这三要素的最小结构单元。

将 E、C、P 包含的八个阶段分为两大类：

(1) 单一产品活动行为的 $E_1 \sim E_4$、$C_1 \sim C_4$、$P_1 \sim P_4$，单一计算各个阶段指标

即可。

(2) 多种产品活动行为的 $E_5 \sim E_8$、$C_5 \sim C_8$、$P_5 \sim P_8$，需要综合计算并合理分配到单一产品各个阶段。

由于现代企业采用系列化或多品种等生产模式，单一计算产品全生命周期各个阶段的 $\text{LCSB}_i(E, C, P)$ 已经无法客观、准确地计算出低碳产品的 $E_5 \sim E_8$ 和 $C_5 \sim C_8$，如图 2.4 所示。单一零件的计算是一个复杂的换算过程，且每种零件加工工艺差别大，过程也将复杂化。但是，E_i 和 C_j 数值一旦确定，通过线性关系累加可计算出 E 和 C，而性能 P 却不能简单地计算获取，需要通过非线性计算获取。因此，这三要素需要区分来计算，即 E 和 C 的线性模式与 P 的非线性模式。

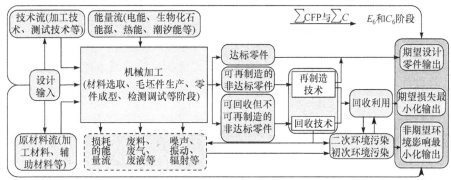

图 2.4　零件生产加工完整流程

2.3.2　碳足迹与成本各个阶段参数化求解模型

基于系列化和多品种的批量生产模式，从单一的零件计算无法准确、合理地给出碳排放量，且增加了测试的难度和复杂性。碳足迹计算相关的最大问题可能是碳排放无法准确评估和量化，其关键是能耗难以评估和量化，信息不足或不确知是其主要问题。尽管碳排放可以直接测量或间接计算，直接测量获得的数据可靠但实施难度大，而间接计算一般需要获取碳排放因子，这些数据通常都由专门组织研究制定，如美国能源部公布的相关碳排放因子数据。

因此，将批量产品生产所消耗的能源按不同分配率分摊到产品碳足迹、成本的计算中是有效、可行、准确地计算 E 和 C 的方法。而这与作业成本法(activity based costing，ABC)不谋而合，在 1952 年科勒教授编著的《会计师词典》中提出作业等概念的基础上，1971 年斯托布斯对其进行了系统性的论述，并由此逐渐形成了作业成本法。作业成本法[183]把直接成本和间接成本作为产品(服务)消耗作业的成本，使计算出来的产品(服务)成本更准确真实。

进一步，通过对作业成本法的改进生成作业成本-碳算法(improved activity-based costing and carbon，IABCC)。IABCC 将 E 和 C 分为 $E_1 \sim E_4$、$C_1 \sim C_4$ 与 $E_5 \sim$

E_8、C_5~C_8 这两部分计算。

1) 多种产品活动行为下的单一产品 E_5~E_8 和 C_5~C_8 计算

为了控制企业的盈利水平，产品部分零部件采用外包加工。因此，该部分计算要考虑到零部件的代加工和自生产两种情况。

(1) 代加工情况下间接获取碳足迹、成本数据和性能特征。通过 BOM(bill of material)表形式间接获取产品零部件各阶段的 E_i^0 和 C_i^0，由于计算方法、加工工艺、数据采集等方面的差异，需要对获得的结果进行可拓修正，可拓修正系数为

$$f = \begin{cases} 1 - \dfrac{\rho(x, x_0, X_0)}{\rho(x, x_0, X) - \rho(x, x_0, X_0)}, & x \notin X_0 \\ 1 - \dfrac{y}{\rho(x, x_0, X) - \rho(x, x_0, X_0) + y}, & x \in X_0 \end{cases} \tag{2.2}$$

其中，x 表示产品的 E_{ij}^0 或 C_{ij}^0；x_0 为设定的最优碳足迹或成本值；X_0 为正域；X 为可行域；y 为 X 中参数的计算函数，计算公式为

$$y = \begin{cases} \min x_i - \dfrac{1}{n}\sum_{i=1}^{n} x_i, & \begin{aligned}&\text{num}\left(x_i < \dfrac{1}{n}\sum_{i=1}^{n} x_i\right) > \text{num}\left(x_i > \dfrac{1}{n}\sum_{i=1}^{n} x_i\right) \\ &\Rightarrow X_0 = \left[\min x_i, \dfrac{1}{n}\sum_{i=1}^{n} x_i\right]\end{aligned} \\ \dfrac{1}{n}\sum_{i=1}^{n} x_i - \max x_i, & \begin{aligned}&\text{num}\left(x_i < \dfrac{1}{n}\sum_{i=1}^{n} x_i\right) < \text{num}\left(x_i > \dfrac{1}{n}\sum_{i=1}^{n} x_i\right) \\ &\Rightarrow X_0 = \left[\dfrac{1}{n}\sum_{i=1}^{n} x_i, \max x_i\right]\end{aligned} \end{cases} \tag{2.3}$$

因此，输出为 $\sum_{i=5}^{8} f_{E_i^0} E_i^0$ 和 $\sum_{i=5}^{8} f_{C_i^0} C_i^0$ 及性能集 $\{P_{ij}\}$。

(2) 自生产情况下直接获取碳足迹、成本数据和性能特征。它包含两大环节，第一环节是资源动因分配计算，即将资源按资源动因分配到各作业中心；第二环节是作业动因分配计算，即加上代加工购买的零部件，再按其作业动因分配到各种产品中。则该部分碳足迹计算公式可表示为

$$\sum_{i=5}^{8} E_i^1 = \sum_{k=1}^{s} \sum_{j=1}^{n} \left(\text{PR}_{jk} \bigg/ \sum_{l=1}^{m} Q_{lj} \right) Q_{lj} \text{GHG}_k \tag{2.4}$$

其中，l 为第 l 种产品，总数为 m；j 为第 j 个作业，总数为 n；k 为第 k 种资源，总数为 s；Q_{lj} 表示产品 l 消耗的第 j 个作业的作业动因量；PR_{jk} 表示作业 j 消耗的第 k 种资源总量；GHG_k 为第 k 种资源的碳排放量。

假设这四个阶段中包含多种材料、零部件或装配等因素，则这四个阶段的单

位产品碳足迹可表示为

$$\sum_{i=5}^{8} \tilde{E}_i^1 = \sum_{i=5}^{8} \sum_{t_i=1} E_{i,t_i}^1 = \sum_{t_i=1} \left[\sum_{k=1}^{s} \sum_{j=1}^{n} \left(\mathrm{PR}_{jk} \middle/ \sum_{l=1}^{m} Q_{lj} \right) Q_{lj} \mathrm{GHG}_k \right] \middle/ N_{t_i} \tag{2.5}$$

其中，t_i 为第 i 个阶段中需计算的材料种类、零部件数等；N_{t_i} 为 t_i 对应的该类的总数量。

假设 FY_k 为第 k 种资源所消耗的成本，则相应的成本公式为

$$\sum_{i=5}^{8} C_i^1 = \sum_{k=1}^{s} \sum_{j=1}^{n} \left(\mathrm{PR}_{jk} \middle/ \sum_{l=1}^{m} Q_{lj} \right) Q_{lj} \mathrm{FY}_k \tag{2.6}$$

对应的这四个阶段的单位产品成本为

$$\sum_{i=5}^{8} \tilde{C}_i^1 = \sum_{i=5}^{8} \sum_{t_i=1} C_{i,t_i}^1 = \sum_{t_i=1} \left[\sum_{k=1}^{s} \sum_{j=1}^{n} \left(\mathrm{PR}_{jk} \middle/ \sum_{l=1}^{m} Q_{lj} \right) Q_{lj} \mathrm{FY}_k \right] \middle/ N_{t_i} \tag{2.7}$$

假设该阶段的性能集为 $\{P_{i'j'}\}$，在作业动因分配计算环节会形成异构同性能现象，即当 $\{\mathrm{LCSB}_{i',P_{i'}}\} = \{\mathrm{LCSB}_{j',P_j}\}$ 时，有

$$P_{i''j''} = f_P(\{\mathrm{LCSB}_{i',P_{i'}}\}, \{\mathrm{LCSB}_{j',P_j}\})$$

其中，f_P 为集成函数(可能为空间上的叠加函数、传递消减函数等)；$\{\mathrm{LCSB}_{i',P_{i'}}\}$ 表示以低碳结构基为基础构成的产品结构或模块。因此，可得到性能集为 $\{(P_{ij} \bigcup P_{i''j''}) \Theta (P_{i''j''} \bigcap P_{i'j'}) \bigcup (P_{i'j'} \Xi P_{i''j''})\}$，$\Theta$ 表示替代，Ξ 表示去除掉。

因此，在产品生成阶段的 E、C 和 P：

$$\begin{cases} \sum_{i=5}^{8} \tilde{E}_i = \sum_{i=5}^{8} \tilde{E}_i^1 + \sum_{i=5}^{8} f_{\tilde{E}_i^0} \tilde{E}_i^0 \\ \sum_{i=5}^{8} \tilde{C}_i = \sum_{i=5}^{8} \tilde{C}_i^1 + \sum_{i=5}^{8} f_{\tilde{C}_i^0} \tilde{C}_i^0 \\ \bigwedge_{i=1}^{8} P_i = \{(P_{ij} \bigcup P_{i''j''}) \Theta (P_{i''j''} \bigcap P_{i'j'}) \bigcup (P_{i'j'} \Xi P_{i''j''})\} \end{cases} \tag{2.8}$$

该生成阶段的性能包含全生命周期各阶段的性能，也决定了 $E_1 \sim E_4$ 和 $C_1 \sim C_4$ 的大小及 $P_1 \sim P_8$ 特征参数的好坏。

2) 单一产品活动行为的 $E_1 \sim E_4$、$C_1 \sim C_4$ 计算

(1) 使用阶段。该阶段只需获得单一产品的资源损耗量，就可以通过资源碳排放系数和单位资源成本折算来得出结果，计算公式为

$$
\begin{cases}
E_4 = \sum_{i=1}^{n} \left(\sum_{j=1}^{s} m_{i,j} \mathrm{GHG}_j + \sum_{k=1}^{r} z_{i,k} \mathrm{GHG}_k \right) \\
C_4 = \sum_{i=1}^{n} \left(\sum_{j=1}^{s} m_{i,j} \mathrm{pc}_j + \sum_{k=1}^{r} z_{i,k} \mathrm{pc}_k \right)
\end{cases}
\tag{2.9}
$$

其中，n 为使用次数；$m_{i,j}$ 为第 i 次消耗的第 j 种能源的质量；$z_{i,k}$ 为第 i 次消耗的第 k 种资源的质量；GHG_j、GHG_k 分别表示相应能源和资源的碳排放因子，pc_j、pc_k 分别表示相应能源和资源的单位成本。而 $m_{i,j}$ 和 $z_{i,k}$ 的消耗量很大程度上由 LCP 决定。

(2) 维护阶段。产品小故障问题可以通过结构拆卸、调整和安装来解决，大多故障维修问题都是通过零部件更换来完成的。本书主要是指更换零件的碳足迹和成本计算：

$$
\begin{cases}
E_3 = \sum_{g=1}^{n} \left(\sum_{i=5}^{8} E_i \right)_g \\
C_3 = \sum_{g=1}^{n} \left(\sum_{i=5}^{8} C_i \right)_g
\end{cases}
\tag{2.10}
$$

其中，n 为全生命周期内更换零件总量；g 为更换零件数。可靠性、抗疲劳性、稳定性等产品性能直接决定了更换零件的数量、次数和成本。

(3) 可重复利用阶段。该阶段包含零件直接利用和修复后间接利用这两个方面，直接利用时，GHG 为零、成本为零，修复后间接利用时，GHG 主要来自修复作业中消耗的资源和能源。设有 n 个零件可修复利用，则该阶段的表达式为

$$
\begin{cases}
E_2 = \sum_{i=1}^{n} \left(\sum_{j=1}^{l} m_j \mathrm{GHG}_j + \sum_{k=1}^{r} z_k \mathrm{GHG}_k \right)_i \\
C_2 = -\sum_{i=1}^{n} \left(\sum_{j=1}^{l} m_j \mathrm{pc}_j + \sum_{k=1}^{r} z_k \mathrm{pc}_k \right)_i
\end{cases}
\tag{2.11}
$$

LCP 直接决定了该阶段的 E_2 和 C_2。该阶段产生了 E_2、C_2、P 的相容性冲突问题及 C_2 与 $C_3 \sim C_8$ 的共存性冲突问题。

(4) 可回收阶段。该阶段主要考虑材料的可回收性，假设第 i 种材料的零件质量为 m_i，对应材料的可回收性为 ϕ，则该阶段的计算公式为

$$
\begin{cases}
E_1 = \sum_{i=1}^{n} m_i (1-\phi) \mathrm{GHG}_i \\
C_1 = -\sum_{i=1}^{n} m_i \phi \mathrm{pc}_i
\end{cases}
\tag{2.12}
$$

可见，可回收性能越高，E_1 越小而节约成本 C_1 越大。该阶段产生 E_1、C_1、P 的相容性问题及 C_1 与 $C_3 \sim C_8$ 的共存性冲突问题。

因此，基于全生命周期的产品低碳设计的碳足迹、成本和性能的量化方程为

$$
\begin{cases}
E = \sum_{i=1}^{8} E_i \\
C = \sum_{i=3}^{8} C_i - \sum_{j=1}^{2} C_j \\
P = \{P \mid P = ((P_{ij} \bigcup P_{i'j'})\Theta(P_{i''j''} \bigcap P_{i'j'}) \bigcup (P_{i'j'} \Xi P_{i''j''})\}
\end{cases}
\tag{2.13}
$$

2.3.3　产品低碳设计性能关联建模及冲突判别

前几节虽然给出了产品性能集与 CFP、成本建模在各阶段的内在关联，构建了碳足迹与成本的集成模型，但是性能之间的关系却没有建立，且无法确定性能的冲突生成机理和判别方法。

尽管在 2.2.2 节中构建了 LCP 与产品 PV 的数学模型，证明了产品性能之间基于 PV 的关联性，但是无法区分 LCP 之间及 LCP 与常规性能的冲突问题。且 AD 理论在处理复杂问题的多耦合设计时，没有提供充分分析和解耦的方法，因此本节利用可拓关联函数方法判别性能是否存在冲突问题的过程方法，建立明确的性能参数转换与映射方程。

设某一产品有八个主要性能，产品主要性能的最直接描述大多采用网状图对比形式(图 2.5(a))，并将其进行改进，生成适合于关联函数建模的区间拓展网状图(图 2.5(b))。

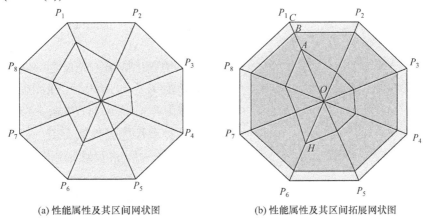

(a) 性能属性及其区间网状图　　　　　　(b) 性能属性及其区间拓展网状图

图 2.5　产品性能属性、区间网状图及区间拓展网状图

在图 2.5(b)中，内部多边形顶点(如 A 点)表示客户需求对应产品性能的实际值，实线八边形顶点(如 B 点)为该性能的最优值点，最外层八边形顶点(如 C 点)为该性能的极限值。在理论上 B 点和 C 点可以重合，但在技术上这两点无法重合，只能是趋近。产品低碳性能在计算过程中必须进行量化操作，而关联函数具有降维效果，将性能转换为关联函数值，使其分布在二维平面中。

依据图 2.5(b)中的描述，提取可拓关联函数构建所需的建模特征，取

$$X_0=[v(P_{1,A}), v(P_{1,B})], \quad X=[v(P_{1,A}), v(P_{1,C})], \quad x_0=v(P_{1,B})$$

可见，$x_0 \in X_0, X_0 \subset X$，且有公共端点 A，则性能关联函数为

$$K\{v(P_{i,j})\} = \begin{cases} \dfrac{\rho(v(P_{i,j}), x_0, X)}{D(v(P_{i,j}), X_0, X)}, & D(v(P_{i,j}), X_0, X) \neq 0 \\ -\rho(v(P_{i,j}), x_0, X_0) + 1, & D(v(P_{i,j}), X_0, X) = 0, v(P_{i,j}) \in X_0 \\ \dfrac{\rho(v(P_{i,j}), x_0, X)}{v(P_{1,A}) - v(P_{1,B})}, & D(v(P_{i,j}), X_0, X) = 0, v(P_{i,j}) \notin X_0 \end{cases} \quad (2.14)$$

其中，$\rho(v(P_{i,j}), x_0, X), \rho(v(P_{i,j}), x_0, X_0)$ 为可拓距，位值 $D(v(P_{i,j}), X_0, X)$ 计算如下：

$$D(v(P_{i,j}), X_0, X) = \rho(v(P_{i,j}), x_0, X) - \rho(v(P_{i,j}), x_0, X_0) \quad (2.15)$$

已上市产品性能处于一个平衡状态，将产品性能参数值代入式(2.14)，计算结果都为正数($K\{v(P_{i,j})\} > 0$)，即都落在第一象限中(图 2.7(a))。

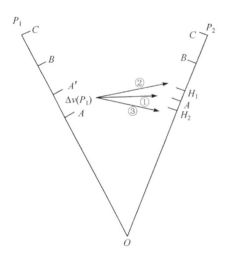

以产品性能 P_1 为例，设定 P_1 为设计需求所对应的 LCP_{ijk}，依据 LCP 与 PV 的映射无法直接得出低碳性能与产品其他性能的关联关系。因此，以系列产品或同行竞争产品为技术背景，以该低碳性能变化值 $\Delta v(P_1) = v'(P_1) - v(P_1)$ 为出发点，给出其他性能参数值的变化情况。先设定关联关系的不相关性值域 $V = |\Delta v(P)/v(P)| \in [0, y)$，相关性值域为 $V = |\Delta v(P)/v(P)| \in [y, +\infty)$，而 y 的取值依据该性能属性值而定。任取一个性能(以取 P_2 为例)进行对比分析，如图 2.6 所示。

图 2.6　低碳性能 P_1 优化与产品性能 P_2
　　　　变化情况分析

由图 2.6 可见，在低碳性能 P_1 变化过程中，性能 P_2 可能出现三种情况：

① 不相关映射，$\Delta v(P_1) \nrightarrow \Delta v(P_2)$，$v'(P_2) \in \left[v(P_{2,H_2}), v(P_{2,H_1}) \right]$。

② 正相关映射，$\Delta v(P_1) \sim \Delta v(P_2)$，$v'(P_2) \in (v(P_{2,H_1}), +\infty)$ 且 $\overrightarrow{\Delta v(P_1)} = \overrightarrow{\Delta v(P_2)}$。

③ 反相关映射，$\Delta v(P_1) \sim \Delta v(P_2)$，$v'(P_2) \in (-\infty, v(P_{2,H_2}))$ 且 $\overrightarrow{\Delta v(P_1)} = \overline{\Delta v(P_2)}$。

其中，$v(P_{2,H_1}) = yv(P_{2,A}) + v(P_{2,A})$，$v(P_{2,H_2}) = -yv(P_{2,A}) + v(P_{2,A})$。

可知，当出现情况①和②时，不产生矛盾；当出现情况③时，性能之间产生冲突。当在第 3 种情况下对 P_1 实施优化时，其他七个性能出现的变化情况如图 2.7(b)所示。

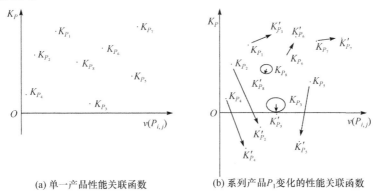

(a) 单一产品性能关联函数   (b) 系列产品 P_1 变化的性能关联函数

图 2.7　产品性能关联函数值变化情况

由图 2.7 可知，当对低碳性能 P_1 优化时，需要同时考虑产品性能 P_2、P_4 和 P_5 的弱化问题，而这三个性能中可能包含低碳性能。因此，可形成两种冲突分类：① 低碳性能之间的冲突；② 低碳性能与常规性能的冲突。

2.4　低碳设计实例知识建模

设计知识是一个不断变化的动态信息集合，运用已有的设计知识，可以极大地提高产品创新能力和快速响应能力。复杂问题的求解过程开始时必须运用某一方法对该问题进行表达，设计知识表达的优劣对整个设计过程有着极其重要的影响。常用的设计知识表达方法有本体法、基元法和公理化方法等，基元理论是具有良好的形式化知识表达的一种方法，本书采用基元法描述低碳设计中的复杂知识建模过程。可拓形式化描述的目的是知识共享与重用，而知识共享与重用的目的是便于形式化建模。

2.4.1　低碳结构基可拓关系图

低碳设计目标域 G 中三大要素的载体为 LCSB，而 LCSB 作为最小结构单元至少包含 2 个零件及其关联关系, 可用两种类型的可拓关系图表示, 如图 2.8 所示。

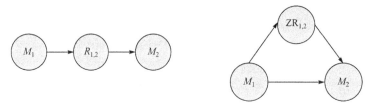

(a) 由2个零件构成的可拓关系图   (b) 至少由3个零件构成的可拓关系图

图 2.8 LCSB 的可拓关系图描述

定义 2.5 可拓关系图就是以 LCSB 为基础, 零件的物元模型为架构, 零件之间的关系元模型描述为纽带的图谱表述。

图 2.8 中, M_1、M_2、$R_{1,2}$、$ZR_{1,2}$ 分别表示构成 LCSB 的零部件 1、零部件 2、零部件 1 与 2 的连接关系、零部件 1 与 2 的复合连接关系。例如, 曲柄活塞结构中的 2 根连杆的连接方式可用图 2.8(a)描述(连杆-铰链连接-连杆), 齿轮动力传输结构中的电机驱动轴与齿轮的安装关系可用图 2.8(b)描述(轴-齿轮、键连接-键)。可见, 产品、产品模块或产品结构可以通过可拓关系图建立起直观的描述。本节以单缸活塞压缩机主要结构为例进行可拓关系图建模, 如图 2.9 所示。

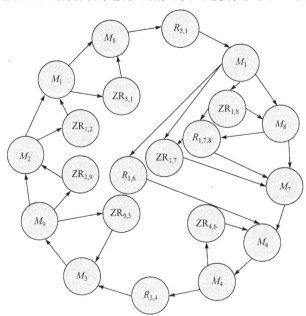

图 2.9 单缸活塞压缩机主要结构可拓关系图描述

图 2.9 中 $M_1 \sim M_9$ 分别表示气缸物元、曲轴箱物元、曲轴物元、连杆物元、冷

却水套物元、活塞物元、排气阀物元、进气阀物元和驱动电机物元；$R_{3,4}$、$R_{1,7,8}$、$R_{1,6}$、$R_{5,1}$ 分别表示铰链连接关系、进气与排气装置原理关系、活塞与气缸壁间隙约束关系、冷却水套与气缸外壁的安装关系；$ZR_{4,6}$、$ZR_{9,3}$、$ZR_{2,9}$、$ZR_{1,2}$、$ZR_{5,1}$、$ZR_{1,8}$、$ZR_{1,7}$ 分别表示连杆与活塞孔的紧固圈连接、曲轴与电机驱动轴的键连接、曲轴箱体与电机的螺栓螺母固定与间隙配合连接、气缸与曲轴箱的螺栓螺母或定位销连接、冷却水套与气缸外壁螺栓螺母连接、进气装置与气缸的定位连接、排气装置与气缸的定位连接。

以 LCSB 为基础的 E、C、P 综合复合元建模为

$$
Z_{\mathrm{PLCD\_LCSB}^i} = \begin{bmatrix} LCSB^i, & Identity\_Attib^i, & v_1^i \\ & Class\_Attib^i, & v_2^i \\ & LCSB\_Comp^i, & \{M_j, R_{j,s}\} \\ & LCSB\_E^i, & \{B_{E_j^i}\} \\ & LCSB\_C^i, & \{B_{C_j^i}\} \\ & LCSB\_P^i, & \{B_{P_j^i}\} \\ & \vdots & \vdots \end{bmatrix}
$$

其中，$LCSB\_Comp^i$ 为第 i 个 LCSB 的构成。

以 $LCSB\_E_j^i$ 为例构建该对象可拓模型为

$$
B_{E_j^i} = \begin{bmatrix} LCSB\_E_j^i, & Identity\_Attib_j^i, & v_1^i \\ & Class\_Attib_j^i, & v_2^i \\ & GHG\_E_j^i, & [\min, \max]v(E_j^i) \\ & \vdots & \vdots \end{bmatrix}
$$

2.4.2　低碳设计可拓知识建模

基元(B)包含了三种可拓逻辑细胞：① 静态设计知识描述的物元形式，可作为静态知识可变性的基础；② 静态设计知识关联的关系元形式，作为关联、传导变换的纽带；③ 设计知识动态变换的事元形式，作为静态知识变换的工具。当遇到复杂设计问题，而单一的物元、关系元和事元都无法直接、有效、准确地描述时，就需要这三种描述方式复合来表达。复合元(Z)的形式有六种：物元、关系元、事元的各自复合，物元与事元复合，物元与关系元复合，以及事元与关系元复合。

本节参照多级实例推理方法构架的多级实例树，结合基元理论，构建多层次

的可拓知识模型体系。PLCD 实施对象的复合物元模型表示为

$$
Z_{\text{PLCD\_object}^i} = \begin{bmatrix} \text{Case\_Product}^i, & \text{Pro\_Identity}^i, & v_1^i \\ & \text{Pro\_Name}^i, & v_2^i \\ & \vdots & \vdots \\ & \text{Pro\_Attribute}^i, & \{B_{\text{Pro\_Attribute}^i}^j\} \\ & \text{Pro\_Require}^i, & \{B_{\text{Pro\_Require}^i}^j\} \end{bmatrix}
$$

其中，Pro_Identity^i 为实施对象的产品标识码；Pro_Name^i 为产品名称；v_j^i（$j=1,2,\cdots$）为特征对应的量值描述；Pro_Attribute^i 为该产品属性；$\{B_{\text{Pro\_Attribute}^i}^j\}$ 为产品属性构成的基元集；Pro_Require^i 为该产品低碳需求；$\{B_{\text{Pro\_Require}^i}^j\}$ 为低碳需求基元构成的基元集。

由图 2.1 可见，将低碳需求转换为低碳设计任务并分解为三个域，该复合事元模型为

$$
Z_{\text{PLCD\_Task}_j^i} = \begin{bmatrix} \text{Require\_Transmition}_j^i, & \text{Identity\_Attib}_j^i, & v_{j1}^i \\ & \text{Class\_Attib}_j^i, & v_{j2}^i \\ & \text{Tra\_object}_j^i, & \{B_{\text{Pro\_Require}^i}^j\} \\ & \text{Tra\_Result}_j^i, & \{B_L^i, B_D^i, B_G^i, Z_L^i, Z_D^i, Z_G^i\} \\ & \vdots & \vdots \end{bmatrix}
$$

低碳设计条件域 D 作为实现 G 时对 L 的一种设计理念要求和设计结果评价，将贯穿整个设计过程，其具体的实施类型如 $D_1 \sim D_5$ 所描述。该条件域可用复合物元模型表示为

$$
Z_{\text{PLCD\_}D^i} = \begin{bmatrix} D\_\text{Type}^i, & \text{Identity\_Attib}^i, & v_1^i \\ & \text{Class\_Attib}^i, & v_2^i \\ & \text{Type\_Ope}_1^i, & \{B_{D_1^i}^i \bigcup Z_{D_1^i}^i\} \\ & \text{Type\_Ope}_j^i, & \{B_{D_j^i}^i \bigcup Z_{D_j^i}^i\} \\ & \vdots & \vdots \end{bmatrix}
$$

其中，Type_Ope_j^i 为第 j 个操作类型。以该操作类型的复合物元为例，知识模型为

$$
Z_{D_j^i}^i = \begin{bmatrix} \text{Type\_Ope}_j^i, & \text{Identity\_Attib}_j^i, & v_1^i \\ & \text{Class\_Attib}_j^i, & v_2^i \\ & \text{Ope\_Pri}_j^i, & v_j^i \\ & \text{Ope\_Attib}_{j,1}^i, & \{B_{D_{j,1}^i}^i\} \\ & \text{Ope\_Attib}_{j,s}^i, & \{B_{D_{j,s}^i}^i\} \\ & \vdots & \vdots \end{bmatrix}
$$

$$
B_{D_{j,s}^i}^i = \begin{bmatrix} \text{Ope\_Attib}_{j,s}^i, & \text{Identity\_Attib}_{j,s}^i, & v_1^i \\ & \text{Class\_Attib}_{j,s}^i, & v_2^i \\ & \text{Ope\_Object}_{j,s,1}^i, & v_{j,s,1}^i \\ & \text{Ope\_Object}_{j,s,2}^i, & v_{j,s,2}^i \\ & \vdots & \vdots \\ & \text{Ope\_Result}_{j,s}^i, & v_{j,s}^i \end{bmatrix}
$$

其中，Ope_Pri_j^i 为该操作类型的优先级；$\text{Ope\_Object}_{j,s,1}^i$ 表示对象 1 进行该类型操作。

在产品低碳设计过程中，L_1、L_2、L_3、L_5 将映射到 D 或者 G 域中，而 L_4 将作为实现低碳需求的变换对象，需要考虑结构的可变性等影响因素。该任务域 L 的建模为

$$
Z_{\text{PLCD\_}L^i} = \begin{bmatrix} \text{PLCD\_}L^i, & \text{Identity\_Attib}^i, & v_1^i \\ & \text{Class\_Attib}^i, & v_2^i \\ & \text{Name\_}L^i, & v_3^i \\ & \text{Comp\_}L^i, & \{Z_{L_j^i}\} \\ & \text{Map\_}L^i, & (Z_{L_1^i}, Z_{L_2^i}, Z_{L_3^i}, Z_{L_5^i}) \\ & \vdots & \vdots \end{bmatrix}
$$

L_1、L_2、L_3 和 L_5 这四个子因素层的形式化知识模型为

$$
Z_{L_j^i} = \begin{bmatrix} L_j^i, & \text{Identity\_Attib}_j^i, & v_1^i \\ & \text{Class\_Attib}_j^i, & v_2^i \\ & \text{Name\_}L_j^i, & v_3^i \\ & \text{Comp\_}L_j^i, & \{B_{L_{j,s}^i}\} \\ & \text{Weight\_}L_j^i, & \lambda_j^i \\ & \text{Value\_}L_j^i, & v_4^i \end{bmatrix}
$$

$$B_{L_{j,s}^i} = \begin{bmatrix} L_{j,s}^i, & \text{Identity\_Attib}_{j,s}^i, & v_1^i \\ & \text{Class\_Attib}_{j,s}^i, & v_2^i \\ & \text{Name\_}L_{j,s}^i, & v_3^i \\ & \text{Struc\_}L_{j,s}^i, & v_4^i \\ & \text{Weight\_}L_{j,s}^i, & \lambda_j^i \lambda_{j,s}^i \\ & \text{Value\_}L_{j,s}^i, & v_5^i \end{bmatrix}$$

L_4 的形式化知识模型为

$$Z_{L_4^i} = \begin{bmatrix} L_4^i, & \text{Identity\_Attib}_4^i, & v_1^i \\ & \text{Class\_Attib}_4^i, & v_2^i \\ & \text{Name\_}L_4^i, & v_3^i \\ & \text{Comp\_}L_4^i, & \{Z_{\text{PLCD\_LCSB}_{4,s}^i}\} \\ & \text{Weight\_}L_4^i, & \lambda_4^i \\ & \text{Value\_}L_4^i, & v_5^i \\ & \text{Change\_}L_4^i, & \{T_4^1, T_4^2, T_4^3\} \end{bmatrix}$$

其中，$\{Z_{\text{PLCD\_LCSB}_{4,s}^i}\}$ 为结构层相关的低碳结构基的集合；T_4^1 为变换类型选择(对象、特征、量值)；T_4^2 为对零部件的变换程度判断；T_4^3 为对需求属性实现的变换程度评价。

在 2.2 节中，构建了性能与结构参数的数学模型，同时也构建了包含性能描述并以 LCSB 为结构单元的知识模型。因此，必须考虑 LCSB 之间的关联关系，可构建 LCSB 之间的复合关系元矩阵：

$$\text{ZR} = [(\text{LCSB}_i, \text{LCSB}_j)]_{i \times j} = [(\{M_{s^1}^i, R_{s_1^1, s_2^1}^i\}, \{M_{s^2}^j, R_{s_1^2, s_2^2}^j\})]_{i \times j} \tag{2.16}$$

2.5 低碳设计多因素关联建模实例分析

空气压缩机是一种用来压缩气体提高气体压力或输送气体的机械，其用途很广，几乎遍及工农业、国防、科技等各个领域。但是，大部分空气压缩机存在运转效率低、耗电量大、控制方式落后、自动化程度不高、维修量大、成本高等问题。特别是矿用大型空气压缩机，每天 24h 不间断运行，其中相当长时间是在空载或轻载下运行，供气压力不稳定，系统能耗很大。因此，改变空气压缩机控制方式，提高空气压缩机的效率，降低能耗具有十分重要的意义。

螺杆空气压缩机占据了空气压缩机市场较大的比例。螺杆空气压缩机是容积式压缩机中的一种，空气的压缩靠装置于机壳内互相平行啮合的阴阳转子的齿槽容积变化而达到，其转子在与它精密配合的机壳内转动使转子齿槽之间的气体不断地产生周期性的容积变化而沿着转子轴线由吸入侧推向排出侧，完成吸入、压缩、排气三个工作过程。

螺杆空气压缩机的优势为：可靠性好、振动小、噪声低、操作方便、易损件少、运行效率高等。存在的缺点有：运转噪声较大，需要加装消声器；能耗比较大；长时间运行使螺杆间隙增大，导致保修和更换成本大。

本书研究的螺杆空气压缩机是双螺杆式、风冷闭式、电机驱动式的空气压缩机。螺杆空气压缩机由压缩主机、驱动电机、油气分离装置、冷却装置、减振器等模块组成，如图 2.10 所示。双螺杆空气压缩机工作原理如图 2.11 所示。

图 2.10　双螺杆空气压缩机结构图

1. 螺杆空气压缩机低碳设计需求规范化操作

设某一产品低碳需求为 PR_i($PLCR_i$ 的缩减表示)：获得低碳产品认证、性价比高、排气压力 0.8～1MPa、整机重量 1.5～2t、噪声较低、稳定性好、电机功率 30～45kW、使用碳排量少、排气量 3～5m³/min、维修方便与售后服务好等，表示为 PR_i^j ($j=1,2,\cdots,11$)。

对上述 11 个低碳需求进行归类，即可得到 S_{LCA} (低碳属性需求)和 S_{LCP} (低碳性能需求)分别为

$$S_{LCA} = \{PR_1^i, PR_2^i, PR_{10}^i, PR_{11}^i\}$$

$$S_{LCP} = \{PR_3^i, PR_4^i, PR_5^i, PR_6^i, PR_7^i, PR_8^i, PR_9^i\}$$

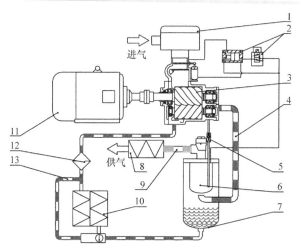

图 2.11　双螺杆空气压缩机工作原理

1. 空气过滤器；2. 控制阀；3. 双螺杆转子；4. 空气、油路管；5. 回油检测阀；6. 滤芯；
7. 油气分离器；8. 后冷却器；9. 空气路管；10. 油冷却器；11. 电机；12. 机油过滤器；13. 油路管

结合去噪方法可得

$$S_{\text{LCA}} = \{\text{PR}_1^i, \text{PR}_{10}^i, \text{PR}_{11}^i\}$$

$$S_{\text{LCP}} = \{\text{PR}_3^i, \text{PR}_4^i, \text{PR}_5^i, \text{PR}_7^i, \text{PR}_8^i, \text{PR}_9^i\}$$

则 PLC 的认知尺度(以 PR_3^i 和 PR_8^i 进行说明)为

$$\text{PR}_3^i = \{\text{PR}_{31}^i, \text{PR}_{32}^i\}$$

其中，PR_{31}^i 为空气压缩率；PR_{32}^i 为进气恒定性：

$$\text{PR}_{31}^i = \{\text{PR}_{311}^i, \text{PR}_{312}^i\}, \quad \text{PR}_{32}^i = \{\text{PR}_{321}^i, \text{PR}_{322}^i\}$$

这里，PR_{311}^i 为进气速率；PR_{312}^i 为阴阳转子间隙；PR_{321}^i 为进气阀稳定性；PR_{322}^i 为空气滤清器清洁性。

$$\text{PR}_8^i = \{\text{PR}_{81}^i, \text{PR}_{82}^i, \text{PR}_{83}^i\}$$

其中，PR_{81}^i 为电能消耗率；PR_{82}^i 为密封性；PR_{83}^i 为润滑性：

$$\text{PR}_{81}^i = \{\text{PR}_{811}^i, \text{PR}_{812}^i\}, \quad \text{PR}_{82}^i = \{\text{PR}_{821}^i, \text{PR}_{822}^i\}, \quad \text{PR}_{83}^i = \text{PR}_{831}^i$$

这里，PR_{811}^i 为电机能效；PR_{812}^i 为热能损耗；PR_{821}^i 为油路密封性；PR_{822}^i 为油气分离率；PR_{831}^i 为转子润滑性。

由上可得具体需求集为

$$S_{\text{LCP}_{ijk}} = \{\text{PR}_{311}^i, \text{PR}_{312}^i, \text{PR}_{321}^i, \cdots, \text{PR}_{821}^i, \text{PR}_{822}^i \text{PR}_{831}^i, \text{PR}_{911}^i, \text{PR}_{921}^i, \text{PR}_{922}^i\}$$

依据 $S_{\text{LCP}_{ijk}}$ 可明确产品低碳性需求及其与螺杆空气压缩机结构、低碳结构基的关联，以及产品低碳化实现的结构特征参数要求和变化的客观依据(碳足迹和成本增加的结构载体、性能衰减的结构参数变换等)。

2. 螺杆空气压缩机低碳设计实例库构建

现有的产品实例库中对产品属性特征的描述主要以功能、性能及购买价格为主，对于低碳性，缺少碳足迹和使用成本等面向全生命周期的数据，因此有必要对产品信息进行补全，构建产品低碳实例库。

对于企业，大型螺杆空气压缩机带来的效益要远远大于其购买成本，因此螺杆空气压缩机生产厂家重点关注的是产品的低碳可认证性及标价成本的竞争性，而购买企业关注的重点是使用费用的低廉性和售后服务的优良性。其中电机对产品生命周期的后半阶段碳足迹和成本的影响最大。

本节将某企业生产的 JN37-10 螺杆空气压缩机作为研究对象,以功率为 37kW 的能效电机 YX3-250M-6-37kW 为例计算碳足迹和成本，电机的 LCA 系统边界如图 2.12 所示，其三维模型图如图 2.13 所示。由于单独计算碳足迹和成本无法反映出这两者之间的内在关联，同时碳足迹还没有被广泛认知，把它转化为成本等因素更容易理解和接受。

该电机的主要参数效率为 93%，额定转速为 970r/min，额定电压为 380V，功率因数为 0.84，噪声为 76dB，质量为 328kg。其主要由钢材、铜、铝和少量橡胶

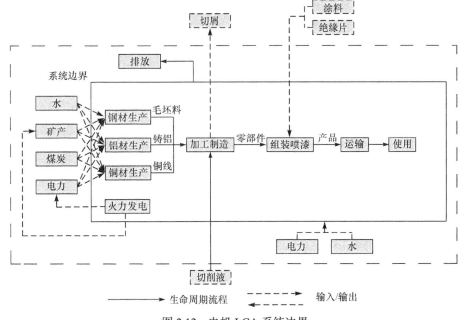

图 2.12　电机 LCA 系统边界

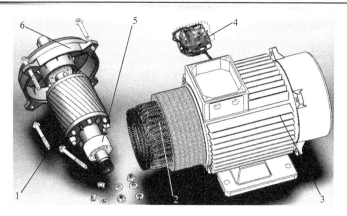

图 2.13　电机三维模型图
1. 转子；2. 定子绕组；3. 机壳；4. 接线盒；5. 轴承；6. 端盖

和塑料等材料组成，除了电缆、密封圈、标准件从外厂购买，其余的绝大部分自行生产。电机中应用的钢材有 45 号钢、20 号钢及硅钢等，这里都统一作为钢材计算。该电机各种材料的质量依次为钢 260.35kg、铜 36.08kg、铝 21.63kg、橡胶 6.34kg 及塑料 3.53kg。由于前三者的比例占了整机的 97%，这里以钢、铜和铝材计算为主，其他的暂不考虑。

1) E_8 和 C_8 的计算阶段

以 1t 钢材获取作为电机零件加工材料为例，它由铁矿石(约 1.6t)、焦炭(约 0.4t)、煤粉(约 0.15t)等炼制生成，消耗电能 317kW·h、水 1.24m³、蒸汽 10kg、压缩空气 13m³ 等。由于这三种材料是分别炼制获得的，需要分开计算，所以这里生产的产品指的是钢材(即 $i=m=1$)，资源总数考虑铁矿石、焦炭、煤粉和电能(即 $s=4$)，由于无法精确地获得各个工艺的各种资源的消耗数据，这里作业总数设定为 1 个(即 $j=n=1$)，则可确定出 $Q_{ij}=1$。依据文献[13]和[14]中对常见金属物料的碳排放系数计算数据：铸钢为 6356.11kgCO₂e/t，铜材为 5926.26kgCO₂e/t，铝材为 2215.62kgCO₂e/t，再结合式(2.4)可计算得到钢材的碳足迹为

$$E_{8,1}^1 = \sum_{k=1}^{4} \mathrm{GHG}_k = \sum_{k=1}^{4} \vartheta_k g_k$$
$$= 6356.11 + 0.4 \times 1000 \times 2.8604 + 0.15 \times 1000 \times 1.9003 + 317 \times 0.928$$
$$\approx 8079.5 \mathrm{kgCO_2e}$$

其中，ϑ_k 为碳排放系数；g_k 为资源消耗总量。

铜材和铝材的碳足迹可参照 $E_{8,1}^1$ 计算类推出为

$$E_{8,2}^1 \approx 7314.6 \mathrm{kgCO_2e}, \quad E_{8,3}^1 \approx 3054.3 \mathrm{kgCO_2e}$$

成本为

$$C_{8,1}^1 \approx 2520.4\, \text{元}, \quad C_{8,2}^1 \approx 28700\, \text{元}, \quad C_{8,3}^1 \approx 7340.2\, \text{元}$$

因此该阶段碳足迹和成本分别为

$$E_8^1 = E_{8,1}^1 + E_{8,2}^1 + E_{8,3}^1 = 18448.4\, \text{kgCO}_2\text{e}$$

$$C_8^1 = C_{8,1}^1 + C_{8,2}^1 + C_{8,3}^1 = 38560.6\, \text{元}$$

由于这些材料都是外购的，依据式(2.2)计算得到钢材、铜材、铝材的碳足迹可拓修正系数分别为 0.9831、1.035、0.8742。假设 1t 钢材可制成 3 个电机的钢配件、1t 铜材可制成 20 个电机的铜配件、1t 铝材可制成 30 个电机的铝配件，可见，该阶段单位产品的碳足迹和成本分别为

$$\tilde{E}_8^1 \approx 3115.19\, \text{kgCO}_2\text{e}$$

$$\tilde{C}_8^1 \approx 2519.83\, \text{元}$$

2) E_7 和 C_7 的计算阶段

设运送的距离为 500km，10t 大卡车一次运送的重量为 10t，该车百公里柴油油耗约 17L，则碳足迹为

$$E_{7,1}^1 = E_{7,2}^1 = E_{7,3}^1 = 5 \times 17 \times 0.84 \times 3.0959 \approx 221.047\, \text{kgCO}_2\text{e}$$

依据成本公式可得

$$C_{7,1}^1 = C_{7,2}^1 = C_{7,3}^1 = 5 \times 17 \times 7.4 + 500 \times 1.67 + 500 \times 3.6 = 3264\, \text{元}$$

其中包括油费、每公里的过路费、每公里的折旧费、装卸费、人工费等。

单位产品的碳足迹和成本分别为

$$\tilde{E}_7^1 \approx 9.21\, \text{kgCO}_2\text{e}$$

$$\tilde{C}_7^1 = 136\, \text{元}$$

3) E_6 和 C_6 的计算阶段

由于金属材料加工中出现的废料基本上能够全部收回，不存在材料损失产生的碳足迹。该阶段主要的碳足迹由零部件加工中的主要能耗(以电能消耗为主)直接转换而来，如螺杆空气压缩机电机的定子加工工艺(硅钢片—冲压—铜芯部装—垫绝缘片—嵌线—套绝缘管—机座部装—浸漆—定子)、转子加工工艺(硅钢片—冲压—铁心部装—铸铝—车铁心—油转子—动平衡—转子)。

结合 10t 这三种材料自生产加工企业给出的主要工艺加工数据：机轴下料电能消耗为 100.64kW·h，转子、端盖车削电能消耗为 4241.16kW·h，机轴的车、铣、磨削电能消耗为 5031.33kW·h，机座车、刨削电能消耗为 2516.57kW·h，机座、端盖和接线盒钻孔电能消耗为 327.05kW·h，冲片冲制电能消耗为 980.74kW·h，铁心压装电能消耗为 247.66kW·h，转子穿轴、铸铝和动平衡电能消耗为 975.18kW·h，绕线电能消耗为 101.31kW·h。

该阶段的碳足迹为

$$E_6^1 = 14521.64 \times 0.928 \approx 13476.08 \mathrm{kgCO_2e}$$

单位产品的碳足迹为

$$\tilde{E}_6^1 \approx 449.20 \mathrm{kgCO_2e}$$

依据浙江省电价(平均约为 1.15 元/度)及该企业各工种各工况的人工费用标准,计算可得该阶段的成本为

$$C_6^1 = 14521.64 \times 1.15 + 36618 \approx 53317.89 \text{元}$$

单位产品的成本为

$$\tilde{C}_6^1 \approx 1777.26 \text{元}$$

4) E_5 和 C_5 的计算阶段

装卸阶段主要是以塔吊、螺丝钻等电能消耗及叉车等油耗为主,假设装卸阶段的电能消耗为 514.6kW·h、柴油消耗为 7.5L,则依据公式可得到该阶段的碳足迹为

$$E_5^1 = 514.68 \times 0.928 + 7.5 \times 0.84 \times 3.0959 \approx 497.13 \mathrm{kgCO_2e}$$

单位产品的碳足迹为

$$\tilde{E}_5^1 \approx 16.57 \mathrm{kgCO_2e}$$

依据该企业装配工种的人工费用标准,计算可得该阶段的成本为

$$C_5^1 \approx 973.38 \text{元}$$

单位产品的成本为

$$\tilde{C}_5^1 \approx 32.45 \text{元}$$

则前四个阶段的单位产品碳足迹总和及成本总和分别为

$$\sum_{i=5}^{8} \tilde{E}_i^1 \approx 3590.17 \mathrm{kgCO_2e}$$

$$\sum_{i=5}^{8} \tilde{C}_i^1 \approx 4465.54 \text{元}$$

以此类推,其他螺杆空气压缩机零部件的碳足迹和成本数据参照该方法获得,则 JN37-10 螺杆空气压缩机上市时前四个阶段的碳足迹总和及成本总和分别为

$$\sum_{i=5}^{8} \tilde{E}_{i,\mathrm{JN37}} = 20822.63 \mathrm{kgCO_2e}$$

$$\sum_{i=5}^{8} \tilde{C}_{i,\mathrm{JN37}} = 45000 \text{元}$$

5) E_4 和 C_4 的计算阶段

电机驱动的螺杆空气压缩机使用阶段碳足迹的换算主要由电机能耗的转换获取,使用成本主要是电机的电费支出。该电机以平均 70% 的负荷工作 5 年,年平均工作时间是 200 天,每天平均工作时长为 6.5h,则该阶段的碳足迹和成本分别为

$$E_4^1 = \tilde{E}_4^1 = 37 \times 0.7 \times 5 \times 200 \times 6.5 \times 0.928 = 156228.8 \text{kgCO}_2\text{e}$$

$$C_4^1 = \tilde{C}_4^1 = 168350 \text{元}$$

6) E_3 和 C_3 的计算阶段

设该型号的螺杆空气压缩机在生命周期内更换了 5 个轴承、1 个消声器、2 个空气滤清器、2 个压力阀和安全阀、1 个油气分离器、1 个转子、机油等，则该阶段的碳足迹和成本分别为

$$\tilde{E}_3^1 \approx 128.37 \text{kgCO}_2\text{e}$$

$$\tilde{C}_3^1 = 2536 \text{元}$$

7) 回收阶段的碳足迹和成本计算

假设该型号的螺杆空气压缩机中有 60%的零部件可直接使用，剩余的无法修复使用，报废零部件的材料质量为：钢材 261.53kg、铜材 50.16kg、铝材 28.92kg。该环节少了金属原材料加工等工序，可直接熔炼成成品，可节省 60%左右的能源、86%的废气排放，则这两个阶段的碳足迹为

$$\tilde{E}_1^1 + \tilde{E}_2^1 = 0 + 6356.11 \times 0.26153 \times 0.14 + 47.56 + 8.97 \approx 289.25 \text{kgCO}_2\text{e}$$

成本主要为产品的报废收入，则

$$\tilde{C}_1^1 + \tilde{C}_2^1 \approx -2025 \text{元}$$

则后四个阶段的单位产品碳足迹和成本总和分别为

$$\sum_{i=1}^{4} \tilde{E}_i^1 = 156646.42 \text{kgCO}_2\text{e}$$

$$\sum_{i=1}^{4} \tilde{C}_i^1 = 168861 \text{元}$$

该型号的螺杆空气压缩机全生命周期单位产品的碳足迹和成本如图 2.14 所示。

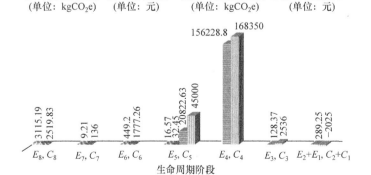

图 2.14　螺杆空气压缩机全生命周期单位产品的碳足迹和成本数据图

图中螺杆空气压缩机产品前半生命周期的总和表示在 E_5、C_5 阶段，E_8 阶段占

了极大一部分，C_8 和 C_6 阶段占了绝大部分且 C_8 阶段超过了 50%，可知螺杆空气压缩机购买成本中也是这两个阶段占据绝大部分，碳足迹也是在原材料获取阶段占据了绝大部分，使用阶段的碳足迹和成本分别占整个生命周期的 70%～80%。可见，一个螺杆空气压缩机产品的低碳性优劣可看成使用阶段碳排放量的大小，因此对该阶段的低碳设计是产品低碳性有效实现的关键点。

基于该螺杆空气压缩机的低碳实例用基元形式可表示为

$$
Z_{\text{PLCD\_JN37}^2} = \begin{bmatrix} \text{Case\_JN37}^2, & \text{Pro\_Identity}^2, & 20010 \\ & \text{Class\_Attib}_j^2, & 2 \\ & \text{Pro\_Name}^2, & \text{JN37-10} \\ & \vdots & \vdots \\ & \text{Pro\_Attribute}^2, & B_{\text{Attribute}}^2 \end{bmatrix}
$$

此处，类型 1 表示活塞式空气压缩机；2 表示螺杆式空气压缩机；3 表示离心式空气压缩机。

$$
B_{\text{Attribute}}^2 = \begin{bmatrix} O_{\text{Attribute}}^2, & \text{排气压力}, & 1.0\text{MPa} \\ & \text{排气量}, & 5.0\text{m}^3/\text{min} \\ & \text{电机功率}, & 37\text{kW} \\ & \text{噪声}, & 69\text{dB} \\ & \text{质量}, & 1350\text{kg} \\ & \vdots & \vdots \\ & \text{购买成本}, & 45000\text{元} \\ & \text{使用成本}, & 168350\text{元} \\ & \text{使用碳足迹}, & 156228.8\text{kgCO}_2\text{e} \\ & \text{低碳产品认证}, & 1 \end{bmatrix}
$$

此处，1 表示通过低碳产品认证；0 表示没有通过低碳产品认证。

通过 $Z_{\text{PLCD\_JN37}}$ 方式可建立起低碳产品实例库，取排气压力、排气量和电机功率这三个产品性能为例进行内在关系分析。

依据图 2.6、图 2.7 和式(2.14)、式(2.15)，取低碳实例库中 KHE18 类型的 4 组数据：① 0.7、3.13、18.5；② 0.8、3.10、18.5；③ 1.3、2.25、18.5；④ 0.7、6.35、37，单位分别为 MPa、m^3/min 和 kW；可计算得到这三个性能之间的关联性或冲突性关系：

(1) 通过前 3 组数据的计算，确定排气压力与排气量产生相关映射，存在冲突，是一对负相关冲突性能。

(2) 通过这 4 组数据的计算，确定排气压力与电机功率不产生明显的相关映射；确定排气量与电机功率产生相关映射，不存在冲突，是一对正相关性能。

第3章 低碳设计多维关联函数构建及应用

基于实例的设计知识重用方法将设计知识以实例的形式保存在数据库中，不需要编制复杂的推理规则，因而被广泛应用。通过检索获取相似低碳实例并对其进行修改，可以满足低碳设计需求。本章在可拓学一维关联函数的基础上构建多维关联函数模型，并将其应用于多属性的匹配检索，获取最相似低碳实例。

3.1 低碳设计相似实例检索

产品低碳设计是基于低碳需求驱动的产品设计创新过程，为了快速响应市场低碳需求，快速检索到相似源实例来提高设计知识重用度是产品低碳设计有效实施的关键保障。现代产品设计以知识为基础，90%的设计为变型设计和自适应设计，尽管新开发的零件与原零件结构有差别，但是在设计中也用到相关设计知识。可见，检索的质量决定了后续设计阶段(如知识重用、知识推理、知识创新等)的方向性与成功率。因此，基于实例的检索方法显得尤为重要，因为产品设计活动中大约有 75%的设计是基于实例的产品设计[184]。

作为人工智能新技术，基于实例推理(case-based reasoning，CBR)方法已经在许多工程领域得到成功的应用[185]，其关键步骤之一就是检索。检索的实质是需求与源实例之间的相似匹配，而相似性计算决定了检索的质量和可靠性[186]。相似性匹配过程是基于距离的计算过程，采用距离可以方便地计算出需求与产品实例之间的相似程度。目前，对相似度的研究主要集中在相似度建模与相似计算算法上，其中相似度计算研究方法众多[187]，最常用也最普遍的是基于 K 邻近算法相似度计算[188-190]、归纳索引法[191]和知识导引法等，这些方法比较适合定性问题检索，但是对于模糊的、定量问题实例检索显得无能为力；还有基于可拓理论[192,193]、基于图论[194]、子空间法[195]和神经网络[196]等的检索方法，这些方法主要是先计算单一属性相似度，再集成求解出全局属性相似度，但是无法体现出多维属性输入和单维属性输入的差别。不同量纲的多维需求属性输入获得的相似度计算结果可能并不是由各个单一维度属性相似度值的取大、取小或者加权求和等方法获得。

因此，不同量纲的多属性检索问题被视为多维空间检索问题，如任一实例包含了多维空间矢量，其与产品需求输入的相似度可以表示为空间多维点之间的距离。多维空间检索技术可分为空间索引技术和降维技术，前者包含各种索引方法，其共同点就是对空间进行分割，缩小空间求解维度；后者的研究方法有主成分分析法和语义索引等，这些方法的特点就是对空间进行有效降维，将高维数据降至低维来克服计算时的"维数恐惧"，寻找等价较小空间作替换研究[197]。在机械工程领域，低碳产品需求输入值与实例特征参数都有无法直观的表层分割，无法确定其关联性，且在深层次的结构复杂关联性方面更加无法区分。同时，基于现有的空间点位置概念，无法有效地区分点与区间的隶属程度。例如，经典距离中认为点与区间距离为零，即规定了"类内即为同"，无法表达结构特征的"量变"到"质变"过程。侧距能有效凸显不同点到区间的差异程度[198]，但侧距在设计应用过程中也存在不足之处，如设计参数不一定在区间中点取到最优，则产生了偏置等效距离问题，而用静态的斜率无法满足这一特性，所以需要进行改进，使之更符合实际的设计环境。关联函数是基于侧距的函数，也需做相应的传导变化研究[199-201]。

本章研究侧距的改进方法、多维关联函数构建原理及其应用，准确和形式化地描述低碳需求与源产品实例的定量距离，并以此为基础构建相似度模型及其准确性验证，输出实例相似度，为设计知识重用提供设计质量保障。

3.2　可拓侧距改进方法

可拓侧距的定义："区间内不为同"，即落在区间内的点所表示的空间距离并不一样，且在区间内的距离值变化是等斜率的。它无法直接体现点位置的不同与最优点之间距离的幅度变化关系，尤其是在最优点不等于区间中点的情况下。因此，在单维低碳需求检索时，将其进行改进，实现符合现实设计环境的侧距计算。

3.2.1　可拓侧距计算及性质

低碳需求的检索是以低碳实例特征参数匹配需求区间满足度的一种结果输出。可拓侧距的构建是基于设计特征最优值与低碳属性区间，是为了简化距离计算过程而给出的快捷公式，但是增加了一个步骤，即设计最优值点与设计区间中点的位置关系判断。

设低碳需求区间 $X_0 = [a,b]$，$X = [c,d]$，最优点为 x_0，且 $x_0 \in X_0 \subseteq X$，以区间 X 为例，侧距可表示如下。

(1) 左侧距，即 $x_0 \in [c, (c+d)/2)$：

$$\rho_1(x, x_0, X) = \begin{cases} c - x, & x \leqslant c \\ \dfrac{d - x_0}{c - x_0}(x - c), & x \in (c, x_0) \\ x - d, & x \geqslant x_0 \end{cases} \tag{3.1}$$

(2) 右侧距，即 $x_0 \in [(c+d)/2, d]$：

$$\rho_r(x,x_0,X) = \begin{cases} c - x, & x \leqslant x_0 \\ \dfrac{c - x_0}{d - x_0}(d - x), & x \in (x_0, d) \\ x - d, & x \geqslant d \end{cases} \tag{3.2}$$

可见，距是左、右侧距的特殊形式(即 $x_0=(c+d)/2$ 时)。参照侧距的性质：

性质 3.1　当 $x \in (c,d)$ 时，$\rho(x,x_0,X) < 0$；当 $x = \{c,d\}$ 时，$\rho(x,x_0,X) = 0$；当 $x \notin [c,d]$ 时，$\rho(x,x_0,X) > 0$。

因此，点到区间的侧距的计算法则是将区间内各个点位依据最优点进行距离衡量。

3.2.2　可拓侧距特例改进

文献[202]对侧距公式进行了改进研究，改进之后的距在相似度检索中取得了不错的效果。

(1) 特例左侧距，即 $x_0 \in [c, (c+d)/2)$：

$$\rho_l(x,x_0,X) = \begin{cases} c - x, & x \leqslant \dfrac{c+d}{2} \\ x - \dfrac{c+d}{2}, & x > \dfrac{c+d}{2} \end{cases} \tag{3.3}$$

(2) 特例右侧距，即 $x_0 \in ((c+d)/2, d]$：

$$\rho_r(x,x_0,X) = \begin{cases} \dfrac{c+d}{2} - x, & x < \dfrac{c+d}{2} \\ x - d, & x \geqslant \dfrac{c+d}{2} \end{cases} \tag{3.4}$$

从式(3.3)和式(3.4)中 x 的取值范围可以看出，该文献实际是对侧距中的特殊情况(即 $x_0=(c+d)/2$)的改进研究，其改进的临界点是以区间中点为最优点，因此其具有对象位置计算的特殊性。但在实际设计过程中，设计参数或计算参数的取值并非在区间中点取到最优，如大型螺杆空气压缩机的噪声性能依据测量或表示的方法不同，可以表示为一个区间指标(如[0, 90]dB)，仅从这个单一性能考虑，其最优值取 $x_0=0$，但大型螺杆空气压缩机是一个复杂产品包含多种产品性能且性能之间存在强弱关联。从产品性能综合设计角度出发，其最优值为 $45 > x_0 = a > 0$ 且 $\lim a=0$，显然该噪声性能设计是一个左倾向类型。

该改进公式的效果是消除区间边界点大小的影响，有利于相似度检索结果的正确区分，但式(3.3)中当 $x > (c+d)/2$ 时，$\rho_l(x, x_0, X) > 0$，式(3.4)中当 $x < (c+d)/2$ 时，$\rho_r(x, x_0, X) > 0$。因此，该公式的优势在于当属于 $\rho_l(x,x_0,X)$ 且 $x \leqslant (c+d)/2$ 或属于 $\rho_r(x,x_0,X)$ 且 $x \geqslant (c+d)/2$ 时，才具有较好的改进效果。

3.2.3 可拓侧距改进

可拓侧距主要考虑到产品设计参数最优值位置的偏向性问题而准确给出的设计参数点与设计目标区间的距离。因此，在考虑设计参数最优值时，设计参数点相对于最优值的距计算效率显然不是静态不变的，是变斜率的曲线构成。

依据侧距和特例侧距分析，给出设想的改进侧距，以改进左侧距为例进行分析说明，如图 3.1 所示。

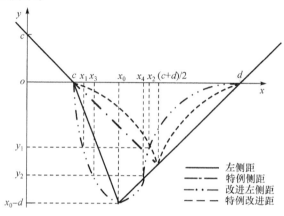

图 3.1　改进左侧距对比效果分析

由图 3.1 知，区间外的计算公式都是相同的(即点到区间边界的距离)，侧距和特例侧距在最优点两侧的直线斜率都是不变的，尽管特例侧距的左右两侧对称，但是在侧距运算过程中，特例侧距并不是匀速变化的，因此无法真实地反映出实际设计情况。

当在点 x_1 和 x_2 处，可拓左侧距的取值都为 $y=y_1$，显然 $(x_0-x_1)/(x_2-x_0)>1$，但是实际设计情况是 x_1 更接近 x_0，而输出的结果却是一样的，这样不能有效、快捷地区分设计参数优选值。

因此，在左侧距的改进过程中必须凸显侧距的优势，给出合理的设计参数输出计算方法。假设在低碳区间 $[c, x_0]$ 内，左侧距公式为下凸曲线；在低碳区间 $[x_0, d]$ 内，左侧距为下凹凸曲线(但是斜率是正变化的)，如图 3.1 所示。以左侧距为基础，并结合点 $[c, 0]$、$[x_0, x_0-d]$、$[d, 0]$，以改进左侧距为例进行说明。

在 $x_0 \in \left(c, \dfrac{c+d}{2} \right)$ 条件下：

(1) 当 $x \in (-\infty, c] \bigcup [d, +\infty)$ 时，改进左侧距公式为

$$\rho_{\mathrm{II}} = \begin{cases} c-x, & x \leqslant c \\ x-d, & x \geqslant d \end{cases} \tag{3.5}$$

(2) 当 $x \in (c, x_0)$ 时，将改进左侧距视为一元二次曲线，可表示为

$$\rho_{\mathrm{II}}(x,x_0,X) = k_1 x^2 + k_2 x + k_3$$

设在点 $x=x_3=\dfrac{x_0+c}{2}$ 的取值 $\rho_{\mathrm{II}}=y_2=\dfrac{3(x_0-d)}{4}$，则联立可求解出

$$\rho_{\mathrm{II}}(x,x_0,X) = \frac{d-x_0}{(x_0-c)^2}x^2 + \frac{2x_0(x_0-d)}{(x_0-c)^2}x + \frac{(x_0-d)(c^2-2x_0 c)}{(x_0-c)^2} \tag{3.6}$$

(3)当 $x\in(x_0,d)$ 时，改进左侧距被视为不同斜率的一元二次曲线，可表示为

$$\rho_{\mathrm{II}}(x,x_0,X) = k_1' x^3 + k_2' x^2 + k_3' x$$

设点 y_2 对应的 x_4 取值为 $x_4=\dfrac{2x_0+c+d}{4}$，且在该点处的斜率为无穷大，通过联立求解可获得该阶段的改进左侧距为

$$\rho_{\mathrm{II}}(x,x_0,X) = \begin{cases} \dfrac{2(d-x_0)}{(2x_0-c-d)^2}x^2 + \dfrac{4x_0(x_0-d)}{(2x_0-c-d)^2}x \\ \quad + \dfrac{(x_0-d)(c+d)(4x_0-c-d)}{(2x_0-c-d)^2}, & x\in\left(x_0,\dfrac{2x_0+c+d}{4}\right) \\[4mm] \dfrac{12(x_0-d)}{(3d-2x_0-c)^2}x^2 + \dfrac{24d(d-x_0)}{(3d-2x_0-c)^2}x \\ \quad + \dfrac{12d^2(x_0-d)}{(3d-2x_0-c)^2}, & x\in\left(\dfrac{2x_0+c+d}{4},d\right) \end{cases} \tag{3.7}$$

则总的改进左侧距可表示为

$$\rho_{\mathrm{II}}(x,x_0,X) = \begin{cases} c-x, & x\in(-\infty,c] \\[2mm] \dfrac{d-x_0}{(x_0-c)^2}(x-x_0)^2 + x_0-d, & x\in(c,x_0)\text{且}x_0\neq c \\[2mm] \dfrac{4(d-x_0)}{(2x_0-c-d)^2}(x-x_0)^2 + x_0-d, & x\in\left[x_0,\dfrac{2x_0+c+d}{4}\right]\text{且}x_0\neq c,\ x_0\neq\dfrac{c+d}{2} \\[2mm] \dfrac{12(x_0-d)}{(3d-2x_0-c)^2}(x-d)^2, & x\in\left(\dfrac{2x_0+c+d}{4},d\right]\text{且}x_0\neq c \\[2mm] x-d, & x\in[d,+\infty) \\[2mm] -(x-d)^2, & x\in[c,d]\subseteq[0,1]\text{且}x_0=c \\[2mm] -\dfrac{1}{(x-d)^2} & x\in[c,d)\text{且}d\in[1,+\infty],\ x_0=c \end{cases} \tag{3.8}$$

同理，在 $x_0 \in \left(\dfrac{c+d}{2}, d \right]$ 下，改进的右侧距公式为

$$\rho_{\mathrm{Ir}}(x, x_0, X) =$$

$$
\begin{cases}
c - x, & x \in (-\infty, c) \\[2mm]
\dfrac{12(c - x_0)}{(2x_0 - 3c + d)^2}(x - c)^2, & x \in \left[c, \dfrac{2x_0 + c + d}{4} \right) \text{且} x_0 \neq d \\[3mm]
\dfrac{4(x_0 - c)}{(c + d - 2x_0)^2}(x - x_0)^2 + c - x_0, & x \in \left[\dfrac{2x_0 + c + d}{4}, x_0 \right) \text{且} x_0 \neq d, x_0 \neq \dfrac{c+d}{2} \\[3mm]
\dfrac{x_0 - c}{(d - x_0)^2}(x - x_0)^2 + c - x_0, & x \in [x_0, d) \text{且} x_0 \neq d \\[2mm]
x - d, & x \in [d, +\infty) \\[2mm]
-(x - c)^2 & x \in [c, d] \subseteq [0,1] \text{且} x_0 = d \\[2mm]
-\dfrac{1}{(x - c)^2} & x \in [c, d] \text{且} d \in (1, +\infty), x_0 = d
\end{cases}
\tag{3.9}
$$

当 $x_0 = (c+d)/2$ 时，曲线最低点为 $\rho_{\mathrm{Il}}(x, x_0, X) = (c - d)/2$；在 $x_0 \rightarrow (c+d)/2$ 过程中，左、右侧距曲线分别在区间 $[c, x_0]$、$[x_0, d]$ 上向内凹起(如图 3.1 中特例改进距所示)，其公式为

$$
\rho_{\mathrm{I}}(x, x_0, X) = \begin{cases}
\rho_{\mathrm{Il}}(x, x_0, X) = -(x - c)^2 \\
\rho_{\mathrm{Ir}}(x, x_0, X) = -(x - d)^2
\end{cases}
\tag{3.10}
$$

3.2.4　改进可拓侧距的验证

改进侧距的验证分析是测评侧距的改进方法是否合理、有效、可行的必要步骤，其主要是通过改进侧距的准确性和改进侧距的有效性这两大方面来实现的。

1) 改进侧距的准确性

改进侧距的准确性直接验证该改进方法的可行性，其改进推理的正确性表明了侧距改进方向性，为后续的进一步突破研究打下扎实的理论基础。

以改进左侧距为例，任意选取一低碳区间 $X = [5, 83]$，最优值为 $x_0 = 21 \in [5, 44]$，代入式(3.8)中，得到

$$\rho_{\mathrm{II}}(x,x_0,X) = \begin{cases} 5-x, & x \in (-\infty,5) \\[2mm] \dfrac{31}{128}x^2 - \dfrac{651}{64}x + \dfrac{5735}{128}, & x \in [5,21) \\[2mm] \dfrac{62}{529}x^2 - \dfrac{2604}{529}x - \dfrac{5456}{529}, & x \in \left[21,\dfrac{65}{2}\right) \\[2mm] -\dfrac{93}{4902}x^2 + \dfrac{7719}{2451}x - \dfrac{640677}{4902}, & x \in \left[\dfrac{65}{2},83\right) \\[2mm] x-83, & x \in [83,+\infty) \end{cases} \qquad (3.11)$$

(1) 连续性判断。依据一元二项式在对称轴线一侧单调连续原则，结合式(3.6)和式(3.7)，可得到式(3.8)在各个区间段单调连续可微。

(2) 准确性判断。依据给出的距值，分析对应的输入值和输出值，判别改进侧距与实际设计情况的一致性。

① 相同侧距输出值下的不同设计参数值比较分析。

在区间$[x_0-d,\ 0]=[-62,0]$中，任意选取一个值 $\rho_{\mathrm{II}}=-20$ 作为输入，代入式(3.8)可求得对应的 x 值：$x_1=7.8311$ 和 $x_2=50.5317$。由此可见，在相同输出的前提下，在不同区间的取值差异性变化增大，即在左侧区间的距离更接近于设计最优值。

② 基于区间中点对称两点的侧距值比较分析。

在区间 $X=[5,83]$ 上，选取该区间中点 $x=(c+d)/2$ 对称的两个点作为输入值，分别为 $x_3=11$ 和 $x_4=77$，代入式(3.8)可得 $\rho_{\mathrm{II}}=-37.7813$ 和 $\rho_{\mathrm{II}}=-0.6830$。可见，计算结果更倾向于左侧，符合实际设计要求。

③ 邻近最优值相异区间点的侧距比较分析。

在轴线 $x=x_0$ 两侧区间$[5,21]$和$[21,32.5]$上对称地选取 2 个点：$x_5=17$ 和 $x_6=25$，代入式(3.8)可得 $\rho_{\mathrm{II}}=-58.125$ 和 $\rho_{\mathrm{II}}=-60.125$，而这两者的相对误差仅为 3.4%，因此符合改进侧距的目的。

④ 同一区间上不同点值的侧距值对比分析。

在区间$[5,21]$上任取两个较大间距的点，即 $x_7=8$ 和 $x_8=18$，代入式(3.6)可得 $\rho_{\mathrm{II}}=-21.0703$ 和 $\rho_{\mathrm{II}}=-59.8203$。可见，在同一曲线区间，点值的不同取值对应的距离存在较大差异，这符合参数设计的界别原理，更能体现设计的现实意义。

2) 改进侧距的有效性

改进侧距的有效性是在其正确性验证的基础上，与距和改进侧距在实例数据对比应用结果的差异性上体现。这里取螺杆空气压缩机相同电机功率的不同品牌和不同系列的低碳实例进行验证分析，选取的电机功率为 37kW 的螺杆空气压缩机部分实例数据(该数据是以第 2 章的计算结果为基础，并结合多个企业提供的螺杆空气压缩机常规数据)如表 3.1 所示。

表 3.1　电机功率为 37kW 的螺杆空气压缩机部分实例数据

序号	CASE	排气压力/MPa	排气量/(m³/min)	电机功率/kW	噪声/dB	购买成本/元	使用成本/元	回收成本/元	产品上市碳足迹/kgCO₂e	使用碳足迹/kgCO₂e
1	JN37-8	0.8	6.5	37	69	42800	165150	1850	20005.3	161262.4
2	JN37-10	1.0	5.0	37	69	45000	168350	2025	20822.6	156228.8
3	JN37-13	1.3	3.6	37	69	46800	170450	2000	20574.1	148361.5
4	LG-6/7	0.7	6.0	37	80	41800	165560	1800	18902.9	173594.1
5	LG-5.2/10	1.0	5.2	37	80	44800	169210	2000	19041.6	163816.7
6	LG-4.2/13	1.3	4.2	37	80	45800	172720	2050	18895.7	150257.9
7	SAL37	0.7	6.5	37	75	42000	164810	1820	19203.3	168530.2
8	SAL37	0.8	6.2	37	75	43500	166490	1980	19522.1	169843.6
9	SAL37	1.0	5.6	37	75	45000	169750	2000	19188.5	165536.4
10	SAL37	1.3	4.8	37	75	46500	170680	2020	19427.8	152166.5
11	SBL37	0.8	6.0	37	72	42000	166550	1880	19273.9	169027.5
12	SBL37	1.0	5.4	37	72	44800	170080	1950	19115.2	166179.3
13	SBL37	1.3	4.6	37	72	46800	170890	2100	19469.3	153099.4
14	KHE37	0.7	6.35	37	69	42500	164950	1900	20374.6	169675.1
15	KHE37	0.8	6.3	37	69	43800	165750	1950	20145.2	168458.2
16	KHE37	1.0	5.64	37	69	45800	168630	1950	20501.3	167134.1
17	KHE37	1.3	4.01	37	69	46500	170070	1980	20098.4	153681.6

　　螺杆空气压缩机低碳需求是在对其有一定了解的基础上，可避免理想状态的需求数据(如噪声最好为 0、购买成本过低、碳足迹过小等)。假设给出的螺杆空气压缩机低碳需求基元模型为

$$
\text{PR}_i = \begin{bmatrix}
O_{\text{PR}_i}, & \text{排气压力}, & [0.9,1.1]\text{MPa} \\
& \text{排气量}, & [3.8,5.5]\text{m}^3/\text{min} \\
& \text{噪声}, & [50,70]\text{dB} \\
& \text{购买成本}, & [30000,40000]\text{元} \\
& \vdots & \vdots \\
& \text{使用碳足迹}, & [100000,160000]\text{kgCO}_2\text{e} \\
& \text{产品上市碳足迹}, & [16000,20000]\text{kgCO}_2\text{e}
\end{bmatrix}
$$

　　依据各个需求数据区间作为计算的需求域 X_0^i，对应的最优值点 x_0^i 是依据 X_0^i 及数据库中不同类型数据的正态分布来确定的，依次为 1.1，5.2，50，30000，…，100000，16000。以排气压力、排气量、噪声、购买成本、使用碳足迹和产品上市碳足迹这六个螺杆空气压缩机低碳需求为例，对表 3.1 进行的侧距、特例改进距及改进侧距的计算，选取排气量、产品上市碳足迹和使用碳足迹的计算结果进行分析。由于表 3.1 中的数据具有不同量纲和不同数量级，为了便于比较，对表 3.1 中的数据、

最优值和区间进行去量纲和数量级操作，依据 $v'[c(\mathrm{CASE}_{ij})] = \dfrac{v[c(\mathrm{CASE}_{ij})]}{\max\limits_{1 \leqslant j \leqslant n} v[c(\mathrm{CASE}_{ij})]}$ ，

对比结果如表 3.2 所示；将计算结果转换成对比效果明显的折线图，如图 3.2 所示。

表 3.2　螺杆空气压缩机部分低碳性能的侧距、特例改进距和改进侧距的计算结果

序号	CASE	排气量			产品上市碳足迹			使用碳足迹		
		侧距	特例改进距	改进侧距	侧距	特例改进距	改进侧距	侧距	特例改进距	改进侧距
1	JN37-8	0.154	0.154	0.154	0	0	0	0.007	0.007	0.007
2	JN37-10	−0.184	−0.077	−0.186	0.039	0.039	0.039	−0.021	−0.021	−0.001
3	JN37-13	0.031	0.031	0.031	0.027	0.027	0.027	−0.067	−0.067	−0.001
4	LG-6/7	0.077	0.077	0.077	−0.053	−0.053	−0.003	0.078	0.078	0.078
5	LG-5.2/10	−0.215	−0.046	−0.215	−0.046	−0.046	−0.002	0.022	0.022	0.022
6	LG-4.2/13	−0.061	−0.061	−0.020	−0.054	−0.054	−0.003	−0.056	−0.056	−0.003
7	SAL37	0.154	0.154	0.154	−0.039	−0.039	−0.002	0.049	0.049	0.049
8	SAL37	0.108	0.108	0.108	−0.023	−0.023	−0.001	0.056	0.056	0.056
9	SAL37	−0.140	−0.03	−0.189	−0.040	−0.040	−0.002	0.032	0.032	0.032
10	SAL37	−0.153	−0.108	−0.126	−0.028	−0.028	−0.001	−0.046	−0.046	−0.002
11	SBL37	0.077	0.077	0.077	−0.035	−0.035	−0.001	0.052	0.052	0.052
12	SBL37	−0.070	−0.015	−0.117	−0.043	−0.043	−0.002	0.035	0.035	0.035
13	SBL37	−0.123	−0.123	−0.082	−0.026	−0.026	−0.001	−0.040	−0.040	−0.002
14	KHE37	0.131	0.131	0.131	0.017	0.017	0.017	0.055	0.055	0.055
15	KHE37	0.123	0.123	0.123	0.006	0.006	0.006	0.048	0.048	0.048
16	KHE37	0.022	0.022	0.022	0.024	0.024	0.024	0.041	0.041	0.041
17	KHE37	−0.032	−0.032	−0.006	0.004	0.004	0.004	−0.037	−0.037	−0.001

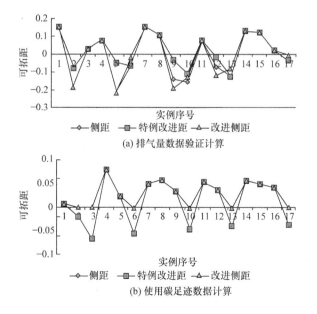

(a) 排气量数据验证计算

(b) 使用碳足迹数据计算

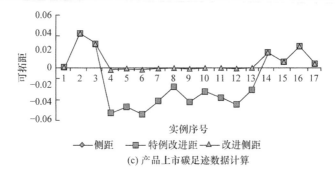

(c) 产品上市碳足迹数据计算

图 3.2　螺杆空气压缩机实例的排气量、产品上市碳足迹和使用碳足迹的验证对比

图中,产品上市碳足迹和使用碳足迹数据的侧距和特例改进距计算结果一致,所以折线相互间被覆盖。从图中可以看出,当值处于区间内部且远离最优值时,其距离绝对值更小(如最优值位于左侧的产品上市碳足迹和使用碳足迹计算结果);当数据值更接近于最优值时,其距离的绝对值更大(如排气量计算结果),可见,本书改进侧距的应用效果更符合实际设计意义。

3.3　低碳设计实例检索多维关联函数构建

多维关联函数是通过一维关联函数的拓展而构建的,而一维关联函数又是侧距的一个集成函数,因此可通过侧距的改进,设计出更加符合现实实际意义和效果的多维关联函数。

3.3.1　多维侧距构建

设 x 为任一设计参数点,以 $X = \langle c, d \rangle$ 为设计参数的一个理想区间(或设计参数目标区间),最优值为 x_0,以左侧距为例进行分析说明,其计算公式为

$$
\rho_1(x, x_0, X) = \begin{cases} c - x, & x \leqslant c \\ \dfrac{d - x_0}{c - x_0}(x - c), & x \in (c, x_0) \\ x - d, & x \geqslant x_0 \end{cases} \tag{3.12}
$$

性质 3.2　当 $x \in X$ 且 $x \neq c$ 和 d 时,$\rho_1(x, x_0, X) < 0$,经典距 $d(x, X) = 0 > \rho_1(x, x_0, X)$;当 $x \notin X$ 且 $x \neq c$ 和 d 时,$\rho_1(x, x_0, X) > 0$,经典距 $d(x, X) = \rho_1(x, x_0, X) > 0$;当 $x = c$ 或 d 时,$\rho_1(x, x_0, X) = 0$,经典距 $d(x, X) = \rho_1(x, x_0, X) = 0$;当 $c = d$ 时,$\rho_1(x, x_0, c) = \rho_1(x, x_0, d)$,经典距 $d(x, c) = \rho_1(x, x_0, c) \geqslant 0$。

性质 3.3　若存在任一区间 X_0 及 $X \supset X_0$，且区间 X_0 和 X 无公共端点，对于任一点 x 都有 $\rho(x, x_0, X_0) < \rho_1(x, x_0, X)$。

由此可见，侧距、距与经典距在计算点与点、区间外点与这一区间值时都有相同的结果，但是在计算区间内点与这一区间值时出现很大的不同，即表现为类内不为同。如果在一定的设计要求下出现多个符合要求的设计方案，需判断一个综合择优的技术参数方案作为设计初始方案。

由改进侧距公式及其验证分析结果可知，改进后侧距的基本性质仍然保持不变。一维侧距是计算点到区间端点的距离(图 3.3(a))，无论是侧距还是其他距的计算方法，都首先要判断任意点 x 在区间左右侧端点的位置(即与点 1 或 2 的位置关系)，然后才能运用公式计算 $\rho(x, x_0, X)$，并依据性质 3.1 有

$$
\begin{cases}
\rho(x, x_0, X) > 0, & x \notin X \\
\rho(x, x_0, X) \leqslant 0, & x \in X \\
\min \rho(x, x_0, X), & x = x_0
\end{cases}
$$

既然一维侧距是计算点到设计目标区间和最优点的位置关系，那么二维侧距则是计算点与最优点和面边框的距离关系(图 3.3(b))，其中最为关键的是要确定点 P 在二维空间中的位置，即在线性条件下判断是属于 S_1、S_2、S_3、S_4 所在的哪个区域。

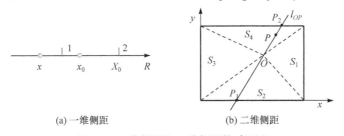

(a) 一维侧距　　　　　　　(b) 二维侧距

图 3.3　一维侧距和二维侧距构建原理

三维侧距是计算点与最优点和体面的距离关系(图 3.4)，其中依据体中心线所划分的 6 个区域分别是 $OABCD$ 区域、$OEFGH$ 区域、$OBCGF$ 区域、$OADHE$ 区域、$OABFE$ 区域、$ODCGH$ 区域。其关键技术问题也是判断点 P 的位置，以确定过点 O 和点 P 的直线的指向性及与平面的交点位置。因此，其构建步骤如下：

(1) 确定产品输入参数点 P 所在的空间位置。

(2) 构建过点 P 和 O 的直线 l_{OP}。

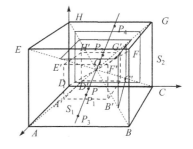

图 3.4　三维侧距构建原理

(3) 结合最优点 O 确定出该侧距类型(左侧距或者右侧距)。

(4) 判断区间 S_1、点 O 和点 P 的关系，选择对应的计算公式。

(5) 建立多维侧距公式。

现以三维右侧距公式构建为例，即假设点 P 落于 S_1 域内，过最优点 O(考虑到最优点的维度，所以用 O 表示)和点 P 的直线 l_{OP} 与边框的交点为 P_1 和 P_2，可知，$(P_1+P_2)/2 \leqslant O \leqslant P_2$ 且各点 $\{(P_1+P_2)/2, O, P_1, P_2\} \in l_{OP}$。则三维右侧距可表示为

$$\rho_{3\text{-}D}^{\text{Ir}}(P,O,S_1) =$$

$$
\begin{cases}
d(P_1,P), & P_1 \in |OP|, O \neq \text{Fr}(S_1), P \in l_{OP} \\[2mm]
d(P_2,P), & P_2 \in |OP|, O \neq \text{Fr}(S_1), P \in l_{OP} \\[2mm]
\dfrac{-12d(P_1,O)}{(2d(P_1,O)+d(P_1,P_2))^2}[d(P_1,P)]^2, & P \in \left[P_1, \dfrac{2O+P_1+P_2}{4}\right], O \neq \text{Fr}(S_1), \\
& O \neq \dfrac{P_1+P_2}{2} \\[2mm]
\dfrac{4d(P_1,O)}{(d(P_1,O)+d(O,P_2))^2}[d(O,P)]^2 - d(P_1,O), & P \in \left[\dfrac{2O+P_1+P_2}{4}, O\right], O \neq \text{Fr}(S_1), \\
& O \neq \dfrac{P_1+P_2}{2} \\[2mm]
\dfrac{d(P_1,O)}{[d(O,P_2)]^2}[d(O,P)]^2 - d(P_1,O), & P \in [O,P_2], O \neq \text{Fr}(S_1), O \neq \dfrac{P_1+P_2}{2} \\[2mm]
-[d(P_1,P)]^2, & P \in [P_1,P_2] \in [0,e], O = \text{Fr}(S_1) \\[2mm]
-\dfrac{1}{[d(P_1,P)]^2}, & P \in [P_1,P_2] \bigcup P_2 \in [e,+\infty], \\
& O = \text{Fr}(S_1), P \neq O \\[2mm]
-d(O,P_2), & P = [P_1,P_2], O = \dfrac{P_1+P_2}{2}, P \neq O \\[2mm]
-d(O,P_1), & P = O
\end{cases}
$$

(3.13)

其中，S_1 表示一个实际产品需求的多维区间，即 $S_1 = (\Delta x_1^1, \Delta x_2^2, \cdots, \Delta x_m^m)$，$\Delta x_i^i (i=1,2,\cdots,m)$ 表示第 i 个维度的长度；$\text{Fr}(S_1)$ 表示每个维度的长度端点向其他维度垂直映射所构成的封闭的多维区间的边界；P_1 表示多维区间的点 O 与点 P 所在直线和 $\text{Fr}(S_1)$ 的交点；$d(P_1,P)$ 表示点 P 与点 P_1 的线性距离。

由上可见，无论一维侧距还是三维侧距，都可由空间点之间的距离表示，结合性质 3.1 和性质 3.2，可推出 n 维空间的 n 维侧距公式与式(3.13)一样，差别只是空间点的维数增加而已。当遇到非线性问题时，n 维侧距的构建原理一样，即把线性距离替换为非线性距离，如 $d(P_1,P)$ 换成 $d_c(P_1,P)$，其中的 c 表示过最优点

O 和点 P 的路径。

本书研究的主要是基于多维侧距的实例库检索和分类、设计结果评判等问题，它们都是在线性条件下，因此基于多维侧距的展开研究是线性求解问题。多维侧距消除了多维侧距计算方法中的主观因素，实现多维侧距的客观化求解，以及实现多维计算的降维效果。显然，多维侧距的计算涉及较多的计算过程，且在维数较高时，无法直接计算距离。在多维计算中需要涉及计算方法简化时，无法满足计算要求。

关联函数是侧距的集成函数且具有明显简化多维计算过程的效果，因此研究基于多维侧距的多维关联函数构建有助于实现大数据或高维度数据的简化计算。

3.3.2　多维关联函数构建

降维的目的是将高维数据运算通过组合映射、有效转换、合理约减等方式转换为低维空间上的数据运算，且保证低维空间运算数据集的完整性，由此通过分析低维子空间的数据运算来研究高维空间中的数据结构变化。关联函数不仅具有去量纲化功能和计算简化作用，还能刻画论域中元素具有某种性质的程度，其取值范围是 $(-\infty, +\infty)$，有别于经典数学中的 0 和 1，以及模糊数学中的 $[0,1]$。

设存在两区间 $X_0 = \langle a,b \rangle$, $X = \langle c,d \rangle$，且 $X_0 \subseteq X$，点 x 关于区间 X_0 和 X 的位值为

$$D(x,X_0,X) = \begin{cases} \rho(x,X) - \rho(x,X_0), & \rho(x,X) \neq \rho(x,X_0) \text{且} x \notin X_0 \\ \rho(x,X) - \rho(x,X_0) + a - b, & \rho(x,X) \neq \rho(x,X_0) \text{且} x \in X_0 \\ a - b, & \rho(x,X) = \rho(x,X_0) \end{cases} \quad (3.14)$$

最优点 x_0 不在中点时的一维关联函数计算公式为

$$K(x) = \begin{cases} \dfrac{\rho(x,x_0,X)}{D(x,X_0,X)}, & \rho(x,X_0) \neq \rho(x,X) \text{且} x \in X \\ -\rho(x,x_0,X_0) + 1, & \rho(x,X_0) = \rho(x,X) \text{且} x \in X_0 \\ 0, & \rho(x,X_0) = \rho(x,X) \text{且} x \in X - X_0 \end{cases} \quad (3.15)$$

其中，$\rho(x,X_0) = \rho(x,X)$ 表示这两区间存在公共交点(可以是 $a=c$ 和 $b=d$ 中的一个或两个)；$x \in X - X_0$ 表示该区间是半闭区间或是开区间；x_0 为最优点。

在一维空间中，引入左右侧距的目的是简化计算和增加直观判断，多维侧距是通过空间某点与最优点的直线上的可拓侧距，所以当 $PR_1, PR_2, \cdots, PR_m$ 是确定的区间时，即 $PR_i = [x_{i1}^i, x_{i2}^i]$ 且 $x_{i1}^i \neq x_{i2}^i$，显然 $m \leq n$。S_1 是实际产品需求多维属性空间，即 $S_1 = (\Delta x_1^1, \Delta x_2^2, \cdots, \Delta x_m^m)$，$\Delta x_i^i = x_{i2}^i - x_{i1}^i$ 表示第 i 个性能维度的长度，表示为经典域空间；S_2 为产品设计要求多维属性空间，$S_2 = (\Delta x_1^{1'}, \Delta x_2^{2'}, \cdots, \Delta x_m^{m'})$，$\Delta x_j^{j'} \geq \Delta x_j^j$，显然

$S_2 \supset S_1$，S_2 表示可拓域空间。

因此，多维关联函数构建分以下三种情况(以最优点在右侧为例)。

(1) 多维可拓域空间与经典域空间有公共边界，即

$$\rho_{n\text{-}D}^{\text{Ir}}(P,O,S_2) = \rho_{n\text{-}D}^{\text{Ir}}(P,O,S_1)$$

$$K_{n\text{-}D}^{\text{Ir}}(P) = \begin{cases} \dfrac{\dfrac{|OP_3|}{|OP_4|^2}|OP|^2 - |OP_3|}{|P_3P_4|} + 1, & P \in S_1, P_2 = P_4 \\[3mm] \dfrac{\dfrac{|OP_3|}{|OP_4|^2}|OP|^2 - |OP_3|}{\dfrac{|OP_3|}{|OP_4|^2}|OP|^2 - |P_1P_3| - \dfrac{|OP_1|}{|OP_2|^2}|OP|^2}, & P \in S_2 - S_1, P_2 \neq P_4 \\[3mm] -\dfrac{|PP_4|}{|P_2P_4|}, & P \in \mathbf{R} - S_2 \\[3mm] \dfrac{\dfrac{|OP_3|}{|OP_4|^2}|OP|^2 - |OP_3|}{|P_3P_4|}, & P_1 = P_3, P_2 = P_4, P \in S_2 \end{cases}$$

(2) 每个维度的可拓域与经典域无公共边界，即

$$\rho_{n\text{-}D}^{\text{Ir}}(P,O,S_2) \neq \rho_{n\text{-}D}^{\text{Ir}}(P,O,S_1)$$

$$K_{n\text{-}D}^{\text{Ir}}(P) = \frac{\rho_{n\text{-}D}^{\text{Ir}}(P,O,S_2)}{D_{n\text{-}D}(P,S_1,S_2)} = \frac{\rho_{n\text{-}D}^{\text{Ir}}(P,O,S_2)}{\rho_{n\text{-}D}^{\text{Ir}}(P,O,S_2) - \rho_{n\text{-}D}^{\text{Ir}}(P,O,S_1)}$$

$$= \begin{cases} \dfrac{\dfrac{|OP_3| \| PP_3|^2}{(2|OP_3| + |P_3P_4|)^2}}{\dfrac{|OP_3| \| PP_3|^2}{(2|OP_3| + |P_3P_4|)^2} - \dfrac{|OP_1| \| PP_1|^2}{(2|OP_1| + |P_1P_2|)^2}}, & \begin{array}{l} P \in \left[P_3, \dfrac{2O + P_1 + P_2}{4}\right], \\[2mm] O \neq \text{Fr}(S_1), O \neq \dfrac{P_3 + P_4}{2} \end{array} \\[6mm] \dfrac{\dfrac{4|OP_3|}{(|OP_3| + |OP_4|)^2}|OP|^2 - |OP_3|}{\dfrac{4|OP_3|}{(|OP_3| + |OP_4|)^2}|OP|^2 - |P_1P_3| - \dfrac{4|OP_1|}{(|OP_1| + |OP_2|)^2}|OP|^2}, & \begin{array}{l} P \in \left[\dfrac{2O + P_1 + P_2}{4}, O\right], \\[2mm] O \neq \text{Fr}(S_1), O \neq \dfrac{P_3 + P_4}{2} \end{array} \\[6mm] \dfrac{\dfrac{|OP_3|}{|OP_4|^2}|OP|^2 - |OP_3|}{\dfrac{|OP_3|}{|OP_4|^2}|OP|^2 - |P_1P_3| - \dfrac{|OP_1|}{|OP_2|^2}|OP|^2}, & \begin{array}{l} P \in [O, P_4], O \neq \text{Fr}(S_1), \\[2mm] O \neq \dfrac{P_3 + P_4}{2} \end{array} \end{cases}$$

(3) 点 P 与最优点 O 重合，即

$$K_{n\text{-}D}^{\text{Ir}}(P) = \begin{cases} -\dfrac{|OP_3|}{|P_1P_3|}, & O = \dfrac{P_3+P_4}{2} \neq \text{Fr}(S_1) \\[3mm] -\max\left\{1, \dfrac{|OP_3|}{|P_1P_3|}, \dfrac{|\text{Fr}(S_1)P_4|}{|\text{Fr}(S_1)\text{Fr}(S_2)|}\right\}, & O \neq \dfrac{P_3+P_4}{2} = \text{Fr}(S_1) \end{cases}$$

因此，多维关联函数可以表示为

$$K_{n\text{-}D}^{\text{Ir}}(P) = \begin{cases} \dfrac{\dfrac{|OP_3\|PP_3|^2}{(2|OP_3|+|P_3P_4|)^2}}{\dfrac{|OP_3\|PP_3|^2}{(2|OP_3|+|P_3P_4|)^2} - \dfrac{|OP_1\|PP_1|^2}{(2|OP_1|+|P_1P_2|)^2}}, & \begin{array}{l} P \in \left[P_3, \dfrac{2O+P_1+P_2}{4}\right], \\[2mm] O \neq \text{Fr}(S_1), O \neq \dfrac{P_3+P_4}{2}, \\[2mm] \rho_{n-D}^{\text{Ir}}(P,O,S_2) \neq \rho_{n-D}^{\text{Ir}}(P,O,S_1) \end{array} \\[10mm] \dfrac{\dfrac{4|OP_3|}{(|OP_3|+|OP_4|)^2}|OP|^2 - |OP_3|}{\dfrac{4|OP_3|}{(|OP_3|+|OP_4|)^2}|OP|^2 - |P_1P_3| - \dfrac{4|OP_1|}{(|OP_1|+|OP_2|)^2}|OP|^2}, & \begin{array}{l} P \in \left[\dfrac{2O+P_1+P_2}{4}, O\right], \\[2mm] O \neq \text{Fr}(S_1), O \neq \dfrac{P_3+P_4}{2}, \\[2mm] \rho_{n-D}^{\text{Ir}}(P,O,S_2) \neq \rho_{n-D}^{\text{Ir}}(P,O,S_1) \end{array} \\[10mm] \dfrac{\dfrac{|OP_3|}{|OP_4|^2}|OP|^2 - |OP_3|}{\dfrac{|OP_3|}{|OP_4|^2}|OP|^2 - |P_1P_3| - \dfrac{|OP_1|}{|OP_2|^2}|OP|^2}, & \begin{array}{l} P \in [O, P_4], O \neq \text{Fr}(S_1), O \neq \dfrac{P_3+P_4}{2}, \\[2mm] \rho_{n-D}^{\text{Ir}}(P,O,S_2) \neq \rho_{n-D}^{\text{Ir}}(P,O,S_1) \end{array} \\[8mm] \dfrac{\dfrac{|OP_3|}{|OP_4|^2}|OP|^2 - |OP_3|}{|P_3P_4|} + 1, & \begin{array}{l} P \in S_1, P_2 = P_4, \\[2mm] \rho_{n-D}^{\text{Ir}}(P,O,S_2) = \rho_{n-D}^{\text{Ir}}(P,O,S_1) \end{array} \\[8mm] \dfrac{\dfrac{|OP_3|}{|OP_4|^2}|OP|^2 - |OP_3|}{\dfrac{|OP_3|}{|OP_4|^2}|OP|^2 - |P_1P_3| - \dfrac{|OP_1|}{|OP_2|^2}|OP|^2}, & \begin{array}{l} P \in S_2 - S_1, P_2 \neq P_4, \\[2mm] \rho_{n-D}^{\text{Ir}}(P,O,S_2) = \rho_{n-D}^{\text{Ir}}(P,O,S_1) \end{array} \\[8mm] -\dfrac{|PP_4|}{|P_2P_4|}, & \begin{array}{l} P \in \mathbf{R} - S_2, \\[2mm] \rho_{n-D}^{\text{Ir}}(P,O,S_2) = \rho_{n-D}^{\text{Ir}}(P,O,S_1) \end{array} \\[8mm] \dfrac{\dfrac{|OP_3|}{|OP_4|^2}|OP|^2 - |OP_3|}{|P_3P_4|}, & \begin{array}{l} P_1 = P_3, P_2 = P_4, P \in S_2, \\[2mm] \rho_{n-D}^{\text{Ir}}(P,O,S_2) = \rho_{n-D}^{\text{Ir}}(P,O,S_1) \end{array} \\[8mm] -\dfrac{|OP_3|}{|P_1P_3|}, & O = \dfrac{P_3+P_4}{2} \neq \text{Fr}(S_1) \\[6mm] -\max\left\{1, \dfrac{|OP_3|}{|P_1P_3|}, \dfrac{|\text{Fr}(S_1)P_4|}{|\text{Fr}(S_1)\text{Fr}(S_2)|}\right\}, & O \neq \dfrac{P_3+P_4}{2} = \text{Fr}(S_1) \end{cases}$$

$$(3.16)$$

多维关联函数是量化的计算方法，通过式(3.16)每种条件下的计算结果与对应一维关联函数值的比较分析可知，当空间的几何中心与输入多维参数最优点 O 重合时具有一致的结果输出，因此此类情况充分说明了其具有降维效果。

O 与 S_2 几何中心的重合度是由各个参数的组成可拓域决定的，因此需要对 S_2 进行调整，方法如下：

(1) 设 $\mathrm{PR}_i = [x_{i1}^i, x_{i2}^i]$ 且 $x_{i1}^i \neq x_{i2}^i$ 为趋大型产品参数, 通过螺杆空气压缩机实例的这个参数数据的正态分布在区间 $\left[\dfrac{x_{i1}^i + x_{i2}^i}{2}, x_{i2}^i\right]$ 上的最大取值作为该特征参数的最优值 x_{i0}^i, 则经典域区间在这个维度上的区间为 $S_2^i = [x_{i1}^i, 2x_{i0}^i - x_{i1}^i]$。

(2) 设 $\mathrm{PR}_i = [x_{i1}^i, x_{i2}^i]$ 且 $x_{i1}^i \neq x_{i2}^i$ 为趋小型产品参数, 通过螺杆空气压缩机实例的这个参数数据的正态分布在区间 $\left[x_{i1}^i, \dfrac{x_{i1}^i + x_{i2}^i}{2}\right]$ 上的最大取值作为该特征参数的最优值 x_{i0}^i, 则经典域区间在这个维度上的区间为 $S_2^i = [2x_{i0}^i - x_{i2}^i, x_{i2}^i]$ 且 $2x_{i0}^i - x_{i2}^i \geqslant 0$。

(3) 设 $\mathrm{PR}_i = [x_{i1}^i, x_{i2}^i]$ 且 $x_{i1}^i \neq x_{i2}^i$ 为趋小型产品参数, 当 $2x_{i0}^i - x_{i2}^i < 0$ 时, 取 $x_{i0}^i = \dfrac{d}{2}$ 及 $S_2^i = [0, x_{i2}^i]$。

通过对 S_2 的调整, 可得到多维关联函数多种情况下的简化公式。

(1) 每个维度的可拓域与经典域无公共边界, 即

$$\rho_{n\text{-}D}(P, S_2) \neq \rho_{n\text{-}D}(P, S_1)$$

$$K_{n\text{-}D}(P) = \frac{\rho_{n\text{-}D}(P, S_2)}{D_{n\text{-}D}(P, S_1, S_2)} = \frac{\rho_{n\text{-}D}(P, S_2)}{\rho_{n\text{-}D}(P, S_2) - \rho_{n\text{-}D}(P, S_1)} = \pm \frac{|PP_2|}{|P_1P_2|}$$

(2) 多维可拓域空间与经典域空间有公共边界, 即

$$\rho_{n\text{-}D}(P, S_2) = \rho_{n\text{-}D}(P, S_1)$$

$$K_{n\text{-}D}(P) = \begin{cases} |PP_1| + 1, & P \in S_1 \\ |PP_2|, & P \in S_2 - S_1 \\ -|PP_2|, & P \in \mathbf{R} - S_2 \\ 1, & P_1 = P_2 \end{cases}$$

(3) 点 P 与最优点 x_0 重合, 即

$$K_{n\text{-}D}(P) = \min d(x_0, \mathrm{Fr}(S_1))$$

因此, 多维关联函数可以表示为

$$K_{n\text{-}D}(P) = \begin{cases} \dfrac{|PP_2|}{|P_1P_2|}, & \rho_{n\text{-}D}(P, S_2) \neq \rho_{n\text{-}D}(P, S_1) \bigcap P \in S_2 \\[2mm] -\dfrac{|PP_2|}{|P_1P_2|}, & \rho_{n\text{-}D}(P, S_2) \neq \rho_{n\text{-}D}(P, S_1) \bigcap P \in \mathbf{R} - S_2 \\[2mm] |PP_1| + 1, & \rho_{n\text{-}D}(P, S_2) = \rho_{n\text{-}D}(P, S_1) \bigcap P \in S_1 \\[2mm] |PP_2|, & \rho_{n\text{-}D}(P, S_2) = \rho_{n\text{-}D}(P, S_1) \bigcap P \in S_2 - S_1 \\[2mm] -|PP_2|, & \rho_{n\text{-}D}(P, S_2) = \rho_{n\text{-}D}(P, S_1) \bigcap P \in \mathbf{R} - S_2 \\[2mm] \min d(x_0, \mathrm{Fr}(S_1)), & P = x_0 \end{cases} \tag{3.17}$$

现举例说明其实际降维效果，以三维空间为例(图 3.4)，设可拓域空间 S_2，经典域空间 S_1，最优点 O，点 P、P_1、P_2 分别为：$A(0,22,0)$，$B(34,32,0)$，$C(34,0,0)$，$D(0,0,0)$，$E(0,22,10)$，$F(34,22,10)$，$G(34,0,10)$，$H(0,0,10)$，$A'(2,21,3)$，$B'(32,21,3)$，$C'(32,1,3)$，$D'(2,1,3)$，$E'(2,21,7)$，$F'(32,21,7)$，$G'(32,1,7)$，$H'(2,1,7)$，$x_0(18,16,6)$，$P(x_1,y_1,z_1)$，$P_1(x_2,y_2,7)$，$P_2(x_3,y_3,10)$。

由图 3.4 可知，点 P 落于最优点 x_0 和面 $ABCD$ 所围区域(即 $-z$ 方向)，且 $1 \leqslant z_1 \leqslant 6$，则直线 l_{x_0P} 为 $\dfrac{x-18}{18-x_1} = \dfrac{y-16}{16-y_1} = \dfrac{z-6}{6-z_1} = t$，代入点 P_1 和 P_2，可得

$$\begin{cases} x_2 = (18-x_1)\dfrac{1}{6-z_1} + 18 \\[2mm] y_2 = (16-y_1)\dfrac{1}{6-z_1} + 16 \\[2mm] x_3 = (18-x_1)\dfrac{4}{6-z_1} + 18 \\[2mm] y_2 = (16-y_1)\dfrac{4}{6-z_1} + 16 \end{cases}$$

代入多维关联函数可得

$$\begin{aligned} K_{n\text{-}D}(P) &= \frac{|PP_2|}{|P_2P_1|} \\[2mm] &= \sqrt{\frac{(18-x_1)^2\left(\dfrac{1}{6-z_1}+1\right)^2 + (16-y_1)^2\left(\dfrac{1}{6-z_1}+1\right)^2 + (10-z_1)^2}{\dfrac{9}{(6-z_1)^2}(18-x_1)^2 + \dfrac{9}{(6-z_1)^2}(16-y_1)^2 + 9}} \\[2mm] &= \frac{z_1}{3} \end{aligned}$$

由此可见，只要点落于最优点 x_0 和面 $ABCD$ 所围区域，其多维关联函数计算可简化为关于 z_1 的一元一次方程，同理当点 P 落于相应的区域时都可以简化为其一元一次方程。而且，在该区域内多维关联函数值的变化仅与 z_1 取值直接相关，与 x_1 和 y_1 无关(即当 $z_1 = C$ 时，与 x_1 和 y_1 所在平面无关)。对比只有 z_1 变量下的一维可拓关联函数，参照图 3.5 对应的一维关联函数计算结果为

$$K(z_1) = \frac{\rho(z_1,z_0,Z)}{D(z_1,Z_0,Z)} = \frac{z_1}{3}$$

可见，多维关联函数降维后的输出结果与实际输出结果一致，即

$$K_{n\text{-}D}(P) = k(z_1)|_{\vec{P}=-\vec{z}}$$

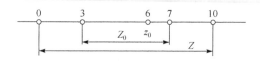

图 3.5　一维关联函数量化计算表示

可得到多维关联函数的性质推论:

推论 3.1　多维关联函数值为某单一维度分量关联函数的计算结果,但并不一定取到最小值。

(1) 当已知输入点所属位置时,多维关联函数可以等价简化为该空间位置所对应的一维关联函数,所以有

$$K_{n\text{-}D}(P) \in \{K_{D\text{-}1}(P), K_{D\text{-}2}(P), \cdots, K_{D\text{-}n}(P)\}_{S_1 \cup S_2}$$

其中, $K_{D\text{-}i}(P)_{S_1 \cup S_2}$ 表示第 i 个维度的关联函数值。

(2) 当 $K_{n\text{-}D}(P) = K_{D\text{-}i}(P)_{S_1 \cup S_2}$ 时, $\exists \{K_{D\text{-}j}(P)_{S_1 \cup S_2}\}_{j \neq i \cup j=1,\cdots,n-1} < K_{D\text{-}i}(P)_{S_1 \cup S_2}$, 可见 $K_{n\text{-}D}(P)$ 并不是取最小值。

(3) 当 $K_{n\text{-}D}(P) = K_{D\text{-}i}(P)_{S_1 \cup S_2}$ 时, $\exists \{K_{D\text{-}j}(P)_{S_1 \cup S_2}\}_{j \neq i \cup j=1,\cdots,n-1} \geqslant K_{D\text{-}i}(P)_{S_1 \cup S_2}$, 此时 $K_{n\text{-}D}(P)$ 就是最小值。

3.3.3　多维关联函数的降维计算

当点 P 落在多维空间的某一区域时,可直接降维到该区域所在轴向的一维空间方法计算。可见,多维关联函数在解决低碳需求区间与产品实例属性点的多维空间距计算问题上具有良好的降维效果。

但对于特殊情况,即需求为一个确定的点而不是区间范围时($x_{i1}^i = x_{i2}^i \cup \Delta x_i^i = 0$),可直接采用经典数学公式中的点距方法计算:

$$d_i(\text{PR}, P^i)$$

在既包含产品需求点值又包含产品需求区间时,分别采用经典距的点距计算公式和多维关联函数计算,再综合计算需求与实例的符合程度。

当点 P 所在位置确定时,可以快速、有效地实现降维效果。因此,如何确定点 P 的位置区域是有效降维的首要关键技术,分为两部分:

1) 实例属性维数约减

实例属性维数约减的目的是去掉非有效数据维数,凸显有效数据维数,有助于提高计算效率。

定义 3.1　有效数据维数是指与产品需求维数一一对应的独立数据维度的集合。

定义 3.2　非有效数据维数是指产品需求未提及的数据维度的集合。

产品实例属性个数 P^{ij} 远远大于产品需求个数 PR_t ,即 $\text{PR}_t = x_t, j \leqslant n, t \leqslant m,$,显然

$m \leqslant n$，因此，依据产品需求 PR_t 确定出一一对应的产品实例属性 P^{it}，作为检索的有效数据维数源；未提到的产品实例属性 $(P^{im}, P^{i(m+1)}, \cdots, P^{in})$ 则默认为满足状态，属于未激活的非有效数据维数，将其省略有助于提高计算效率。

2) 低碳实例检索的降维计算

从图 3.3 和图 3.4 可以看出，构建的多维空间的对边界是对称的，在二维、三维空间中点 P 的确定需先计算任意点 P 与 4、6 个边界的交点，再判断这些交点所属边界，继而确定出点 P 所属区域。因此，n 维空间中任一过最优点 x_0 的直线与这个空间的交点有 $2n$ 个，为了简化计算，只计算点 P 与经典域空间 S_1 的边界交点。

假设 n 维空间中点 P 表示为 $P = (x_{11}, x_{12}, \cdots, x_{1n})$，最优点 $x_0 = (x_{01}, x_{02}, \cdots, x_{0n})$，则过这两点的直线 $l_{x_0 P}$ 为

$$\frac{x_1 - x_{01}}{x_{11} - x_{01}} = \frac{x_2 - x_{02}}{x_{12} - x_{02}} = \cdots = \frac{x_n - x_{0n}}{x_{1n} - x_{0n}}$$

而二维空间时是直线与线段的交点，三维空间时是直线与面的交点，四维空间时是直线与体的交点，由此可以推断出 n 维空间在降维过程中需要计算直线与 $n-1$ 维空间的交点，这种情况下就已经知道其中一个维度的边界值，即

$$\left. \begin{array}{l} 二维 : a_1 x_1 + a_2 = 0 \\ 三维 : a_1 x_1 + a_2 x_2 + a_3 = 0 \\ 四维 : a_1 x_1 + a_2 x_2 + a_3 x_3 + a_4 = 0 \end{array} \right\}_{x_i = \Delta x_i^i}$$

$$\Rightarrow n维 : a_1 x_1 + a_2 x_2 + \cdots + a_{n-1} x_{n-1} + a_n = 0 \, |_{x_i = \Delta x_i^i}$$

其中，a_i 是可由平面方程求解而得的常数。

在求解点 $P_1 = (l_{x_0 P} \bigcap \mathrm{Fr}(n-1-D))$ 时可转换为多目标求解问题：

$$
\begin{cases}
\dfrac{x_1 - x_{01}}{x_{11} - x_{01}} = \dfrac{x_2 - x_{02}}{x_{12} - x_{02}} = \cdots = \dfrac{x_n - x_{0n}}{x_{1n} - x_{0n}} \\
a_1 x_1 + a_2 x_2 + \cdots + a_{n-1} x_{n-1} + a_n = 0 \\
x_i = \Delta x_i^i \\
\text{s.t.}
\begin{cases}
0 \leqslant x_1 \leqslant \Delta x_1^1 \\
\quad\quad \vdots \\
0 \leqslant x_{i-1} \leqslant \Delta x_{i-1}^{i-1} \\
0 \leqslant x_{i+1} \leqslant \Delta x_{i+1}^{i+1} \\
\quad\quad \vdots \\
0 \leqslant x_n \leqslant \Delta x_n^n
\end{cases}
\end{cases}
\tag{3.18}
$$

通过点 P_1 的值可直接断定点 P 所属区域(即所在维度)，再获取所在维度的经典域区间、可拓域区间、最优点值，计算关联函数实现其快速降维。

3.3.4　多维关联函数空间降维应用验证

螺杆空气压缩机实例库中各个实例特征参数是匹配螺杆空气压缩机低碳需求的输入空间点值，按照多维关联函数快速、有效的降维实现的核心是构建可拓域空间，而其又取决于螺杆空气压缩机实例各个特征的特性及在需求区间中的分布。现以表 3.1 中的实例为例进行多维关联函数降维效果的效用验证。

螺杆空气压缩机低碳需求数据也取 3.2.4 节中的需求基元模型(假设第 i 次螺杆空气压缩机需求中有 n_i 个需求特征)：

$$
PR_i = \begin{bmatrix} O_{PR_i}, & 排气压力, & [0.9,1.1]MPa \\ & 排气量, & [3.8,5.5]m^3/min \\ & 噪声, & [50,70]dB \\ & 购买成本, & [30000,40000]元 \\ & \vdots & \vdots \\ & 使用碳足迹, & [100000,160000]kgCO_2e \\ & 产品上市碳足迹, & [16000,20000]kgCO_2e \end{bmatrix} = \begin{bmatrix} PR_i^1 \\ PR_i^2 \\ PR_i^3 \\ PR_i^4 \\ \vdots \\ PR_i^{n_i-1} \\ PR_i^{n_i} \end{bmatrix}
$$

依据螺杆空气压缩机低碳需求所对应的实例特征参数的正态分布及集合螺杆机需求区间，确定出需求所对应的特征最优值分别为 1.1，5.2，50，30000，…，100000，16000。针对这 6 个已列出的螺杆空气压缩机需求特征(PR_i^1、PR_i^2、PR_i^3、PR_i^4、$PR_i^{n_i-1}$ 和 $PR_i^{n_i}$)，由螺杆空气压缩机特征参数的特性可知，PR_i^1 和 PR_i^2 属于趋大型特性(即属于可拓域调整方法类型 1)，而 PR_i^3、PR_i^4、$PR_i^{n_i-1}$ 和 $PR_i^{n_i}$ 属于趋小型特性(即属于可拓域调整方法类型 2)，则以 PR_i^1 和 $PR_i^{n_i-1}$ 这两个特征的可拓域空间构建为例：

(1) PR_i^1 对应的 $S_1^{i,1}=[0.9,1.1]$ 及最优值为 $x_0^{i,1}=1.1$，则 $S_2^{i,1}=[0.9,1.3]$。

(2) $PR_i^{n_i-1}$ 对应的 $S_1^{i,n_i-1}=[100000,160000]$ 及最优值为 $x_0^{i,n_i-1}=100000$，则 $S_2^{i,n_i-1}=[40000,160000]$。

任选表 3.1 中的一组螺杆空气压缩机实例特征参数验证计算(如以 16 号 KHE37 螺杆空气压缩机为例)，其步骤如下：

(1) 判断输入的螺杆空气压缩机实例特征参数的有效维度。这里分析螺杆空气压缩机需求可拓域空间与 16 号实例特征数据，可确定出该状态下的有效维度为 3，即 PR_i^4、$PR_i^{n_i-1}$ 和 $PR_i^{n_i}$ 这三个特征参数组成的空间。

(2) 进行有效维度特征参数的归一化处理。这里的三个维度特征参数的归一化公式也是依据 $v'[c(\mathrm{CASE}_{ij})] = \dfrac{v[c(\mathrm{CASE}_{ij})]}{\max\limits_{1 \leqslant j \leqslant n} v[c(\mathrm{CASE}_{ij})]}$ 。

(3) 计算多维关联函数及确定点 P 的位置。这里是计算三维关联函数值 $K_{3\text{-}D}$，通过点 P 的空间点值判断出其所属的空间位置。而该三维空间 S_1 和 S_2 的右侧边界重合，则计算得 $K_{3\text{-}D} = -|P_1 P| = -0.061$，且空间点 P 所在区域对应的轴 CZ 是 $\mathrm{PR}_i^{n_i-1}$。

(4) 计算空间点 P 所在位置对应的一维关联函数。这里取 $\mathrm{PR}_i^{n_i-1}$ 对应的 S_1^{i,n_i-1}、S_2^{i,n_i-1} 和 x_0^{i,n_i-1}，计算得 $K_{1\text{-}D} = -0.061$。

(5) 判断 $K_{n\text{-}D} = K_{1\text{-}D}$。这里 16 号螺杆空气压缩机实例特征参数的 $K_{3\text{-}D} = K_{1\text{-}D}$，即实现了降维。

多维关联函数对其他实例的应用验证结果如表 3.3 所示。由表中的计算结果可知，实例库的多维数据计算可以降维到对应某一维特征参数轴的计算上，且计算的结果相等，说明其降维效果明显。

表 3.3　基于多维关联函数的部分螺杆空气压缩机实例参数降维计算验证

序号	CASE	维数	$K_{n\text{-}D}$	CZ	$K_{1\text{-}D}$
1	JN37-8	4	−0.250	1	−0.250
2	JN37-10	2	−0.114	n_i	−0.114
3	JN37-13	3	−0.162	2	−0.162
4	LG-6/7	3	−0.221	1	−0.221
5	LG-5.2/10	2	−0.107	n_i	−0.107
6	LG-4.2/13	1	−0.299	4	−0.299
7	SAL37	5	−0.184	3	−0.184
8	SAL37	5	−0.203	1	−0.203
9	SAL37	4	−0.125	2	−0.125
10	SAL37	3	−0.271	3	−0.271
11	SBL37	5	−0.163	1	−0.163
12	SBL37	3	−0.304	3	−0.304
13	SBL37	2	−0.184	4	−0.184
14	KHE37	4	−0.137	n_i	−0.137
15	KHE37	5	−0.150	1	−0.150
16	KHE37	3	−0.061	n_{i-1}	−0.061
17	KHE37	2	−0.218	4	−0.218

3.4 基于多维关联函数的相似实例检索应用分析

用户需求日益个性化、多样化，产品设计的复杂性和难度大大增加，产品设计向网络化、智能化方向发展，呈现出知识密集性、进化性和多学科等特征[203]。重用产品设计过程中所形成的经验和知识是产品创新的基础，可以缩短产品研制周期，避免重复性的设计错误，提高产品的可靠性和质量，从而增加企业竞争力[204]。设计知识重用是智能化设计的重要研究内容，代表性方法有基于参数化的方法[205,206]、基于知识工程的方法[207]和基于机器学习的方法[208]等，但所有这些方法中，实现对设计知识的有效检索均是需要解决的关键技术之一。

3.4.1 实例相似度求解原理

胡宝清[209]和李桥兴等[210]分别从不同方面推导了基于可拓距的相似度算法。邓宏贵[211]研究了可拓关系方程、区间距与区间位值的性质及关联函数的建立方法。何斌[212]首先以可拓逻辑为基础，建立了相似性的形式化模型，引入 δ-相似的概念和 δ-相似可拓元的概念，然后给出了测度相似性的定量函数，提出了解决不相容问题的相似替代原理，通过研究发现相似推理是类比推理的推广。

节能减排、低碳、绿色等对产品的约束已由一般要求转变成特殊要求，因此在这种情况下，必须对产品需求做分级检索处理。例如，大型螺杆空气压缩机的制造低碳性、使用过程中的能耗低碳性、维修报废处理低碳性都是重要的特殊要求，但是对客户来说，最关注的是使用过程中的能耗低碳性，而另外两个特殊需求涉及太多的专业性，会把这三者转化为产品成本另一重要特殊需求来考虑，其结构如图 3.6 所示。

对产品需求进行低碳和成本需求提取，先对这两者做二维的一级检索，确定出低碳和成本中至少有一个匹配的产品实例，作为二级检索的实例源，这样做的目的是减少不必要的数据计算和无效结果的输出，凸显低碳设计的重要性；再输入产品性能需求，做多维数据的二级检索，计算基于多维关联函数的相似度值，把实例源又划分为产品性能需求全满足和产品性能需求不全满足这两个实例域；最后输入多维产品零部件需求，再次划分上层的低碳实例域，输出产品零部件需求匹配与不匹配的产品实例集。

3.4.2 相似实例检索算法构建

在产品需求中，存在需求点值和需求区间值，如产品零部件需求就属于需求点值，而产品性能需求中也有需求点值，但是其可转换为需求区间值；低碳、成本和

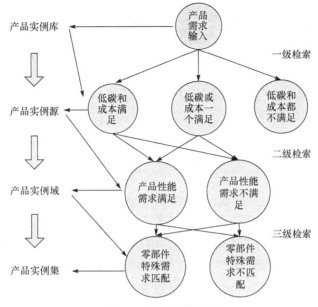

图 3.6　多级检索机制

产品多数需求描述都是以区间值形式，这就需要采用不同的相似度计算方法。依据 Bridge 于 1998 年提出设计相似算法的四个性质：① 自反性，属性与自身是相似的；② 单调性，相似度应该单调递增或递减；③ 对称性，如果 A 和 B 相似，则 B 和 A 也是相似的；④ 传递性，如果 A 和 B 相似，B 和 C 相似，则 A 和 C 相似。

1) 产品零部件需求是确定的点

在计算多维可拓距、多维关联函数时，为了降低计算步骤和提高计算效率，需要依据产品需求空间对多维实例属性数据空间进行降维处理，但是在计算产品需求与产品实例相似程度时，必须把未激活的非有效数据维数一起求解。

当 $PR_i^1, PR_i^2, \cdots, PR_i^m$ 是确定的点时(即 $PR_i^j = x$)，显然 $m \leqslant n$，令 $(PR_i^{m+1}, \cdots, PR_i^n) = (P_i^{m+1}, \cdots, P_i^n)$，检索实例的相似度计算方法如下：

$$\text{sim}(PR_i, P_t) = 1 - \frac{1}{n}\left[\sum_{j=1}^{m} |d_t(PR_i^j, P_i^j)| + \sum_{l=m+1}^{n} f(PR_i^l, P_i^l)\right] \tag{3.19}$$

其中，$f(PR_i^l, P_i^l)$ 的取值为 0 或 1，当 $PR_i^j = P_i^j$ 时取 1，反之取 0。

2) 产品需求是非确定类型

产品需求的非确定类型是指需求中包含确定的需求点值和需求区间，或只有需求区间。此时的相似度函数是基于多维关联函数构建的，即

$$\text{sim}(PR_i, P_t) = \begin{cases} 1, & K_{n\text{-}D}(P_t) \geqslant 0 \\ e^{K_{n\text{-}D}(P_t)}, & K_{n\text{-}D}(P_t) < 0 \end{cases} \tag{3.20}$$

基于多维关联函数的相似度检索算法可表示如下。

第一步：判定产品需求类型，确定产品需求点值及转换获取需求区间值。

第二步：依据产品需求区间值构建多维经典域空间 S_1 和多维可拓域空间 S_2。

第三步：结合产品实例属性点 P_t 和最优点 x_0，构建直线 l_{OP} 和 n 维空间。

第四步：依据点 P_t 求解方程给出 P_t 所属区域。

第五步：降维计算 $K_{n\text{-}D}(P_t)$。

第六步：判断 $K_{n\text{-}D}(P_t)$，计算 $\text{sim}(\text{PR}_i,P_t)$。

第七步：记录该产品实例检索级别的 $\text{sim}(\text{PR}_i,P_t)$。

第八步：结束。

3) 产品需求与产品实例属性的相似度计算

产品需求与产品实例总的相似度包含三个级别检索的相似度，而不同检索级别的相似度需要附加对应的输入检索特征的权重，该权重值由层次分析法确定，分别设定为 $\omega_1=0.5,\omega_2=0.3,\omega_3=0.2$。

由上述公式可知，一级检索的相似度为

$$\text{sim}_{i,t}^1(\text{PR}_i,P_t) = \begin{cases} 1, & K_{m_1\text{-}D}(P_t) \geqslant 0 \\ \mathrm{e}^{K_{m_1\text{-}D}(P_t)}, & K_{m_1\text{-}D}(P_t) < 0 \end{cases} \tag{3.21}$$

二级检索的相似度为

$$\text{sim}_{i,t}^2(\text{PR}_i,P_t) = \begin{cases} 1, & K_{m_2\text{-}D}(P_t) \geqslant 0 \\ \mathrm{e}^{K_{m_2\text{-}D}(P_t)}, & K_{m_2\text{-}D}(P_t) < 0 \end{cases} \tag{3.22}$$

三级检索的相似度为

$$\text{sim}_{i,t}^3(\text{PR}_i,P_t) = 1 - \sum_{l=1}^{n-m_1-m_2} d_l(\text{PR}_i^l,P_t^l) \tag{3.23}$$

则产品需求与产品实例总的相似度为

$$\text{sim}_{i,t}(\text{PR}_i,P_t) = \sum_{j=1}^3 \omega_j \text{sim}_i^j(\text{PR}_{i,t},P_t) \tag{3.24}$$

依据相似度的不同，将产品实例库划分为 $\{\text{sim}_{i,t}(\text{PR}_i,P_t)\}=1$ 的完全匹配产品实例集及 $0<\{\text{sim}_{i,t}(\text{PR}_i,P_t)\}<1$ 的相似产品实例集。

3.4.3　螺杆空气压缩机相似实例检索

基于实例的设计是将实践证明已经成功的设计结果作为实例，依据现有的实例隐含的设计知识为新问题寻求答案，因此它是一种支持知识重用的智能设计方法，也是实现产品快速设计的重要工具，对提高企业市场响应能力和实现敏捷制造具有重要意义。

基于实例的推理对提升设计知识的重用度具有显著的效果。通过对产品实例库的检索，匹配出符合产品参数需求的实例或最大相似产品实例，利用相似实例结构和不符合产品参数分析，找出产品参数与产品模块、结构的关联性，通过对模块或结构之间的知识重用、原理改进、结构创新等设计活动，实现产品参数的全部满足。

现以部分螺杆空气压缩机实例库为例(表 3.4)，假设第 j 次的螺杆空气压缩机低碳需求基元模型为

$$
PR_j = \begin{bmatrix} O_{PR_j}, & 排气压力, & [0.9,1.1]MPa \\ & 排气量, & [3.8,5.5]m^3/min \\ & 噪声, & [60,70]dB \\ & 购买成本, & [45000,63000]元 \\ & \vdots & \vdots \\ & 使用碳足迹, & [140000,160000]kgCO_2e \\ & 产品上市碳足迹, & [18000,24000]kgCO_2e \end{bmatrix} = \begin{bmatrix} PR_j^1 \\ PR_j^2 \\ PR_j^3 \\ PR_j^4 \\ \vdots \\ PR_j^{n_j-1} \\ PR_j^{n_j} \end{bmatrix}
$$

表 3.4 部分螺杆空气压缩机实例的部分参数数据

序号	CASE	排气压力/MPa	排气量/(m³/min)	电机功率/kW	噪声/dB	购买成本/元	使用成本/元	回收成本/元	产品上市碳足迹/kgCO₂e	使用碳足迹/kgCO₂e
1	JN37-8	0.8	6.5	37	69	42800	165150	1850	20005.3	161262.4
2	JN37-10	1	5	37	69	45000	168350	2025	20822.6	156228.8
3	JN37-13	1.3	3.6	37	69	46800	170450	2000	20574.1	148361.5
4	LG-6/7	0.7	6	37	80	41800	165560	1800	18902.9	173594.1
5	LG-5.2/10	1	5.2	37	80	44800	169210	2000	19041.6	163816.7
6	LG-4.2/13	1.3	4.2	37	80	45800	172720	2050	18895.7	150257.9
7	SAL37	0.7	6.5	37	75	42000	164810	1820	19203.3	168530.2
8	SAL37	0.8	6.2	37	75	43500	166490	1980	19522.1	169843.6
9	SAL37	1	5.6	37	75	45000	169750	2000	19188.5	165536.4
10	SAL37	1.3	4.8	37	75	46500	170680	2020	19427.8	152166.5
11	SBL37	0.8	6	37	72	42000	166550	1880	19273.9	169027.5
12	SBL37	1	5.4	37	72	44800	170080	1950	19115.2	166179.3
13	SBL37	1.3	4.6	37	72	46800	170890	2100	19469.3	153099.4
14	KHE37	0.7	6.35	37	69	42500	164950	1900	20374.6	169675.1
15	KHE37	0.8	6.3	37	69	43800	165750	1950	20145.2	168458.2

续表

序号	CASE	排气压力/MPa	排气量/(m³/min)	电机功率/kW	噪声/dB	购买成本/元	使用成本/元	回收成本/元	产品上市碳足迹/kgCO₂e	使用碳足迹/kgCO₂e
16	KHE37	1	5.64	37	69	45800	168630	1950	20501.3	167134.1
17	KHE37	1.3	4.01	37	69	46500	170070	1980	20098.4	153681.6
18	JN45-8	0.8	7.5	45	70	62000	201780	5100	23176.1	203445.5
19	JN45-10	1	6.2	45	70	62500	201960	5150	23150.2	204663.5
20	JN45-13	1.3	5	45	70	63000	202050	5150	23841.6	204522.6
21	LG-7.2/7	0.7	7.2	45	81	63000	202030	4800	24012.8	205887.9
22	LG-6.3/10	1	6.3	45	81	63500	202140	4850	24050.3	206097.1
23	LG-5.5/13	1.3	5.5	45	81	64000	202530	4800	24086.5	206117.2
24	SAH45	0.8	7.4	45	76	65000	202010	4800	23995.5	205986.3
25	SAL45	0.7	7.4	45	76	65000	202070	4850	24076.3	205980.1
26	SAL45	0.8	7.1	45	76	65500	202060	4800	24154.2	205985.0
27	SAL45	1	6.5	45	76	66000	202100	4850	24166.9	206013.2
28	SAL45	1.3	5.6	45	76	66500	202180	4800	24033.1	206260.8
29	KHE45	0.7	7.87	45	70	65000	202090	4550	24186.6	204540.1
30	KHE45	0.8	7.75	45	70	65000	202080	4550	24209.4	204002.9
31	KHE45	1	6.41	45	70	65500	202140	4500	24114.3	204126.8
32	KHE45	1.3	5.43	45	70	66000	202180	4500	24068.1	204117.5

选取这 6 个已列出的螺杆空气压缩机低碳需求特征(PR_j^1、PR_j^2、PR_j^3、PR_j^4、$PR_j^{n_j-1}$ 和 $PR_j^{n_j}$)作为研究参数输入,依据多级检索机制流程可知,PR_j^4、$PR_j^{n_j-1}$ 和 $PR_j^{n_j}$ 为一级检索特征,PR_j^1、PR_j^2 和 PR_j^3 为二级检索特征,该需求中没有包含三级检索特征。对应的求解步骤如下。

(1) 一级检索机制下的螺杆空气压缩机实例源获取过程。

根据一级检索特征 PR_j^4、$PR_j^{n_j-1}$ 和 $PR_j^{n_j}$,结合表 3.4 中的螺杆空气压缩机实例及多维关联函数的性质可知,该状态下有效维度的最大值为 3,最小值为 1,依据螺杆空气压缩机实例源生成的检索规则,只要计算有效维度为至少有一个特征参数满足,包括一个特征参数满足(2,-)、两个特征参数满足(1,-)及三个特征参数全部满足(3,+)的螺杆空气压缩机实例多维关联函数值。

依据这三个需求特征区间及特征参数期望,确定出这三个特征区间所对应的最优值,结合正态分布计算最优值分别为 $x_0^{j,4}=45800$、$x_0^{j,n_j-1}=148361.5$ 及 $x_0^{j,n_j}=18895.7$;构成可拓域空间的各个特征参数子空间分别为 $S_1^{j,4}=[28600,$

63000]、S_1^{j,n_j-1}=[136723,160000]与S_1^{j,n_j}=[13791.4,24000]。应用基于多维关联函数的相似检索算法，对应的实例源(CASE0)获取、多维关联函数计算、检索计算结果如表 3.5 中的第 2~4 列所示，表中的 n-D|0 和 $K_{n\text{-}D}$|0 分别表示为基于实例库的实例源获取过程计算中的有效维度及其多维关联函数运算。

(2) 二级检索机制下的螺杆空气压缩机实例域获取过程。

根据二级检索特征 PR_j^1、PR_j^2 和 PR_j^3 及获得的 CASE1，该状态下的 $\max_{n\text{-}D}=3$ 及 $\min_{n\text{-}D}=1$。该阶段的检索输出流程为：先确定这三个特征的最优值，结合螺杆空气压缩机实例特征的正态分布方法，依次为 $x_0^{j,1}$=1.1、$x_0^{j,2}$=5.2 和 $x_0^{j,3}$=69；再确定各个特征构成可拓域的子空间分别为 $S_1^{j,1}$=[0.9,1.3]、$S_1^{j,2}$=[3.8,6.4]及 $S_1^{j,3}$=[51,70]。

同样只要计算螺杆空气压缩机实例源中具有一个特征参数满足(2，−)、两个特征参数满足(1，−)及三个特征参数全部满足(3，+)的实例，并应用基于多维关联函数的相似检索算法，则该阶段的实例域(CASE1)、多维关联函数计算、检索计算获取结果如表 3.5 中的第 5~7 列所示，表中的 n-D|1 和 $K_{n\text{-}D}$|1 分别表示基于实例源的实例域获取过程计算中的有效维度及其多维关联函数运算。

(3) 三级检索机制下的螺杆空气压缩机实例集获取过程。

由于 PR_j 中没有第三类检索的需求特征，该阶段各个螺杆空气压缩机实例特征的有效维度和多维关联函数值分别默认为 0 和 1。可见，该阶段检索的推理获取的实例集(CASE2)就等于螺杆空气压缩机实例域(CASE1)，具体见表 3.5 的第 8~10 列，表中的 n-D|2 和 $K_{n\text{-}D}$|2 分别表示基于实例域的实例集获取过程中有效特征维度及其多维关联函数值。

表 3.5　基于部分螺杆空气压缩机实例的相似检索结果

序号	CASE0	n-D|0	$K_{n\text{-}D}$|0	CASE1	n-D|1	$K_{n\text{-}D}$|1	CASE2	n-D|2	$K_{n\text{-}D}$|2	sim
1	JN37-8	2,−	−0.0054	JN37-8	1,−	−0.2487	JN37-8	0,+	1	0.9312
2	JN37-10	3,+	0.1655	JN37-10	3,+	0.2506	JN37-10	0,+	1	1.0000
3	JN37-13	3,+	0.1822	JN37-13	1,−	−0.072	JN37-13	0,+	1	0.9792
4	LG-6/7	2,−	−0.5931	LG-6/7	2,−	−0.5271	LG-6/7	0,+	1	0.6534
5	LG-5.2/10	2,−	−0.1645	LG-5.2/10	1,−	−0.5271	LG-5.2/10	0,+	1	0.8013
6	LG-4.2/13	3,+	0.1433	LG-4.2/13	1,−	−0.5271	LG-4.2/13	0,+	1	0.8771
7	SAL37	2,−	−0.3677	SAL37	2,−	−0.4985	SAL37	0,+	1	0.7284
8	SAL37	2,−	−0.4243	SAL37	2,−	−0.2488	SAL37	0,+	1	0.7610
9	SAL37	1,−	−0.2368	SAL37	1,−	−0.2634	SAL37	0,+	1	0.8251
10	SAL37	3,+	0.4483	SAL37	1,−	−0.2634	SAL37	0,+	1	0.9305

续表

序号	CASE0	n-D|0	$K_{n\text{-}D}$|0	CASE1	n-D|1	$K_{n\text{-}D}$|1	CASE2	n-D|2	$K_{n\text{-}D}$|2	sim
11	SBL37	2,–	–0.3891	SBL37	2,–	–0.2488	SBL37	0,+	1	0.7727
12	SBL37	2,–	–0.2663	SBL37	1,–	–0.2488	SBL37	0,+	1	0.8170
13	SBL37	3,+	0.2974	SBL37	1,–	–0.2488	SBL37	0,+	1	0.9339
14	KHE37	2,–	–0.4170	KHE37	2,–	–0.4985	KHE37	0,+	1	0.7117
15	KHE37	2,–	–0.3646	KHE37	2,–	–0.2488	KHE37	0,+	1	0.7811
16	KHE37	1,–	–0.3075	KHE37	3,+	0.2506	KHE37	0,+	1	0.8676
17	KHE37	3,+	0.3825	KHE37	3,+	0.3080	KHE37	0,+	1	1.0000
18	JN45-8	1,–	–1.8727	JN45-8	1,–	–0.2488	JN45-8	0,+	1	0.5108
19	JN45-10	1,–	–1.9252	JN45-10	3,+	0.2710	JN45-10	0,+	1	0.5729
20	JN45-13	1,–	–1.9191	JN45-13	3,+	0.3080	JN45-13	0,+	1	0.5733
21	LG-7.2/7	2,–	–1.9779	LG-7.2/7	3,–	—	—	—	—	—
22	LG-6.3/10	3,–	—	—	—	—	—	—	—	—
23	LG-5.5/13	3,–	—	—	—	—	—	—	—	—
24	SAH45	2,–	–1.9826	SAH45	3,–	—	—	—	—	—
25	SAL45	3,–	—	—	—	—	—	—	—	—
26	SAL45	3,–	—	—	—	—	—	—	—	—
27	SAL45	3,–	—	—	—	—	—	—	—	—
28	SAL45	3,–	—	—	—	—	—	—	—	—
29	KHE45	3,–	—	—	—	—	—	—	—	—
30	KHE45	3,–	—	—	—	—	—	—	—	—
31	KHE45	3,–	—	—	—	—	—	—	—	—
32	KHE45	3,–	—	—	—	—	—	—	—	—

应用螺杆空气压缩机低碳需求及与螺杆空气压缩机实例相似度计算公式，综合计算各个阶段的相似度以及总的需求与实例相似度值。由表 3.5 可知，最终的输出螺杆空气压缩机实例为 20 个，现以这 20 个输出实例中的 10 号螺杆空气压缩机实例 SAL37 的相似度计算为例。

一级检索的螺杆空气压缩机需求与实例相似度为

$$\text{sim}_{j,10}^{1}(\text{PR}_j, P_{10}) = 1$$

二级检索的螺杆空气压缩机需求与实例相似度为

$$\text{sim}_{j,10}^{2}(\text{PR}_j, P_{10}) \approx 0.7684$$

三级检索的螺杆空气压缩机需求与实例相似度为

$$\text{sim}_{j,10}^3(\text{PR}_j, P_{10})=1$$

则总的相似度为

$$\text{sim}_{i,10}(\text{PR}_i, P_{10}) \approx 0.9305$$

以此为例，其余的 19 个螺杆空气压缩机实例的综合相似度值见表 3.5 中最后一列。

由表 3.5 的螺杆机实例相似度值可知：

(1) 2 号和 17 号实例完全满足螺杆空气压缩机的特征参数需求，可直接输出；而其余的实例至少有一个特征参数不满足螺杆空气压缩机低碳需求，可以做适当的变换，使其全部满足达到实例直接输出目标。

(2) sim<1 的螺杆空气压缩机实例中，1、3、6、10、13、16 号螺杆空气压缩机具有较高的相似度，实施变换的可操作性强，容易满足螺杆空气压缩机低碳需求；5、8、9、11、12 和 15 号螺杆空气压缩机实例具有中等相似度，实施变换的可操作性较强；剩下的 4、7、14、18、19 和 20 号螺杆空气压缩机实例相似度较低，实施变换的可操作性难度较大，特别是 18、19 和 20 号螺杆空气压缩机实例通过变换达到低碳需求具有很大的难度。

第4章　面向低碳实例的可拓设计分类

在获取低碳实例后，对于能够完全满足需求的实例，可以对其设计知识进行直接重用。而在很多情况下实例库中的实例并不能完全满足客户的需求，因此需要对实例进行变换推理操作。可通过实例静态推理获取相似实例底层的设计矛盾问题，开展有针对性的特征变换；通过实例动态推理获取设计矛盾量变、质变规则，同时拓展实例库实例。低碳设计冲突问题的实例化推理方法为相似实例的矛盾问题求解提供了变换思路，是设计矛盾协调及方案策略智能化生成的前提工作。

4.1　基于可拓集的低碳相似实例静态分类

基于多维关联函数的检索方法可以获得对应类型实例的各个相似度值，由于同类产品系列化界限变得越来越模糊，且同类功能、性能的竞争产品越来越多，当在一个相对较窄的相似度区间存在很多的产品实例时，无法分辨出更符合低碳需求的低碳产品实例；或者在匹配的低碳产品实例中是否可以挖掘出更优质、更个性化的产品实例等。因此，就必须对检索获得的相似产品实例进行分类，使其能够更好地展示出同类内部的低碳产品实例的特征参数差异性及不同类之间的相似程度差异。

4.1.1　层次化的低碳实例基元可拓集建模

可拓集是用$(-\infty, +\infty)$中的数来描述事物具有某种性质的程度，这有别于模糊集用[0,1]来描述事物某种性质的程度。基元可拓集是基元理论与可拓集的有机结合，使其成为描述事物可变性的定量化工具。

1. 综合层次的低碳实例基元可拓集建模

通过检索得到的低碳产品实例复合基元集可表示为

$$S_{\text{PLCD}} = \{Z_{\text{PLCD\_object}^i}\} = \{Z_{\text{PLCD\_object}^i} \mid Z_{\text{PLCD\_object}^i} = (\text{Case\_Product}^i, C, V)\} \quad (4.1)$$

其中，$C = [\text{Pro\_Identity}^i, \text{Pro\_Name}^i, \cdots, \text{Pro\_Attribute}^i, \text{Pro\_Require}^i]^{\text{T}}$；$V = [v_1^i, v_2^i, \cdots, \{B_{\text{Pro\_Attribute}^i}^i\}, \{B_{\text{Pro\_Require}^i}^i\}]^{\text{T}}$。

由于检索获取的每个低碳产品实例$Z_{\text{PLCD\_object}^i}$对应一个相似度值$\text{sim}_{l,i}(\text{PR}_l,$

P_i)，其中 P_i 为 $v(B^i_{\text{Pro\_Attribute}^i})$，$i=1,\cdots,n$，因此低碳产品实例相似基元集可表示为

$$S^{\text{sim}}_{\text{PLCD}} = \left\{ Z_{\text{PLCD\_object}^i} \mid Z_{\text{PLCD\_object}^i} \xrightarrow{\text{PR}_l \cup \text{sim}_{l,i}} x_i, x_i \in (0,1] \right\} \qquad (4.2)$$

显然，在[0,1]区间上存在很多相似低碳产品实例，为了保证低碳产品实例的分类效率和增强计算的目标性，依据获得的低碳产品实例相似度值做 $S^{\text{sim}}_{\text{PLCD}}$ 的约减，应用正态分布方法确定截取数 δ，给出低碳产品实例的相似基元截集，并从小到大排列

$$\tilde{S}^{\text{sim}}_{\text{PLCD}} = \left\{ Z_{\text{PLCD\_object}^j} \mid Z_{\text{PLCD\_object}^j} \xrightarrow{\text{PR}_l \cup \text{sim}_{l,i}} x_j \geqslant \delta, \delta \in [0,1] \right\} \qquad (4.3)$$

对比式(4.2)和式(4.3)可知 $\tilde{S}^{\text{sim}}_{\text{PLCD}} \subset S^{\text{sim}}_{\text{PLCD}}$。

结合可拓集建模方法，低碳实例基元可拓集可表示为

$$J(Z_{\text{PLCD\_object}^j})(T) = \left\{ \begin{array}{l} (Z_{\text{PLCD\_object}^j}, Y, Y') \mid Z_{\text{PLCD\_object}^j} \in T_{\tilde{S}^{\text{sim}}_{\text{PLCD}}} \tilde{S}^{\text{sim}}_{\text{PLCD}}, \\ Y = K(Z_{\text{PLCD\_object}^j}, \text{PR}_t) \in \mathbf{R}, \\ Y' = T_K K(Z_{\text{PLCD\_object}^j}, \text{PR}_t) \in \mathbf{R} \end{array} \right\} \qquad (4.4)$$

其中，T 表示变换，它可以是具体的变换(如式中的 T_K 等)，也可以是幺变换(即不实施变换操作 e)。

低碳产品实例基元可拓集在计算过程中需要进一步的量化操作，使其更具有可操作性，而可操作性提升的方式可通过多维关联函数、可拓函数的进一步量化实现，因此式(4.4)中函数的简化方法如下：

$$\left\{ \begin{array}{l} Y = K(Z_{\text{PLCD\_object}^j}, \text{PR}_t) \\ \quad = K(\{B^i_{\text{Pro\_Attribute}^j}, \text{PR}^i_t\}) \\ \quad = K_{n\text{-D}}(\{v_i(B^i_{\text{Pro\_Attribute}^j})\}, S_1, S_2) \\ Y' = T_K K(Z_{\text{PLCD\_object}^j}, \text{PR}_t) \\ \quad = K_{n\text{-D}}(\{T_{v_i(B^i_{\text{Pro\_Attribute}^j})} v_i(B^i_{\text{Pro\_Attribute}^j}), T_{\text{PR}_t} \text{PR}_t\}) \\ \quad = K_{n\text{-D}}(\{T_{v_i(B^i_{\text{Pro\_Attribute}^j})} v_i(B^i_{\text{Pro\_Attribute}^j})\}, T_{S_1} S_1, T_{S_2} S_2) \end{array} \right. \qquad (4.5)$$

因此，量化运算后的低碳产品实例基元可拓集可表示为

$$J(Z_{\text{PLCD\_object}^j})(T) = \left\{ \begin{array}{l} (Z_{\text{PLCD\_object}^j}, Y, Y') \mid Z_{\text{PLCD\_object}^j} \in T_{\tilde{S}^{\text{sim}}_{\text{PLCD}}} \tilde{S}^{\text{sim}}_{\text{PLCD}}, \\ Y = K_{n\text{-D}}(\{v_i(B^i_{\text{Pro\_Attribute}^j})\}, S_1, S_2) \in \mathbf{R}, \\ Y' = K_{n\text{-D}}(\{T_{v_i(B^i_{\text{Pro\_Attribute}^j})} v_i(B^i_{\text{Pro\_Attribute}^j})\}, T_{S_1} S_1, T_{S_2} S_2) \in \mathbf{R} \end{array} \right\} \qquad (4.6)$$

其中，$T_{S_1}S_1$、$T_{S_2}S_2$ 分别表示依据 v_i 确定的经典域空间与可拓域空间的变换形式，且 $S_1' = T_{S_1}S_1 \subseteq T_{S_2}S_2 = S_2'$。

特别是当 $T = e$ 时，即在幺变换下，式(4.6)转变为

$$J(Z_{\text{PLCD\_object}^j}) = \begin{cases} (Z_{\text{PLCD\_object}^j}, Y, Y') | Z_{\text{PLCD\_object}^j} \in \tilde{S}_{\text{PLCD}}^{\text{sim}}, \\ Y = Y' = K_{n\text{-D}}(\{v_i(B_{\text{Pro\_Attribute}^j}^i)\}, S_1, S_2 \in \mathbf{R} \end{cases} \tag{4.7}$$

2. 分流层次的低碳实例差异化基元可拓集建模

分流层是综合层次在不实施变换情况的细化和具体化描述的一个层次。

定义 4.1(多层次多维基元可拓集)　利用复合基元的多特征性和多层性，描述其内部的复杂相互作用而建立的可拓集。

设 S_Z 为复合基元集，$S_Z = \{S_{Z_{i_1 \cdots i_j \cdots i_n}}\} = \{\{Z_{i_1 \cdots i_j \cdots i_n}\}_{i_j = 1, \cdots, m_j}\}$，$Z = Z_{i_1 \cdots i_j \cdots i_n}$ 为复合基元，因此 n 层 m 维复合基元可拓集可表示为

$$J_{i_1 \cdots i_j \cdots i_n}(Z)(T) = \begin{cases} (Z, Y, Y') | Z \in T_{S_Z}S_Z, Y = K_{m\text{-D}}^{i_1 \cdots i_j \cdots i_n}(Z), \\ Y' = T_{K_{m\text{-D}}^{i_1 \cdots i_j \cdots i_n}} K_{m\text{-D}}^{i_1 \cdots i_j \cdots i_n}(T_Z Z) \end{cases} \tag{4.8}$$

因此，结合式(4.7)和式(4.8)可得到如下四种差异化基元可拓集。

(1) 当低碳产品实例的低碳、成本、性能、特殊零部件(special part，SP)都满足时，该状态下的基元可拓集为

$$J_{11}(Z_{\text{PLCD\_object}^j}) = \begin{cases} (Z_{\text{PLCD\_object}^j}, Y, Y') | Z_{\text{PLCD\_object}^j} \in \tilde{S}_{\text{PLCD}}^{\text{sim}}, \\ Y = Y' = K_{4\text{-D}}^{11}(\{v_i(B_{\text{Pro\_Attribute}^j}^i)\}, S_1, S_2 \geqslant 0 \end{cases}$$

(2) 当低碳产品实例低碳、性能和特殊零部件都满足而成本不满足时，该状态下的基元可拓集为

$$J_{12}(Z_{\text{PLCD\_object}^j}) = \begin{cases} (Z_{\text{PLCD\_object}^j}, Y, Y') | Z_{\text{PLCD\_object}^j} \in \tilde{S}_{\text{PLCD}}^{\text{sim}}, \\ Y = Y' = K_{4\text{-D}}^{12}(\{v_i(B_{\text{Pro\_Attribute}^j}^i)\}, S_1, S_2 < 0, \\ K_{3\text{-D}}^{12}(E, P, \text{SP}) \geqslant 0, K_{8\text{-D}}^{12}(\{C_i\}) < 0 \end{cases}$$

(3) 当低碳产品实例成本、性能和特殊零部件都满足而低碳不满足时，该状态下的基元可拓集为

$$J_{13}(Z_{\text{PLCD\_object}^j}) = \begin{cases} (Z_{\text{PLCD\_object}^j}, Y, Y') | Z_{\text{PLCD\_object}^j} \in \tilde{S}_{\text{PLCD}}^{\text{sim}}, \\ Y = Y' = K_{4\text{-D}}^{13}(\{v_i(B_{\text{Pro\_Attribute}^j}^i)\}, S_1, S_2 < 0, \\ K_{3\text{-D}}^{13}(C, P, \text{SP}) \geqslant 0, K_{8\text{-D}}^{13}(\{E_i\}) < 0 \end{cases}$$

(4) 当低碳产品实例低碳、成本和特殊零部件都满足而性能不满足时，该状态下的基元可拓集为

$$J_{14}(Z_{\text{PLCD\_object}^j}) = \begin{cases} (Z_{\text{PLCD\_object}^j}, Y, Y') | Z_{\text{PLCD\_object}^j} \in \tilde{S}_{\text{PLCD}}^{\text{sim}}, \\ Y = Y' = K_{4\text{-D}}^{14}(\{v_i(B_{\text{Pro\_Attribute}^j}^i)\}, S_1, S_2) < 0, \\ K_{3\text{-D}}^{14}(E, C, \text{SP}) \geqslant 0, K_{8\text{-D}}^{14}(\{P_i\}) < 0 \end{cases}$$

3. 状态层次的低碳实例矛盾基元可拓集建模

状态层次的矛盾基元可拓集是指产品低碳需求与产品实例对应需求特征的不匹配状态。在上一层次的四种差异化基元可拓集中的后三种存在矛盾性，即为不相容或对立的矛盾问题。

依据差异化基元可拓集模型进行状态分析，形成对应层次的状态层次，则对应的各个矛盾基元可拓集表示为

$$\begin{cases} J_{12t}(C_t(Z_{\text{PLCD\_object}^j})) \\ = \left\{ (C_t(Z_{\text{PLCD\_object}^j}), Y, Y') | C_t(Z_{\text{PLCD\_object}^j}) \in C, Y = Y' = K_{1\text{-D}}^{12t}(C_t) < 0 \right\} \\ J_{13t}(E_t(Z_{\text{PLCD\_object}^j})) \\ = \left\{ (E_t(Z_{\text{PLCD\_object}^j}), Y, Y') | E_t(Z_{\text{PLCD\_object}^j}) \in E, Y = Y' = K_{1\text{-D}}^{12t}(E_t) < 0 \right\} \\ J_{14t}(P_t(Z_{\text{PLCD\_object}^j})) \\ = \left\{ (P_t(Z_{\text{PLCD\_object}^j}), Y, Y') | P_t(Z_{\text{PLCD\_object}^j}) \in P, Y = Y' = K_{1\text{-D}}^{12t}(P_t) < 0 \right\} \end{cases} \quad (4.9)$$

由此，确定出不相匹配的各种情况的需求特征矛盾问题 Q：

$$\begin{cases} Q_C = \bigcup_{t=1}^{t_1} C_t(\text{PR}) \uparrow C_t(Z_{\text{PLCD\_object}^j}) \\ \quad = \{C_t(\text{PR})\}_{1 \leqslant t \leqslant t_1} * Z_{\text{PLCD\_object}^j}, \quad 1 \leqslant t_1 \leqslant 8 \\ Q_E = \bigcup_{t=1}^{t_2} E_t(\text{PR}) \uparrow E_t(Z_{\text{PLCD\_object}^j}) \\ \quad = \{E_t(\text{PR})\}_{1 \leqslant t \leqslant t_2} * Z_{\text{PLCD\_object}^j}, \quad 1 \leqslant t_2 \leqslant 8 \\ Q_P = \bigcup_{t=1}^{t_3} P_t(\text{PR}) \uparrow P_t(Z_{\text{PLCD\_object}^j}) \\ \quad = \{P_t(\text{PR})\}_{1 \leqslant t \leqslant t_3} * Z_{\text{PLCD\_object}^j}, \quad 1 \leqslant t_3 \leqslant 8 \\ Q = Q_C \bigcup Q_E \bigcup Q_P \end{cases} \quad (4.10)$$

其中，符号↑表示冲突，符号*表示与之有关联，且都没有运算含义。

由低碳产品实例可拓集的层次构建模型来看，本书创新性地提出一种用形式化的数学模型推理、多维关联函数及其相似度模型与基元可拓集等方法把产品低碳需求与产品实例特征的相似性匹配结果转换为一种可量化操作的可拓矛盾问题的形式化结果的描述模型，即

$$Q = \mathrm{PR} * Z_{\mathrm{PLCD\_object}^j} \Big|_{\{c(\mathrm{PR}), v(\mathrm{PR})\}} \xleftarrow{K_{n\text{-}\mathrm{D}}\cup\mathrm{sim}\cup J_{i_1 \cdots i_j \cdots i_n}} Z_{\mathrm{PLCD\_object}^j}$$

4.1.2　低碳实例静态分类方法

低碳实例分类的前提是在一定数量下该类实例类内具有较高的相似度和集成度，并且类之间具有较高的差异性与可区别性。在 4.1.1 节中对低碳实例的相似度进行了划分，为保证分类精度打好基础。

面向低碳需求的静态分类方法主要将实例分为满足需求(即正域)、不满足需求(即负域)及临界这三种状态。对于机电产品，临界状态可理解为属于低碳需求的一类，但是为了便于区分满足与不满足这两个类的界限，仍将临界这一类加入分析。目前，面向低碳需求静态分类的方法主要是基于需求变化下的实例归类结果，缺少对需求变化下低碳实例发生质变情况的分析(即基于低碳实例特征属性内在关联的多次静态分类结果的变化机理)，无法描述和有效揭示低碳实例的分类规律。

基于可拓集的分类方法把需求变化下的产品实例分类研究拓展为实例量变或质变综合的一个动态研究过程。面向低碳需求的分类主要是为了获取满足需求的产品实例，因此可拓域和稳定域获取是分类研究的重点。基于需求变换的产品实例分类如图 4.1 所示。

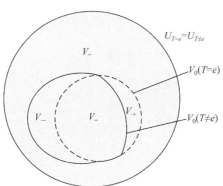

图 4.1　基于需求变换的产品实例分类

图 4.1 表示在变换下的实例分类状态，即在静态分类($T=e$)的基础上进行动态分类($T \neq e$)，其前提条件是论域(U)保持不变。但是，实例的属性是层次化的，尤其是产品性能更是集成的，因此低碳实例表层的分类结果实质上包含了各属性的

层次分类结果，如大型螺杆空气压缩机的低碳性包含碳足迹、成本和综合性能，而这三者又由全生命周期各个阶段的碳足迹、成本及性能所决定，并且各个阶段的特征又由对应的各个模块属性决定等。

应用静态分类的三种结果(正域、负域与临界)，结合低碳实例特征属性的层次性，层次化的低碳产品实例分类特征属性推理模型如图 4.2 所示。

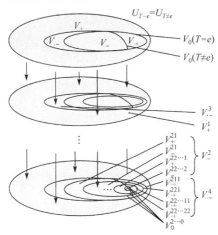

图 4.2　层次化的低碳产品实例分类特征属性推理模型

可见，实例的分类可映射到最底层的属性，而决定动态变换分类结果的是最底层特征属性的前后变化情况。

随着对产品信息了解的全面化，低碳需求的变换也越来越"苛刻"，加上竞争企业之间的产品差异明显，使得产品实例特征完全匹配的情况越来越少，因此研究具有较大相似度的实例分类是快速满足产品低碳需求的前提条件。

假设 $Z_{\mathrm{PLCD\_object}j}$ 是第 j 个低碳实例复合基元，有 n 个属性，其论域为相似实例集 $\tilde{S}_{\mathrm{PLCD}}^{\mathrm{sim}}=U$ ，存在多维关联函数 $K_{n\text{-}\mathrm{D}}$，则静态的三种分类结果如下。

(1) $Z_{\mathrm{PLCD\_object}j}$ 符合产品需求，即分类到正域：

$$V_{T=e}^1 = \{Z_{\mathrm{PLCD\_object}j} \mid Z_{\mathrm{PLCD\_object}j} \in \tilde{S}_{\mathrm{PLCD}}^{\mathrm{sim}}, K_{n\text{-}\mathrm{D}}(Z_{\mathrm{PLCD\_object}j}, S_1, S_2) > 0\}$$

$$= \{Z_{\mathrm{PLCD\_object}j} \mid Z_{\mathrm{PLCD\_object}j} \in \tilde{S}_{\mathrm{PLCD}}^{\mathrm{sim}}, K_{3\text{-}\mathrm{D}}\{(E,C,P), S_1, S_2\} > 0\}$$

由于 $(0, +\infty)$ 是一个大类，当发生变换时，其中的某些实例可能会发生质的变化，为了更好地研究具体哪个区间小类是敏感类，所以这一大类至少分为三个小类。

定义 4.2　敏感类是指在一定的变换条件下,较快速反应且出现质变现象的类区间。

假设存在两个实数 $\theta_1 < \theta_2 \in (0, +\infty)$，则 $V_{T=e}^1$ 可分为三个小的正域：

$$\begin{bmatrix} V_{T=e}^{11} \\ V_{T=e}^{12} \\ V_{T=e}^{13} \end{bmatrix} = \begin{cases} \left\{ \begin{array}{l} Z_{\text{PLCD\_object}^j} \mid Z_{\text{PLCD\_object}^j} \in \tilde{S}_{\text{PLCD}}^{\text{sim}}, \\ 0 < K_{3\text{-D}}\{(E,C,P), S_1, S_2\} < \theta_1 \end{array} \right\} \\ \left\{ \begin{array}{l} Z_{\text{PLCD\_object}^j} \mid Z_{\text{PLCD\_object}^j} \in \tilde{S}_{\text{PLCD}}^{\text{sim}}, \\ \theta_1 < K_{3\text{-D}}\{(E,C,P), S_1, S_2\} < \theta_2 \end{array} \right\} \\ \left\{ \begin{array}{l} Z_{\text{PLCD\_object}^j} \mid Z_{\text{PLCD\_object}^j} \in \tilde{S}_{\text{PLCD}}^{\text{sim}}, \\ \theta_2 < K_{3\text{-D}}\{(E,C,P), S_1, S_2\} < +\infty \end{array} \right\} \end{cases}$$

研究该类子正域的分类情况是为了帮助了解在变换的条件下哪些子类别易于发生负质变(符合产品需求转变为不符合要求)、哪些子类所受的影响在适度的波动范围(可视为在此种变换下不受影响)、哪些子类倾向于发生量值减小或增大的正量变(产品需求的满足度大幅降低或提高)。

(2) $Z_{\text{PLCD\_object}^j}$ 属于达到产品需求临界，即分类到零域：

$$V_{T=e}^0 = \{Z_{\text{PLCD\_object}^j} \mid Z_{\text{PLCD\_object}^j} \in \tilde{S}_{\text{PLCD}}^{\text{sim}}, K_{n\text{-D}}(Z_{\text{PLCD\_object}^j}) = 0\}$$
$$= \{Z_{\text{PLCD\_object}^j} \mid Z_{\text{PLCD\_object}^j} \in \tilde{S}_{\text{PLCD}}^{\text{sim}}, K_{3\text{-D}}\{(E,C,P), S_1, S_2\} = 0\}$$

依据多维关联函数的特性可知

$$\begin{cases} K_{i\text{-D}}(Z_{\text{PLCD\_object}^j}) = 0, & i \in \{1,2,3\} \\ K_{(3-i)\text{-D}}(Z_{\text{PLCD\_object}^j}) > 0 \end{cases}$$

因此，该类低碳实例经判别后可将其归并到第一种类别中，即可与 $V_{T=e}^{11}$ 合并：

$$V_{T=e}^{11'} = V_{T=e}^{11} \bigcup V_{T=e}^0$$
$$= \left\{ \begin{array}{l} Z_{\text{PLCD\_object}^{j'}} \mid Z_{\text{PLCD\_object}^{j'}} \in \tilde{S}_{\text{PLCD}}^{\text{sim}}, \\ 0 \leqslant K_{i\text{-D}}\{(E,C,P), S_1, S_2\} < \theta_1, i = \{1,2,3\} \end{array} \right\}$$

(3) $Z_{\text{PLCD\_object}^j}$ 属于至少有一种属性不符合产品需求，即分类到负域：

$$\bar{V}_{T=e}^2 = \{Z_{\text{PLCD\_object}^j} \mid Z_{\text{PLCD\_object}^j} \in \tilde{S}_{\text{PLCD}}^{\text{sim}}, K_{n\text{-D}}(Z_{\text{PLCD\_object}^j}) < 0\}$$
$$= \{Z_{\text{PLCD\_object}^j} \mid Z_{\text{PLCD\_object}^j} \in \tilde{S}_{\text{PLCD}}^{\text{sim}}, K_{3\text{-D}}\{(E,C,P), S_1, S_2\} < 0\}$$

属于此类的低碳实例中，多特征性会导致在相同状态下 $K_{n\text{-D}}(Z_{\text{PLCD\_object}^j}) < 0$，可能出现 $K_{i\text{-D}}(Z_{\text{PLCD\_object}^j}) < 0$ 且 $K_{(n-i)\text{-D}}(Z_{\text{PLCD\_object}^j}) \geqslant 0$ 的情况，因此可将其进行深层挖掘，分为两种。

(1) 低碳实例特征属性关联函数值都小于零。

$$\overline{V}_{T=e}^{21} = \left\{ \begin{array}{l} Z_{\text{PLCD\_object}^j} \mid Z_{\text{PLCD\_object}^j} \in \tilde{S}_{\text{PLCD}}^{\text{sim}}, \\ K_{n\text{-D}}(Z_{\text{PLCD\_object}^j}) < 0, \\ K_{(n-i)\text{-D}} < 0, K_{1\text{-D}}^i < 0, i = 1, 2, \cdots, n \end{array} \right\}$$

当这 n 个低碳实例属性中的某一个或某些属性包含子集时，假设 j_1 和 j_2 这两个属性有子集存在，则有两种情况：

$$\left\{ \begin{array}{l} \overline{V}_{T=e}^{211} = \left\{ \begin{array}{l} Z_{\text{PLCD\_object}^j} \mid Z_{\text{PLCD\_object}^j} \in \tilde{S}_{\text{PLCD}}^{\text{sim}}, \\ K_{n\text{-D}}^1(Z_{\text{PLCD\_object}^j}) < 0, K_{(n-i)\text{-D}}^2 < 0, K_{1\text{-D}}^{2,i} < 0, \\ K_{(m_1-t_1)\text{-D}}^{3,j_1} < 0, K_{1\text{-D}}^{3,t_1} < 0, K_{(m_2-t_2)\text{-D}}^{3,j_2} < 0, K_{1\text{-D}}^{3,t_2} < 0, \\ i = 1, 2, \cdots, n; t_1 = 1, 2, \cdots, m_1; t_2 = 1, 2, \cdots, m_2 \end{array} \right\} \\ \overline{V}_{T=e}^{212} = \left\{ \begin{array}{l} Z_{\text{PLCD\_object}^j} \mid Z_{\text{PLCD\_object}^j} \in \tilde{S}_{\text{PLCD}}^{\text{sim}}, \\ K_{n\text{-D}}^1(Z_{\text{PLCD\_object}^j}) < 0, K_{(n-i)\text{-D}}^2 < 0, K_{1\text{-D}}^{2,i} < 0, \\ K_{(m_1-t_1)\text{-D}}^{3,j_1} < 0, K_{t_1\text{-D}}^{3,t_1} \geqslant 0, K_{(m_2-t_2)\text{-D}}^{3,j_2} < 0, K_{t_2\text{-D}}^{3,t_2} \geqslant 0, \\ i = 1, 2, \cdots, n; t_1 = 1, 2, \cdots, m_1; t_2 = 1, 2, \cdots, m_2 \end{array} \right\} \end{array} \right.$$

由上可知，域的再细分是以负域中的低碳产品实例为基础的分类过程。因此，当这些子集中的某些子特征属性的关联函数值为负且又可再分时，可以继续分类，直到全部不能再分为止，以 $\overline{V}_{T=e}^{212}$ 为例进行分析：

$$\left\{ \begin{array}{l} \overline{V}_{T=e}^{212\cdots1} = \left\{ \begin{array}{l} Z_{\text{PLCD\_object}^j} \mid Z_{\text{PLCD\_object}^j} \in \tilde{S}_{\text{PLCD}}^{\text{sim}}, K_{n\text{-D}}^1(Z_{\text{PLCD\_object}^j}) < 0, \\ K_{(n-i)\text{-D}}^2 < 0, K_{1\text{-D}}^{2,i} < 0, K_{(m_1-t_1)\text{-D}}^{3,j_1} < 0, K_{t_1\text{-D}}^{3,t_1} \geqslant 0, \\ K_{(m_2-t_2)\text{-D}}^{3,j_2} < 0, K_{t_2\text{-D}}^{3,t_2} \geqslant 0, \cdots, K_{(o_1-r_1)\text{-D}}^{l,r_1} < 0, K_{1\text{-D}}^{l,r_1} < 0, \\ i = 1, 2, \cdots, n; t_1 = 1, 2, \cdots, m_1; t_2 = 1, 2, \cdots, m_2; \cdots; r_1 = 1, 2, \cdots, o_1 \end{array} \right\} \\ \overline{V}_{T=e}^{212\cdots2} = \left\{ \begin{array}{l} Z_{\text{PLCD\_object}^j} \mid Z_{\text{PLCD\_object}^j} \in \tilde{S}_{\text{PLCD}}^{\text{sim}}, K_{n\text{-D}}^1(Z_{\text{PLCD\_object}^j}) < 0, \\ K_{(n-i)\text{-D}}^2 < 0, K_{1\text{-D}}^{2,i} < 0, K_{(m_1-t_1)\text{-D}}^{3,j_1} < 0, K_{t_1\text{-D}}^{3,t_1} \geqslant 0, \\ K_{(m_2-t_2)\text{-D}}^{3,j_2} < 0, K_{t_2\text{-D}}^{3,t_2} \geqslant 0, \cdots, K_{(o_1-r_1)\text{-D}}^{l,r_1} < 0, K_{r_1\text{-D}}^{l,r_1} \geqslant 0, \\ i = 1, 2, \cdots, n; t_1 = 1, 2, \cdots, m_1; t_2 = 1, 2, \cdots, m_2; \cdots; r_1 = 1, 2, \cdots, o_1 \end{array} \right\} \end{array} \right.$$

其中，l 表示低碳产品某属性包含子特征的蕴含层次。

(2) 低碳实例属性关联函数值不全都小于零。

$$\overline{V}_{T=e}^{22} = \left\{ \begin{array}{l} Z_{\text{PLCD\_object}^j} \mid Z_{\text{PLCD\_object}^j} \in \tilde{S}_{\text{PLCD}}^{\text{sim}}, \\ K_{n\text{-D}}(Z_{\text{PLCD\_object}^j}) < 0, K_{(n-i)\text{-D}} < 0, K_{i\text{-D}}^i \geqslant 0, i = 1, 2, \cdots, n \end{array} \right\}$$

可见，当 $n\text{-}i$ 维中的低碳实例某些属性包含子特征时，其还能够分解为更小的域。假设低碳实例某属性也包含 l 层子因素，则有

$$
\begin{cases}
\bar{V}_{T=e}^{22\cdots1} = \begin{cases}
Z_{\text{PLCD\_object}^j} \mid Z_{\text{PLCD\_object}^j} \in \tilde{S}_{\text{PLCD}}^{\text{sim}}, K_{n\text{-}D}^1(Z_{\text{PLCD\_object}^j}) < 0, \\
K_{(n-i)\text{-}D}^2 < 0, K_{i\text{-}D}^{2,i} \geqslant 0, K_{(m_1-t_1)\text{-}D}^{3,j_1} < 0, K_{1\text{-}D}^{3,t_1} < 0, \cdots, \\
K_{(o_1-r_1)\text{-}D}^{l,r_1} < 0, K_{1\text{-}D}^{l,t_2} < 0, K_{r_1\text{-}D}^{l,r_1} \geqslant 0, \\
i = 1,2,\cdots,n; t_1 = 1,2,\cdots,m_1,\cdots; t_2 = 1,2,\cdots,o_1-r_1; r_1 = 1,2,\cdots,o_1
\end{cases} \\[2em]
\bar{V}_{T=e}^{22\cdots2} = \begin{cases}
Z_{\text{PLCD\_object}^j} \mid Z_{\text{PLCD\_object}^j} \in \tilde{S}_{\text{PLCD}}^{\text{sim}}, K_{n\text{-}D}^1(Z_{\text{PLCD\_object}^j}) < 0, \\
K_{(n-i)\text{-}D}^2 < 0, K_{i\text{-}D}^{2,i} \geqslant 0, K_{(m_1-t_1)\text{-}D}^{3,j_1} < 0, K_{t_1\text{-}D}^{3,t_1} \geqslant 0, \cdots, \\
K_{(o_1-r_1)\text{-}D}^{l,r_1} < 0, K_{1\text{-}D}^{l,t_2} < 0, K_{r_1\text{-}D}^{l,r_1} \geqslant 0, \\
i = 1,2,\cdots,n; t_1 = 1,2,\cdots,m_1,\cdots; t_2 = 1,2,\cdots,o_1-r_1; r_1 = 1,2,\cdots,o_1
\end{cases}
\end{cases}
$$

通过这样的细小尺度划分，将层次关联的深度关系挖掘出来，来研究动态变换下的负质变(低碳产品需求由满足变为不符合要求)的逆向层次逻辑推理，即

$$
\left.\begin{array}{l}
\left.\begin{array}{l}
\bar{V}_{T=e}^{21\cdots1} \\
\bar{V}_{T=e}^{21\cdots2}
\end{array}\right\}_T \Rightarrow \cdots \Rightarrow T\bar{V}_{T=e}^{21} \\
\left.\begin{array}{l}
\bar{V}_{T=e}^{22\cdots1} \\
\bar{V}_{T=e}^{22\cdots2}
\end{array}\right\}_T \Rightarrow \cdots \Rightarrow T\bar{V}_{T=e}^{22}
\end{array}\right\} \Rightarrow T\bar{V}_{T=e}^2 \tag{4.11}
$$

由于前两类产品需求得到了满足，不存在矛盾问题，而第三种类别的产品需求部分满足或都不满足，因此该负类就产生了冲突问题，静态冲突问题表示为

$$
Q^1 = \begin{cases}
Q_1^1 = \text{PR} * Z_{\text{PLCD\_object}^j} \\
= \cdots \\
= \bigcup \cdots \bigcup_{1 \leqslant r_1 \leqslant o_1} \{v_{r_1}[c(\text{PR})] * v(B_{\text{Pro\_Attribute}^{r_1}})\} \\
Q_2^1 = \text{PR} * Z_{\text{PLCD\_object}^j} \\
= \cdots \\
= \bigcup \cdots \bigcup_{1 \leqslant t_2 \leqslant o_1-r_1} \{v_{t_2}[c(\text{PR})] * v(B_{\text{Pro\_Attribute}^{t_2}})\}
\end{cases} \tag{4.12}
$$

例如，某型号的大型螺杆空气压缩机实例复合元为 $_zHi$，其碳排放量(碳足迹)不满足产品需求，假设其 8 个阶段中的制造阶段 E_6 不满足要求，而产品实例主要的 N 个组成部件中的 N_1 个低碳结构基复合元 Z_{LCSB} 不满足要求，且每个 Z_{LCSB}^j 包含 $N_{N_{11}}^j$ 个不同零件中的 $N_{N_{12}}^j$ 个碳足迹不符合要求，则其层次化的细尺度分类域可

表示为

$$\begin{cases} \overline{V}_{T=e}^{2} = \left\{ Z_{Hi} | Z_{Hi} \in \tilde{S}_{\mathrm{PLCD}}^{\mathrm{sim}}, \ K_{n\text{-D}}^{1}(Z_{Hi}) < 0 \right\} \\[2mm] \overline{V}_{T=e}^{21} = \left\{ \begin{aligned} &Z_{Hi} | Z_{Hi} \in \tilde{S}_{\mathrm{PLCD}}^{\mathrm{sim}}, \ K_{n\text{-D}}^{-}(Z_{Hi}) < 0, \\ &K_{1\text{-D}}^{2}(E_{6}) < 0, K_{7\text{-D}}^{2,7} \geqslant 0 \end{aligned} \right\} \\[2mm] \overline{V}_{T=e}^{211} = \left\{ \begin{aligned} &Z_{Hi} | Z_{Hi} \in \tilde{S}_{\mathrm{PLCD}}^{\mathrm{sim}}, \ K_{n\text{-D}}^{1}(Z_{Hi}) < 0, \\ &K_{1\text{-D}}^{2}(E_{6}) < 0, K_{7\text{-D}}^{2,7} \geqslant 0, \\ &K_{N_{1}\text{-D}}^{3,N_{1}}(\{Z_{\mathrm{LCSB}}^{j}\}_{j=1,\cdots,N_{1}}) < 0, K_{(N-N_{1})\text{-D}}^{3,N-N_{1}} \geqslant 0 \end{aligned} \right\} \\[2mm] \overline{V}_{T=e}^{2111} = \left\{ \begin{aligned} &Z_{Hi} | Z_{Hi} \in \tilde{S}_{\mathrm{PLCD}}^{\mathrm{sim}}, \ K_{n\text{-D}}^{1}(Z_{Hi}) < 0, \\ &K_{1\text{-D}}^{2}(E_{6}) < 0, K_{7\text{-D}}^{2,7} \geqslant 0, K_{N_{1}\text{-D}}^{3,N_{1}}(\{Z_{\mathrm{LCSB}}^{j}\}_{j=1,\cdots,N_{1}}) < 0, \\ &K_{(N-N_{1})\text{-D}}^{3,N-N_{1}} \geqslant 0, \ \bigvee_{j=1}^{N_{1}} K_{N_{12}^{j}\text{-D}}^{4,N_{12}^{j}} < 0, \ \bigwedge_{j=1}^{N_{1}} K_{(N_{11}^{j}-N_{12}^{j})\text{-D}}^{l,N_{11}^{j}-N_{12}^{j}} \geqslant 0 \end{aligned} \right\} \end{cases}$$

依据上述公式可给出该情况下的冲突问题:

$$\begin{aligned} Q(\mathrm{PR}, Z_{Hi}) &= v_{1}[E_{6}(\mathrm{PR})] \uparrow v_{2}[E_{6}(Z_{Hi})] \\ &\cong \bigcup_{j=1}^{N_{1}} \{ v_{3}[E_{6}^{j}(\mathrm{PR})] \uparrow v_{4}[E_{6}(Z_{\mathrm{LCSB}}^{j})] \} \\ &\cong \bigcup_{j=1}^{N_{1}} \bigcup_{t=1}^{N_{12}^{j}} \{ v_{5}[E_{6}^{j,t}(\mathrm{PR})] \uparrow v_{6}[E_{6}(\mathrm{Part}_{t}(Z_{\mathrm{LCSB}}^{j}))] \} \end{aligned}$$

螺杆空气压缩机实例静态分类的结果是想获得理想区域的螺杆空气压缩机实例域,包括符合初步删选条件的实例及特征属性差别在一定范围内的螺杆空气压缩机实例。然而,在分析和选择过程中,差异化的抉择模式导致静态分类结果的不确定性、不专业性及不高效性。因此,就需要通过深层次的变换推理来掌握和控制分类结果,研究每一层次分类结果中螺杆空气压缩机实例的跨域的质跳跃原理和同一类内的量跳跃原理,为实现准确的分类提供有效依据。

4.2　基于实例域变换的低碳实例动态分类

当静态的分类结果达不到预期的目标时,如正域的产品实例数太多造成选择面太多导致难以抉择、无法匹配到所需产品实例或类似产品实例等,在这一过程中,通过同类产品的对比分析、检索获得相似产品属性的了解和认识、重新评估所要购买产品的目的和作用、产品需求对应项的专业解释说明等,会对产品需求做一个不断的动态更新，即 $\{PR_i\} \rightarrow \{PR_i'\} \rightarrow \{PR_i''\} = \cdots$，这就要建立一个动态的变换规则。

这符合可拓设计的矛盾问题、冲突问题的消解策略。可拓设计对于矛盾问题的定义通式为 $Q = G*L*D$ 或 $Q = (\overset{n}{\underset{i=1}{\wedge}} G_i)*L*D$，其中，$G$ 表示主观输入(即低碳产品需求输入、低碳设计特征及其参数输入等)，L 表示客观条件(即低碳产品实例、低碳模块、低碳结构基、零部件等)，D 表示与输入目标及其对应设计对象相关的设计约束，且 D 随着 L 的变换($T \neq e$)开始而产生、结束而消失，T 包含对元素、论域和关联函数变换的表示符号。

可见，对于矛盾问题的消解过程在一定条件下最快捷、最有效的方法是对 G 的变换，其次是 L 的参数变换，最后是基于 L 的结构、零部件等变换。

螺杆空气压缩机实例域的变换是基于螺杆空气压缩机实例特征属性的变化而变化的，可拓设计理论中的论域与其组成元素的变化是相互影响、相互依赖的，因此实例域的匹配变换是基于螺杆空气压缩机实例特征属性来实现的，反过来又控制着实例域的规模，所以通过实例特征的变换来研究具体的实例域分类问题及其在域之间的跳跃问题。而螺杆空气压缩机的特征主要分为型号、各主要属性特征、对应的属性特征参数量值。

4.2.1 实例域型号变换的低碳实例动态分类

对于机械产品，其绝大多数的产品属性在上市时就已经生成，是一种确定的数值表示(可能在拆装、运输时对调试有一些细小的影响，但不影响该参数的实现)，因此可认定为一恒定值。依据实际的设计情况，希望扩大可行低碳产品实例正域，实现优选，所以对实例负域的变换显得尤为重要。

以低碳产品输入需求相关的碳排放量、成本和性能为主，构建基元模型：

$$B_i = \begin{bmatrix} O_{\text{PLCD\_object}^i}, & c_E(\text{Pro\_Attribute}^{i1}), & v_E^{i1} \\ & c_C(\text{Pro\_Attribute}^{i2}), & v_C^{i2} \\ & c_P(\text{Pro\_Attribute}^{i3}), & v_P^{i3} \\ & \vdots & \vdots \end{bmatrix}$$

$$= \begin{bmatrix} O_{\text{PLCD\_object}^i}, & \{c(\text{Pro\_Attribute}^{ij})\}, & \{v^{ij}\} \end{bmatrix}$$

考虑到低碳实例这三要素之间的关联性，要素之间可能存在传导关系，因此将变换分为主动变换 μ 和传导变换 $_\mu T$ 来进行区分。依据低碳产品属性特征描述的差别，在实施变换过程中存在以下两种情况。

低碳实例类型变换与其属性特征及其量值都有关联：

$$(\mu O_{\mathrm{Pro\_Attribute}^i} = O_{\mathrm{Pro\_Attribute}^{t_1}})$$

$$\Rightarrow \begin{cases} \left[{}_{\mu}T_{c,1}c(\mathrm{Pro\_Attribute}^{ij}) = c(\mathrm{Pro\_Attribute}^{it_2})_{j \neq t_2} = \varnothing \right] \\ \Rightarrow (\mu \cdot {}_{\mu}T_{c,1} \cdot {}_{c,1}T_v v^{ij} = v^{it_2} = \varnothing)_{j \neq t_2} \\ \Rightarrow \begin{bmatrix} \mu \cdot {}_{\mu}T_{c,1} \cdot {}_{c,1}T_v \cdot {}_{v^{it_2}}T_{v(E/C/P)}v_2(E/C/P) \\ = v_2'(E/C/P) \neq v_2(E/C/P) \end{bmatrix}_{(E/C/P) \sim c(\mathrm{Pro\_Attribute}^{ij})} \\ \left[{}_{\mu}T_{c,2}c(\mathrm{Pro\_Attribute}^{ij}) = c(\mathrm{Pro\_Attribute}^{it_3})_{j \neq t_3} \neq \varnothing \right] \\ \Rightarrow (\mu \cdot {}_{\mu}T_{c,2} \cdot {}_{c,2}T_v v^{ij} = v^{it_3} \neq \varnothing)_{j \neq t_3} \\ \Rightarrow \begin{bmatrix} \mu \cdot {}_{\mu}T_{c,2} \cdot {}_{c,2}T_v \cdot {}_{v^{it_3}}T_{v(E/C/P)}v_3(E/C/P) \\ = v_3'(E/C/P) \neq v_3(E/C/P) \end{bmatrix}_{(E/C/P) \sim c(\mathrm{Pro\_Attribute}^{ij})} \\ \begin{bmatrix} {}_{\mu}T_{c,3,2} \cdot {}_{\mu}T_{c,3,1}c(\mathrm{Pro\_Attribute}^{ij})] = \{ {}_{\mu}T_{c,3,2,t_4}c(\mathrm{Pro\_Attribute}^{ij}) \\ = c(\mathrm{Pro\_Attribute}^{i(j+t_4)}) \}_{t_4=1,\cdots,n} \end{bmatrix} \\ \Rightarrow \{\mu \cdot {}_{\mu}T_{c,3,1} \cdot {}_{\mu}T_{c,3,2,t_4} \cdot {}_{c,3}T_v v^{ij} = v^{i(j+t_4)} \neq \varnothing \} \end{cases} \tag{4.13}$$

其中,符号/表示或;符号~表示有关联;μ 的具体意义为实例主动置换变换;${}_{\mu}T_{c,1}$ 为实例属性特征一次传导删除变换;${}_{c,1}T_v v^{ij}$ 为低碳实例属性量值二次传导删除变换;${}_{v^{it_2}}T_{v(E/C/P)}$ 为与该特征关联的碳足迹、成本或性能相关属性的三次传导置换变换,这类设计情况如大型螺杆空气压缩机消声器模块的选配等;${}_{\mu}T_{c,2}$ 为实例属性特征一次传导置换变换;${}_{c,2}T_v v^{ij}$ 为低碳实例属性量值二次传导置换变换;${}_{v^{it_3}}T_{v(E/C/P)}$ 为与该特征关联的碳足迹、成本或性能相关属性的三次传导置换变换,这类设计情况如螺杆空气压缩机的驱动方式改变(电机驱动或柴油机驱动)、有无低碳产品认证等;${}_{\mu}T_{c,3,1}$ 为低碳实例属性特征一次传导复制变换;${}_{\mu}T_{c,3,2,t_4}$ 为第 t_4 个低碳实例属性特征一次传导置换变换;${}_{c,3}T_v v^{ij}$ 为低碳实例属性二次传导置换变换,这类设计情况如螺杆空气压缩机各个阶段碳足迹、成本或性能等属性的增加,或是螺杆空气压缩机型号的变化等。

设 t_1 不唯一,即存在多种情况的传导变换,式(4.13)中的第一行变换后生成的实例域为 U_1^1,第二行、第三行各个单一变换生成的实例域为 U_1^2 和 U_1^3,混合这几种方式组合变换生成的实例域为 U_1^4,则

$$(\varphi, T)U = U_1 = U + \sum_{i=1}^{3} U_1^i$$

对于大型螺杆空气压缩机,其模块的选配、零部件的选配对该产品的低碳性、

经济性、个性化及竞争性都有较大的影响，当低碳实例的特征属性为趋大型指标时(即其参数越大越好)：

$$v^{+}[c(E/C/P)_{Z_{\text{Pro\_Attribute}^{i_{1}}}}] \leqslant v^{+}[c(E/C/P)_{Z_{\text{Pro\_Attribute}^{ij}}}]$$

反之，当低碳实例的实例特征属性为趋小型指标时(即其参数越小越好)：

$$v^{-}[c(E/C/P)_{Z_{\text{Pro\_Attribute}^{i_{1}}}}] \geqslant v^{-}[c(E/C/P)_{Z_{\text{Pro\_Attribute}^{ij}}}]$$

可见，U_{1}^{1} 类型的实例域的增加总体上对 U 的静态分类结果没有质的影响且 $S_{\text{PLCD}}^{\text{sim}}(Z_{\text{Pro\_Attribute}^{r_{1}}}) \leqslant \tilde{S}_{\text{PLCD}}^{\text{sim}}$，因此可将此类情况直接分到负量变域；由于同类竞争性产品的优势各不一样，这里只针对 U_{1}^{2} 和 U_{1}^{3} 的变换生成的实例较多。对产品的低碳性有较大的影响，因此该类型组合变换后的有效实例域为

$$(\varphi,T)U = U_{1}^{0} = U + \sum_{i=2}^{3}U_{1}^{i}$$

有效实例域中涉及多因素、多尺度、多量值的变换，对此需要将其进行基于静态层次分类结果的动态分类。依据低碳产品实例特征的层次性的静态分类结果，可以得到低碳产品实例特征属性参数到具体类别的映射模型。依据不同的设计需求尺度，相对应的低碳产品实例碳足迹、成本和性能可分类到不同的实例域层次。以碳足迹、成本和性能为主因素的映射结果如图 4.3 所示。

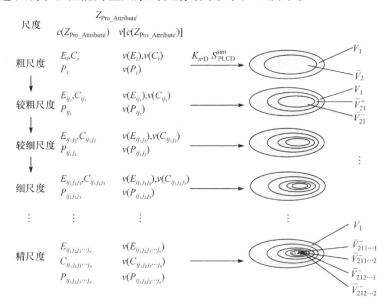

图 4.3 低碳实例不同尺度下的分类结果

U_{1}^{2} 和 U_{1}^{3} 所包含的低碳实例的特征及其量值都是变换生成的，即扩大了实例域

空间，因此低碳实例变化的最终表现形式就是其碳足迹、成本和性能属性的变化。而对 U_1^2 和 U_1^3 所包含的低碳产品实例再进行分类的本质是新的低碳实例的一次静态分类过程。因此，利用图 4.3 的分类映射结果，结合 BP 神经网络，实现这一过程。BP 神经网络是一种采用 BP 算法的多层感知器，具有广泛的适用性，且其优势为识别和分类。因此，可构建基于 BP 神经网络的低碳实例特征属性值与实例分类域的映射。

该映射分类步骤如下：

(1) BP 神经网络训练样本确定。训练样本输入：U 中的低碳实例的碳足迹、成本和性能特征属性；训练样本输出：低碳产品实例对应的分类结果。

(2) 训练样本预处理。训练样本中包含不同量纲、不同单位的数据输入，为了保证每个分量具有相同的作用，需对其进行归一化处理，即数据转变为[0,1]上对应的值，假设低碳实例特征属性数据用 x_i 表示，则归一化方程为

$$x'_{ij} = f_i + (-1)^{f_i} \frac{x_{ij} + x_{i\min}}{x_{i\max} + x_{i\min}} \tag{4.14}$$

其中，x'_{ij} 表示归一化后的值；f_i 为第 i 类特征属性值对应的数据类型(当其参数为趋大型时，$f_i=0$；当其参数为趋小型时，$f_i=1$)。当出现低碳实例特征属性描述项有缺省时，如果该特征属性是趋大型，则取该特征属性值为 1；反之，该特征属性值取 0。

(3) BP 神经网络结构确定和传递函数选择。对于确定的输入、输出个数，可以方便地给出各自的神经元个数、隐层数及每一隐层包含的神经元个数，这对输出结果的精确性有很大的影响，且传递函数的不同选择得到不同的数据处理结果。

(4) 基于低碳实例特性的 BP 神经网络训练。该步骤的目的是通过实例样本的训练来不断调整权值和隐含层的个数及每一隐含层中所包含的神经元个数，使得输出结果与实际结果保持在一定的误差范围之内。

(5) U_1^2 和 U_1^3 中低碳实例的测试。以 U_1^2 和 U_1^3 中低碳实例特征属性值作为测试样本输入，通过训练好的 BP 神经网络，获取对应低碳产品实例的分类结果。

因此，这一阶段的组合变换作用下，扩大了低碳实例域中实例的个数，扩大了可选择范围。

低碳实例类型变换只与其属性特征量值有关联，即

$$(\mu O_{\text{Pro\_Attribute}^i} = O_{\text{Pro\_Attribute}^\eta})$$

$$\Rightarrow \left\{ {}_\mu T_{v_{ij}} v[c(\text{Pro\_Attribute}^{ij})] = v'[c(\text{Pro\_Attribute}^{ij})] \right\}$$

$$\bigcup \begin{Bmatrix} v'[c(\text{Pro\_Attribute}^{ij})] \geqslant v[c(\text{Pro\_Attribute}^{ij})], \\ \lim v[c(\text{Pro\_Attribute}^{ij})] \to +\infty; \\ v'[c(\text{Pro\_Attribute}^{ij})] \leqslant v[c(\text{Pro\_Attribute}^{ij})], \\ \lim v[c(\text{Pro\_Attribute}^{ij})] \to 0 \end{Bmatrix}_{j=1,\cdots,n} \tag{4.15}$$

其中，$_\mu T_{v_{ij}}$ 表示第 i 种低碳实例对象主动变换引起的第 j 个特征属性值的传导扩大或缩小变换。这类情况如螺杆空气压缩机同系列型号的变化，其所推广的、计量的实例特征基本上一致，但其特征属性参数确实变化了，因此可得到组合变换后的低碳实例域为

$$(\varphi, T)U = U_2^0 = U + U_1^4$$

新增的低碳实例域对基于 U 的变换没有引起质的变化，也起到了类似于 U_1^2 和 U_1^3 对于 U 的影响效果，则 U_1^4 中的低碳实例的分类方法如同 U_1^2 和 U_1^3。因此，这一阶段的组合变换作用下，也扩大了低碳实例域中实例的个数及可选择范围。

由此可见，对于低碳实例对象的变换组合只引起了低碳实例域的扩大变换，扩展了低碳实例可选择范围，只是量的变换，对 U 的静态分类结果没有质的影响。

4.2.2 实例域特征变换的低碳实例动态分类

低碳实例特征就是设计需求、市场需求对应的低碳实例评价特征，如以碳足迹、成本和性能及它们的层次子因素等为主。因此，低碳实例特征的变换以这三要素的层次子因素为目标。以第 2 章中的多因素关联分析图为例，基于低碳实例全生命周期的碳足迹、成本、性能可分为八个阶段，而这三种特征中各个阶段及其层次子因素的碳足迹和成本是构成产品的单一要素，因此不可变换；而各个阶段及其层次子因素的产品性能是多要素集成的，所以可进行实例性能特征的变换。

例如，大型螺杆空气压缩机的消声器选配、隔声罩选配对应产品消声性能的好坏，间接影响噪声性能属性值的变化(依据第 2 章中性能之间的关联模型)；风冷模块选配、水冷模块选配反映风冷却性能及水冷却性能的有无，间接影响压缩空气的质量、排气压力、油气分离这三个性能属性值的变化等。

因此，本节的变换以前几节分类结果中对低碳实例负域中的实例为目标对象，即保持实例类型不变(U_1^0 或 U_2^0)。由于低碳实例的性能在上市时就已决定，只有产品实例全生命周期前四个阶段的性能特征可以改变，而本书研究的性能是基于低碳结构基的，即以功能性能、使用性能等为主。

假设第四层尺度的第 j_3 个性能特征 $P_{ij_1j_2j_3}$ 可作变换，可分为三种情况。

(1) $P_{ij_1j_2j_3}$ 的删除变换。

$$\mu P_{ij_1j_2j_3} = \varnothing$$

$$\Rightarrow \begin{cases} {}_{\mu}T_v v(P_{ij_1j_2j_4}) = v'(P_{ij_1j_2j_4}) \\ [{}_{\mu}T^{1,1}_{Z^i_{LCSB}} Z^i_{LCSB} = \varnothing]_{P_{ij_1j_2j_3} \sim Z^i_{LCSB}} \\ \qquad \Rightarrow \begin{cases} [{}_{Z^i_{LCSB}}T^{2,1}_{E_{ij_1j_2j_3}} v(E_{ij_1j_2j_3}) = v(E'_{ij_1j_2j_3}) \leqslant v(E_{ij_1j_2j_3})]_{Z^i_{LCSB} \sim E_{ij_1j_2j_3}} \\ [{}_{Z^i_{LCSB}}T^{2,1}_{C_{ij_1j_2j_3}} v(C_{ij_1j_2j_3}) = v(C'_{ij_1j_2j_3}) \leqslant v(C_{ij_1j_2j_3})]_{Z^i_{LCSB} \sim C_{ij_1j_2j_3}} \end{cases} \end{cases} \tag{4.16}$$

其中，${}_{\mu}T^{1,1}_{Z^i_{LCSB}}$ 表示与性能特征 $P_{ij_1j_2j_3}$ 相关联的低碳结构基的一阶一次传导删除变换；${}_{Z^i_{LCSB}}T^{2,1}_{E_{ij_1j_2j_3}}$、${}_{Z^i_{LCSB}}T^{2,1}_{C_{ij_1j_2j_3}}$ 分别表示与低碳结构基 Z^i_{LCSB} 一次传导变换引起的相关联的碳足迹、成本的二阶一次传导缩小变换。

这类型的变换是基于 $P_{ij_1j_2j_3}$ 的删除变换对于变换后的 $v(P_{ij_1j_2j_4})$ 仍能满足设计需求，即符合

$$\begin{cases} v(PR_{ij_1j_2j_4}) \geqslant v'(P_{ij_1j_2j_4}) \geqslant v(P_{ij_1j_2j_4}), & \lim v(P_{ij_1j_2j_4}) \to 0 \\ v(P_{ij_1j_2j_4}) \geqslant v'(P_{ij_1j_2j_4}) \geqslant v(PR_{ij_1j_2j_4}), & \lim v(P_{ij_1j_2j_4}) \to +\infty \end{cases}$$

也就是通过削减性能特征来实现低碳实例的这个低碳结构基的碳足迹和成本减小，实现初步优化。

因此，在该类组合变换下可能出现以下几种情况：

①当 $K_{3\text{-}D}[(v'(P_{ij_1j_2j_3}), v(E'_{ij_1j_2j_3}), v(C'_{ij_1j_2j_3})), S_1, S_2] \geqslant 0$ 时。

(a) 假设 $\{K^{ij_1j_2t_3}_{3\text{-}D}\}_{t_3 \neq j_3} \geqslant 0$，可得到

$$K^{ij_1j_2'}_{3\text{-}D} \geqslant 0 \Rightarrow K^{ij_1'}_{3\text{-}D} \geqslant 0 \Rightarrow K^{i'}_{3\text{-}D} \geqslant 0$$

即该低碳实例由 $K^i_{3\text{-}D} \leqslant 0 \xrightarrow{(\mu, T) \cdot (v'(P_{ij_1j_2j_3}), v(E'_{ij_1j_2j_3}), v(C'_{ij_1j_2j_3}))} K^{i'}_{3\text{-}D} \geqslant 0$ 发生质变，使其所属的域类别也发生变化，即

$$Z^i_{PLCD} \in \overline{V}^-_{2111} \text{或} \overline{V}^-_{2112} \Rightarrow [Z^i_{PLCD} \in \dot{V}^+_1]_{(\mu, T) \cdot (v'(P_{ij_1j_2j_3}), v(E'_{ij_1j_2j_3}), v(C'_{ij_1j_2j_3}))}$$

(b) 假设 $\{K^{ij_1j_2t_3}_{3\text{-}D}\}_{t_3 \neq j_3} < 0$，则 $K^{ij_1j_2'}_{3\text{-}D} < 0$，因此该低碳产品实例只是发生同一域内的量值变化，但是该低碳结构基 Z^i_{LCSB} 的这三个特征属性实现了质变，即

$$Z^i_{PLCD} \in \overline{V}^-_{2111} \text{或} \overline{V}^-_{2112} \Rightarrow [Z^{i'}_{PLCD} \in \text{或} \overline{V}^-_{2221} \text{或} \overline{V}^-_{2222}]_{(\mu, T) \cdot (v'(P_{ij_1j_2j_3}), v(E'_{ij_1j_2j_3}), v(C'_{ij_1j_2j_3}))}$$

②当 $K_{3\text{-}D}[(v'(P_{ij_1j_2j_3}), v(E'_{ij_1j_2j_3}), v(C'_{ij_1j_2j_3})), S_1, S_2] < 0$ 时。

(a) 假设 $K_{2\text{-}D}[(v(E'_{ij_1j_2j_3}), v(C'_{ij_1j_2j_3})), S_1, S_2] < 0$ 且 $\{K^{E'_{ij_1j_2j_3}}_{1\text{-}D}, K^{C'_{ij_1j_2j_3}}_{1\text{-}D}\} < 0$，则该低碳

实例只是在域 $\overline{V}_{2111}^{-}$ 或 $\overline{V}_{2112}^{-}$ 内发生这三个特征属性量值的变化。

(b) 假设 $K_{2\text{-}D}[(v(E'_{ij_1j_2j_3}), v(C'_{ij_1j_2j_3})), S_1, S_2] < 0$ 且 $K_{1\text{-}D}^{E'_{ij_1j_2j_3}} K_{1\text{-}D}^{C'_{ij_1j_2j_3}} < 0$，则该层次的碳足迹或者成本在这种组合变换下实现了质变，而另一个则在原域内发生量变。

(2) $P_{ij_1j_2j_3}$ 的增加变换。

$$\Rightarrow \begin{cases} P_{ij_1j_2j_3} = \varnothing \\ \mu P_{ij_1j_2j_3} \neq \varnothing \end{cases}$$

$$\Rightarrow \begin{cases} {}_{\mu}T_{v(P_{ij_1j_2j_3})}^{1,1} v(P_{ij_1j_2j_3}) = v'(P_{ij_1j_2j_3}) \neq \varnothing \\ \Rightarrow {}_{v(P_{ij_1j_2j_3})}T_{v(P_{ij_1j_2j_4})}^{1,2} v(P_{ij_1j_2j_4}) = v'(P_{ij_1j_2j_4}) \\ \Rightarrow [{}_{\mu}T_{Z_{\text{LCSB}}}^{1,1} Z_{\text{LCSB}} \neq \varnothing]_{P_{ij_1j_2j_3} \sim Z_{\text{LCSB}}} \\ \Rightarrow \begin{cases} [{}_{Z_{\text{LCSB}}}T_{E_{ij_1j_2j_3}}^{2,1} v(E_{ij_1j_2j_3}) = v(E'_{ij_1j_2j_3}) \geqslant v(E_{ij_1j_2j_3})]_{Z_{\text{LCSB}} \sim E_{ij_1j_2j_3}} \\ [{}_{Z_{\text{LCSB}}}T_{C_{ij_1j_2j_3}}^{2,1} v(C_{ij_1j_2j_3}) = v(C'_{ij_1j_2j_3}) \geqslant v(C_{ij_1j_2j_3})]_{Z_{\text{LCSB}} \sim C_{ij_1j_2j_3}} \end{cases} \end{cases} \tag{4.17}$$

其中，${}_{\mu}T_{v(P_{ij_1j_2j_3})}^{1,1}$ 表示性能特征 $P_{ij_1j_2j_3}$ 主动变换引起的该性能特征量值的一阶一次传导增加变换；${}_{v(P_{ij_1j_2j_3})}T_{v(P_{ij_1j_2j_4})}^{1,2}$ 表示性能特征属性 $v(P_{ij_1j_2j_3})$ 变换引起的另一性能特征属性量值 $v(P_{ij_1j_2j_4})$ 的一阶二次传导置换变换。

这类型的组合变换是基于 $P_{ij_1j_2j_3}$ 的增加变换使关联的性能属性值 $v(P_{ij_1j_2j_4})$ 得到加强或削弱。该类型组合变换情形与删除变换类似。

(3) $P_{ij_1j_2j_3}$ 的置换变换。

低碳产品性能的置换变换主要是由功能原理发生变换引起的，从而导致性能描述及其数量的差别。可见，该性能特征的置换变换是为了改变同类型的性能特征属性值，使其更符合低碳需求。因此，该类型的低碳实例是属于碳足迹和成本满足、性能不满足状态下的负实例域或负质变实例域。具体的变换操作如下：

$$(\mu P_{ij_1j_2j_3} = P_{ij_1j_2j_4})_{j_3 \neq j_4}$$

$$\Rightarrow ({}_{\mu}T_{Z_{\text{LCSB}}^{ij_1j_2}}^{1,1} Z_{\text{LCSB}}^{ij_1j_2} = Z_{\text{LCSB}}^{ij_1j_2 '})_{P_{ij_1j_2j_4} \sim Z_{\text{LCSB}}^{ij_1j_2 '}}$$

$$\Rightarrow \begin{cases} {}_{Z_{\text{LCSB}}^{ij_1j_2 '}}T_{v(P_{ij_1j_2j_3})}^{2,1} v(P_{ij_1j_2j_3}) = v(P_{ij_1j_2j_4}) \\ {}_{Z_{\text{LCSB}}^{ij_1j_2 '}}T_{v(E_{ij_1j_2j_3})}^{2,1} v(E_{ij_1j_2j_3}) = v(E_{ij_1j_2j_4}), \ K_{2\text{-}D}(v(E_{ij_1j_2j_4}), v(C_{ij_1j_2j_4})) \geqslant 0 \\ {}_{Z_{\text{LCSB}}^{ij_1j_2 '}}T_{v(C_{ij_1j_2j_3})}^{2,1} v(C_{ij_1j_2j_3}) = v(C_{ij_1j_2j_4}), \ K_{2\text{-}D}(v(E_{ij_1j_2j_4}), v(C_{ij_1j_2j_4})) \geqslant 0 \end{cases} \tag{4.18}$$

其中，$_\mu T^{1,1}_{Z^{ij_1j_2}_{\text{LCSB}}}$ 表示第 j_2 个低碳结构基的一阶一次传导置换变换；$T^{2,1}_{Z^{ij_1j_2}_{\text{LCSB}} v(P_{ij_1j_2j_3})}$ 表示 $Z^{ij_1j_2}_{\text{LCSB}}$ 的变换结果引起的低碳实例性能特征属性量值 $v(P_{ij_1j_2j_3})$ 的二阶一次传导置换变换。

当 $K_{1\text{-}D}(v(P_{ij_1j_2j_4})) \geqslant 0$ 时，则实现了性能质变，使负域的低碳结构基 $Z^{ij_1j_2}_{\text{LCSB}}$ 变换为都符合要求的，即 $Z^{ij_1j_2}_{\text{LCSB}} \in \overline{V}^-_{2111}$ 或 $\overline{V}^-_{2112} \Rightarrow Z^{ij_1j_2{}'}_{\text{LCSB}} \in \overline{V}^+_{2333}$。如果 $t_5 \neq j_4$ 且存在 $\{K^{ij_1j_2t_5}_{3\text{-}D}\} \geqslant 0$，则 $Z^{ij_1j_2{}'}_{\text{LCSB}} \in (\overline{V}^+_{2333} \bigcup \overline{V}^+_{233}) \Rightarrow Z^{ij_1j_2{}'}_{\text{LCSB}} \in \dot{V}^+_1$；如果无法满足 $(K^{ij_1j_2 1}_{3\text{-}D} \wedge \cdots \wedge K^{ij_1j_2 t_5}_{3\text{-}D} \wedge \cdots \wedge K^{ij_1j_2 m}_{3\text{-}D}) \geqslant 0$，则需要对其他的低碳结构基 $\{Z^{ij_1j_2t_5}_{\text{LCSB}}\}$ 进行类似的组合变换。

当 $K_{1\text{-}D}(v(P_{ij_1j_2j_4})) < 0$ 且 $K_{1\text{-}D}(v(P_{ij_1j_2j_4})) \geqslant K_{1\text{-}D}(v(P_{ij_1j_2j_3}))$ 时，则为原实例负域内的量值变化，需要作进一步的其他类型的变换，保留这一类型的组合变换。

当 $K_{1\text{-}D}(v(P_{ij_1j_2j_4})) < 0$ 且 $K_{1\text{-}D}(v(P_{ij_1j_2j_4})) \leqslant K_{1\text{-}D}(v(P_{ij_1j_2j_3}))$ 时，则为原实例负域内的量值变化，需舍去这一类型的组合变换。

通过本节比较可以发现，对低碳实例的静态分类域进行基于变换组合的动态分类，可能获得正质变的低碳实例，也可能获得相似度更大的低碳产品实例集。

4.2.3　实例域特征参数变换的低碳实例动态分类

低碳实例三要素的变换最难的就是只对低碳实例特征属性的单独扩缩变换。本节的动态分类也是基于 4.2.2 节动态分类的结果进行再分类，研究特征属性变化下低碳实例的量变或质变行为。

基于低碳实例特征参数的这种单一要素的变换是比较难的，如低碳产品上市时就已经确定的全生命周期性能及其量值、产品全生命周期前四个阶段产品碳足迹和成本。产品全生命周期后四个阶段的碳足迹和成本有一定的可变化性，如电机驱动的大型螺杆空气压缩机工作时间段与峰谷电价分布错开，可降低机器的运行成本，也就减少了产生电能的碳足迹；适当增加螺杆空气压缩机的维护费用，可减缓其运行性能的衰减速度，也减少了同工况下运行时的电能消耗，相应地减少了碳足迹；通过加保成本，可减少维护阶段的维护成本，实现全生命周期内的成本降低等。

因此，本节的变换主要以低碳产品负实例域及负质变域中的实例全生命周期后四个阶段的碳足迹和成本为对象，通过变换研究相似度的可提高性及发生质变的可行性。而碳足迹依据实际消耗等情况来客观计算，因此比较稳定；成本依据市场经济具有一定的浮动性和主观变化性，因此易波动。可见，成本是低碳实例特征属性参数中最活跃的、最具能动性的指标，可作为变换对象。

因此，此类的成本变换引起三种传导变换，分别是：①产品全生命周期某一阶段成本的变换导致另一阶段或另几个阶段成本的降低，从而引起全生命周期的成本减少；②低碳产品某一阶段成本的减少导致碳足迹的降低，引起产品全生命周期的成本和碳足迹的减少；③低碳产品某一阶段成本的变换引起产品性能的传导变换，导致某一阶段碳足迹的减少，从而达到该低碳产品全生命周期的碳足迹减少的目的。具体的组合变换操作及其对应的分类如下。

(1) 低碳产品某阶段成本的变换导致其他阶段成本的降低。

这类变换主要是增加低碳产品经济性而产生的成本传导变换，如螺杆空气压缩机转子材料的变换来增强产品的稳定性和压缩率实现使用阶段的成本开支和回收阶段的成本收入等、螺杆空气压缩机的加保变换来减少维护阶段的成本传导变换及使用阶段的成本变换等、大型螺杆空气压缩机驱动电机的能效等级提升来降低使用成本等。则低碳实例域分类为

$$(\mu C_i = C') \cup (C_i \in \{C_i\}_{i=1,\cdots,8}) \Rightarrow_\mu T_{\{C_j\}_{j\neq i}} \{C_j\}_{j\neq i \leqslant 7} = \{C'_j\}$$

$$\Rightarrow_{\{C_j\}_{j\neq i}} T_C C = C' = \sum_{j=1}^{t} C'_j + \sum_{l=1}^{7-t} C_l < C \qquad (4.19)$$

$$\Rightarrow_C T_{K_{3\text{-}D}} K_{3\text{-}D}(E, C, P) = K'_{3\text{-}D}(E, C, P)$$

其中，某一阶段成本 C_i 的主动变换使得其他阶段的成本发生传导变换，最终导致产品全生命周期成本的变换，相应的关联函数 $K_{3\text{-}D}$ 发生变化。

此时变换分类归纳为：当 $K'_{3\text{-}D} \geqslant K_{3\text{-}D} \geqslant 0$ 时，$Z_{\text{PLCD\_object}}{}^j \in V_+$；当 $K'_{3\text{-}D} \geqslant 0 \geqslant K_{3\text{-}D}$ 时，$Z_{\text{PLCD\_object}j} \in V_{.+}$。

(2) 低碳产品某阶段成本的变换导致碳足迹的降低。

这类变换主要是通过能耗成本和碳足迹的关系来控制碳足迹的影响，如企业用电的峰谷错行来提高机器运行时的电能成本和供电保障，降低电能获取时的碳足迹；增加电机能效等级来增大电能的利用效率，减少碳足迹的排放；增加螺杆空气压缩机的维护成本，高效地利用和延长产品运行成熟期，减少了能耗成本，降低了能耗获取的碳足迹；更换高效的螺杆空气压缩机控制系统，确保螺杆空气压缩机的工作效率，减少非稳定性引起的不必要能耗，从而减少碳足迹的排放等。

$$(\mu C_i = C'_i) \cup (C_i \in \{C_i\}_{i=1,\cdots,8}) \Rightarrow \begin{cases} {}_\mu T_C C = C'_i + (C_j)_{j\neq i \leqslant 7} \leqslant C \\ {}_\mu T_C C = C'_i + (C_{tj})_{j\neq i} = (1+\alpha)C, \quad \alpha > 0 \end{cases}$$

$$\Rightarrow_C T_{\{E_t\}} \{E_t\}_{t=1,\cdots,8} = \{E'_t\} \leqslant \{E_t\} \qquad (4.20)$$

$$\Rightarrow_{\{E_t\}} T_E E = E' = \{E'_t\} + \{E_{8-t}\} < E$$

$$\Rightarrow_E T_{K_{3\text{-}D}} K_{3\text{-}D} = K'_{3\text{-}D} > K_{3\text{-}D}$$

其中，某阶段成本的主动变换使得碳足迹发生传导变换，最终使产品全生命

周成本与碳足迹发生变化，相应的关联函数发生改变。此时的变换归类同(1)中情形。

(3) 产品某阶段成本变换引起性能传导变换，导致碳足迹减少。

这种类型的变换主要是通过控制能耗关联的产品性能的衰减周期而引起的成本变换，来最终实现碳足迹的减少。因为绝大多数的机电产品在使用阶段的碳足迹和成本占各自产品全生命周期很大的比例(至少 50%以上)。

因此，对该阶段使用性能的控制显得尤为重要，如大型螺杆空气压缩机压缩比的稳定性、单或双个转子的平稳性、控制系统的稳定性和节能性、压缩空气的油气分离率等。具体的变换如下：

$$
(\mu C_i = C_i') \bigcup (C_i \in \{C_i\}_{i=1,\cdots,8}) \Rightarrow \begin{cases} {}_\mu T_C C = C_i' + (C_j)_{j \neq i} \leqslant C \\ {}_\mu T_C C = C_i' + (C_j)_{j \neq i} = (1+\alpha)C, \quad \alpha > 0 \end{cases}
$$
$$
\Rightarrow {}_C T_{\{P_l\}} \{P_l\}_{l=1,\cdots,8} = \{P_l''\}
$$
$$
\Rightarrow {}_{\{P_l\}} T_{\{E_t\}} \{E_t\} = \{E_t'\} \leqslant \{E_t\} \tag{4.21}
$$
$$
\Rightarrow {}_{\{E_t\}} T_E E = E' = \{E_t'\} + \{E_{8-t}\} < E
$$
$$
\Rightarrow {}_E T_{K_{3\text{-}D}} K_{3\text{-}D} = K_{3\text{-}D}' > K_{3\text{-}D}
$$

其中，某一阶段成本的变换使产品性能发生变换，性能的变换又导致产品碳足迹的传导变换，最终使产品全生命周期碳足迹、成本、性能发生改变，相应的关联函数发生变化。此类变换的分类归纳也同情形(1)。

4.3　基于多维关联函数变换的实例域动态分类

基于关联函数变换的实例域动态分类是一种实例域在各个参数域变换下的再分类过程，且关联函数的构建是基于侧距公式，而侧距的构建是基于参数设计最优点及所选择的参数经典域和可拓域。因此，关联函数的变换实质是参数经典域或可拓域的变换，来影响实例的分类归属。

关联函数的变换可分为经典域和可拓域的变换，因此可分为三种情况的变换。

(1) 经典域 S_1 变换，但还在可拓域 S_2 范围内，可视为可拓域不变。变换可以表达为 $\{(\mu S_1 = S_1') \bigcup (S_1' \leqslant S_2)\}$。

(2) 经典域 S_1 变换，超出可拓域 S_2 范围，可拓域发生传导扩变换或等价经典域变换。变换可以表达为 $\{(\mu S_1 = S_1') \bigcup (S_1' \leqslant S_2)\} \bigcup \{({}_\mu T_{S_2} S_2 = S_2') \bigcup (S_1' \leqslant S_2')\}$。

(3) 经典域不变换，可拓域非对称变换。变换可以表示为 $\{(\mu S_2 = S_2') \bigcup (S_1' \leqslant S_2')\}$。

基于关联函数的变换分类归纳如下：

当 $K'_{n\text{-}D} \geqslant K_{n\text{-}D} \geqslant 0$ 时，$Z_{\text{PLCD\_object}^j} \in V_+$ ；当 $K'_{n\text{-}D} \geqslant 0 \geqslant K_{n\text{-}D}$ 时，$Z_{\text{PLCD\_object}^j} \in V_{.+}$；当 $0 \geqslant K'_{n\text{-}D} \geqslant K_{n\text{-}D}$ 时，$Z_{\text{PLCD\_object}^j} \in V_-$。

4.4　低碳实例可拓设计分类方法实例验证

螺杆空气压缩机实例的分类结果是随着螺杆空气压缩机低碳需求的变化而变化，而这种变化的低碳需求是依据前一次的低碳需求特征参数及其对应生成的分类结果而确定。因此，研究在变低碳需求下有目的性、目标性或趋向性的产品实例分类过程是产品实例动态性分类的重要环节。本节研究的实例分类是依据第 3 章的螺杆空气压缩机实例相似度结果，依据实例的多维关联函数及其基元可拓集来实施分类操作。

通过对螺杆空气压缩机实例库的相似检索获得的螺杆空气压缩机实例(表 3.5)，其相似的产品实例基元可拓集为

$$S_{\text{PLCD}}^{\text{sim}} = \{Z_{\text{PLCD\_CASE}^i} \mid Z_{\text{PLCD\_CASE}^i} \xrightarrow{\text{PR}_l \cup \text{sim}_{l,i}} x_i, \delta \in (0,1], i = 1,2,\cdots,20\}$$

应用正态分布方法确定的截取数 δ 显示特征为：在区间[0.71,0.88]具有高度的集合度，达到了 50%，其次是在区间[0.92,1]达到了 25%。因此，选取截取数为 0.71。依据截取数取得的螺杆空气压缩机实例基元截集，并按照从大到小排列后，可表示为

$$\tilde{S}_{\text{PLCD}}^{\text{sim}} = \left\{ \begin{array}{l} Z_{\text{PLCD\_CASE}^j} \mid Z_{\text{PLCD\_CASE}^j} \xrightarrow{\text{PR}_l \cup \text{sim}_{l,i}} x_j \geqslant 0.71, \\ x_{j-1} \leqslant x_j \leqslant x_{j+1}, j = 1,2,\cdots,16 \end{array} \right\}$$

$$= \left\{ \begin{array}{l} \text{CASE}_2, \text{CASE}_{17}, \text{CASE}_3, \text{CASE}_{13}, \text{CASE}_1, \\ \text{CASE}_{10}, \text{CASE}_6, \text{CASE}_{16}, \text{CASE}_9, \text{CASE}_{12}, \\ \text{CASE}_5, \text{CASE}_{15}, \text{CASE}_{11}, \text{CASE}_8, \text{CASE}_7, \text{CASE}_{14} \end{array} \right\}$$

$$= \left\{ \text{CASE}_i^j, j = 1,2,\cdots,16 \bigcup i = 1,2,\cdots,17 \text{且} i \neq 4 \right\}$$

其中，符号 $\cup$ 表示为 i 和 j 的取值为关联配对，如 CASE_{11}^{13} 和 CASE_9^9 分别表示 CASE_{11} 在基元截集中的大小编号为 13 及 CASE_{13} 在基元截集中的大小编号为 9。现以螺杆空气压缩机实例为例构建其基元可拓集。

$$J(Z_{\text{PLCD\_CASE}_9^9})(T) = \left\{ \begin{array}{l} (Z_{\text{PLCD\_CASE}_9^9}, Y, Y') \mid Z_{\text{PLCD\_CASE}_9^9} \in T_{\tilde{S}_{\text{PLCD}}^{\text{sim}}} \tilde{S}_{\text{PLCD}}^{\text{sim}}, Y = -0.2634, \\ Y' = K_{n\text{-}D}(\{T_{v_i(B_{\text{Pro\_Attribute}^9}^i)} v_i(B_{\text{Pro\_Attribute}^9}^i)\}, T_{S_1^l} S_1^l, T_{S_2^l} S_2^l) \in \mathbf{R} \end{array} \right\}$$

可见，在 $T=e$ 下该实例属于第三种差异化第三种状态下的基元可拓集，由此形成的矛盾问题为 $Q = (\mathrm{PR}_l^3 \cup \mathrm{PR}_l^{n_l-1}) \uparrow Z_{\mathrm{PLCD\_CASE}_9^9}$。该矛盾问题是判断螺杆空气压缩机实例是否与螺杆空气压缩机低碳需求冲突，具有指导性的宏观判断和确定冲突的主观个数及其主观之间的内在关系。因为机械产品零部件具有传导作用(装配关系、位置关系、动力传输、作用力平衡、能量损耗传递等)，所以必须将该矛盾模型量化，使其低碳设计目标更明确，冲突实例的零部件与低碳结构基关联性更突出。

螺杆空气压缩机及其他机电产品全生命周期的碳足迹和成本是累加计算获取，而产品性能在产品上市时就已经形成，且性能参数是通过各个对应模块性能源的集成获取，这存在明显的差异性。因此，在构建螺杆空气压缩机层次结构与 E、C 和 P 的内在关联关系时分开来表示，如图 4.4 所示。

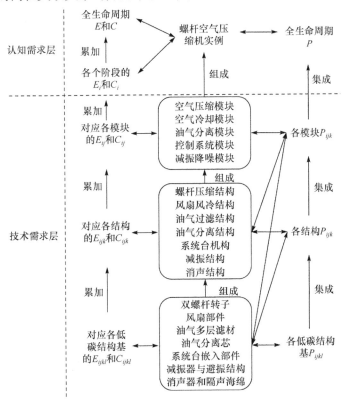

图 4.4　螺杆空气压缩机实例层次结构与 E、C 和 P 的内在关联

由 3.4.3 节给出的螺杆空气压缩机低碳需求及螺杆空气压缩机实例(以 CASE_9^9 为例)表 3.5 的计算结果可知，该实例属于使用阶段碳足迹 $\mathrm{PR}_l^{n_l-1}$ 和噪声性能 PR_l^3 不满足低碳需求,结合 4.1.2 节实例静态分类方法确定出该螺杆空气压缩机实例属

于第一层负域类（即 $Z_{\text{PLCD\_CASE}_9^9} \subset \overline{V}_{T=e}^2$）。成本需求 $K_{1\text{-D}}^1\{C(\text{CASE}_9^9), S_1^l, S_2^l\} > 0$，

$Z_{\text{PLCD\_CASE}_9^9} \subset \overline{V}_{T=e}^{22} = \{K_{3\text{-D}}^1 < 0, \ K_{2\text{-D}}^2(E,P) < 0, K_{1\text{-D}}^{2,1}(C) > 0\}$，可知该实例又属于第二层负域的第二种情况。结合图 4.4，将其子特征的不符合情况挖掘出来，其推理分析如下。

(1) 使用阶段碳足迹主要由空气压缩模块碳足迹 E_{41}、控制系统模块碳足迹 E_{42}、空气冷却模块碳足迹 E_{43} 这三个电能消耗模块组成。其中，空气压缩模块碳足迹和空气冷却模块碳足迹是组成使用阶段碳足迹的绝大多数，也是引起该阶段碳足迹超标的决定模块，而控制系统模块相对稳定，碳足迹比其他两个模块要小很多，因此空气压缩模块碳足迹和空气冷却模块碳足迹不符合要求。噪声性能主要集成空气压缩模块噪声 P_{41}、空气冷却模块噪声 P_{42}、减振降噪模块噪声 P_{43} 这三个噪声数据获得。其中空气压缩模块和空气冷却模块噪声在螺杆空气压缩机上市时就已经确定，而减振降噪模块是可选配模块，该模块的正确选配对螺杆空气压缩机噪声消解大小具有直接影响。因此，该阶段的第 3 层分类域为

$$Z_{\text{PLCD\_CASE}_9^9} \subset \overline{V}_{T=e}^{222}$$

$$= \left\{ \begin{array}{l} K_{3\text{-D}}^1 < 0, K_{2\text{-D}}^2(E,P) < 0, K_{1\text{-D}}^{2,1}(C) > 0, \\ K_{3\text{-D}}^{3,j_1}(E_{41}, E_{43}, P_{43}) < 0, K_{3\text{-D}}^{3,3}(E_{42}, P_{41}, P_{42}) > 0, \\ j_1 = 1, 2, 3 \end{array} \right\}$$

(2) E_{41} 主要包括空气压缩结构碳足迹 E_{411} 与润滑油消耗碳足迹 E_{412}，E_{411} 占据了该模块碳足迹组成的绝大部分，可见 E_{411} 不满足该低碳需求；E_{43} 主要是风冷电机结构碳足迹 E_{431}，因此 E_{431} 不满足低碳需求。P_{43} 主要由消声结构 P_{431} 和减振结构 P_{432} 组成，对噪声消减最有效、最直接的是 P_{431}，因此 P_{431} 不满足要求。则该阶段的第 4 层分类域表示为

$$Z_{\text{PLCD\_CASE}_9^9} \subset \overline{V}_{T=e}^{2222}$$

$$= \left\{ \begin{array}{l} K_{3\text{-D}}^1 < 0, K_{2\text{-D}}^2(E,P) < 0, K_{1\text{-D}}^{2,1}(C) > 0, \\ K_{3\text{-D}}^{3,j_1}(E_{41}, E_{43}, P_{43}) < 0, K_{3\text{-D}}^{3,3}(E_{42}, P_{41}, P_{42}) > 0, \\ K_{3\text{-D}}^{4,t_1}(E_{411}, E_{431}, P_{431}) < 0, K_{2\text{-D}}^{4,2}(E_{412}, P_{432}) > 0, \\ j_1 = 1, 2, 3; t_1 = 1, 2, 3 \end{array} \right\}$$

(3) E_{411} 主要由双螺杆结构基的碳足迹 E_{4111} 和电机结构基的碳足迹 E_{4112} 组成，其中，E_{4112} 对 E_{411} 的影响最大且占其绝大部分；E_{431} 主要是风扇电机结构基的碳足迹 E_{4311}，可见 E_{431} 不满足要求。P_{431} 主要包括进气口消声结构基 P_{4311} 与螺杆机外壳消声罩结构基 P_{4312}，这两者对 P_{431} 的影响都很大，且无法给出具体的参数，因此视这两者都不满足要求。因此，该阶段的第 5 层分类域表示为

$$Z_{\text{PLCD\_CASE}_9^9} \subset \overline{V}_{T=e}^{22222}$$

$$= \left\{ \begin{array}{l} K_{3\text{-D}}^1 < 0, K_{2\text{-D}}^2(E,P) < 0, K_{1\text{-D}}^{2,1}(C) > 0, \\ K_{3\text{-D}}^{3,j_1}(E_{41}, E_{43}, P_{43}) < 0, K_{3\text{-D}}^{3,3}(E_{42}, P_{41}, P_{42}) > 0, \\ K_{3\text{-D}}^{4,t_1}(E_{411}, E_{431}, P_{431}) < 0, K_{2\text{-D}}^{4,2}(E_{412}, P_{432}) > 0, \\ K_{4\text{-D}}^{5,t_2}(E_{4112}, E_{4311}, P_{4311}, P_{4312}) < 0, K_{1\text{-D}}^{5,1}(E_{412}, P_{432}) > 0, \\ j_1 = 1,2,3; t_1 = 1,2,3; t_2 = 1,2,3,4 \end{array} \right\}$$

可见，螺杆空气压缩机实例 CASE_9^9 依据图 4.4 和 PR_l，可将其分类到更精确的、更直观的、更具有操作的实例负域中，从而较容易给出其对应的矛盾问题，具体如下：

$$Q(\text{PR}_l, Z_{\text{PLCD\_CASE}_9^9})$$

$$= (\text{PR}_l^{n_l-1}, \text{PR}_l^3) \uparrow Z_{\text{PLCD\_CASE}_9^9}$$

$$\cong (E_{4112}, E_{4311}, P_{4311}, P_{4312}) \uparrow Z_{\text{PLCD\_CASE}_9^9}$$

$$= (E_{4112} \uparrow Z_{\text{LCSB}}^{E_{4112}}) \bigcup (E_{4311} \uparrow Z_{\text{LCSB}}^{E_{4311}}) \bigcup (P_{4311} \uparrow Z_{\text{LCSB}}^{P_{4311}}) \bigcup (P_{4312} \uparrow Z_{\text{LCSB}}^{P_{4312}})$$

其中，$Z_{\text{LCSB}}^{E_{4112}}$ 表示 E_{4112} 对应的电机结构基复合元。

由此类推，螺杆空气压缩机实例 CASE_2^1 和 CASE_{17}^2 分类到正域，其他的 18 个实例为负类。

当 $T \neq e$ 时，存在低碳产品实例域动态变换与多维关联函数变换的螺杆空气压缩机实例分类，对应的计算过程如下：

(1) 基于螺杆空气压缩机型号变换的实例域动态分类。

通过公式 $(\varphi, T)U = U_1^0 = U + \sum\limits_{i=2}^{3} U_1^i$ 可知，U_1^0 的生成是依据 $\tilde{S}_{\text{PLCD}}^{\text{sim}}$ 中的任意低碳产品实例进行组合变换而获得，且生成的每个螺杆空气压缩机实例的相似度值都大于等于 δ。这里选取 CASE_{11}^{13} 为变换基础，主要特征包括排气压力、排气量、电机功率、噪声、质量、排气接口、外形尺寸、购买成本、使用成本、回收成本、产品上市碳足迹总量及使用阶段碳足迹，分别表示为 $\text{CT}_i (i=1,2,\cdots,12)$。$\text{CASE}_{11}^{13}$ 还包括压缩级数、环境温度、润滑油量和冷却方式，分别表示为 $\text{CT}_j (j=13,14,15,16)$。由此 U_1^0 中的部分变换获得的螺杆空气压缩机实例如表 4.1 所示。

表 4.1　螺杆空气压缩机实例型号变换获得的部分低碳产品实例

CASE′	BLT-50A	BLT-50A	BLT-50A	BLT-50A	BJ-50A	BJ-50A	BJ-50A	SCK-50SA
CT_1/MPa	0.7	0.8	1.0	1.2	0.7	0.8	1.0	0.7
CT_2/(m³/min)	6.80	6.28	5.60	4.60	6.80	6.20	5.60	6.4

续表

CASE'	BLT-50A	BLT-50A	BLT-50A	BLT-50A	BJ-50A	BJ-50A	BJ-50A	SCK-50SA
CT_3/kW	37	37	37	37	37	37	37	37
CT_4/dB	69	69	70	70	68	69	69	72
CT_5/kg	780	780	780	780	800	800	800	980
CT_6/mm	G1 1/2	G1 1/2	G1 1/2	G1 1/2	Rp1 1/2	Rp1 1/2	Rp1 1/2	G1 1/2
CT_7/(mm×mm× mm)	1335 × 970 × 1630	1335 × 970 × 1630	1335 × 970 × 1630	1335 × 970 × 1630	1300 × 1000 × 1470	1300 × 1000 × 1470	1300 × 1000 × 1470	1550 × 950 × 1450
CT_8/元	43500	44000	44000	44500	45000	45500	45500	42000
CT_9/元	167550	168500	170000	175000	168010	168240	169730	168000
CT_{10}/元	1900	1900	1950	1950	1900	1950	2000	2000
CT_{11}/kgCO$_2$e	18622.3	18804.1	18849.2	18975.5	18153.4	18455.2	18638.9	19095.7
CT_{12}/kgCO$_2$e	160438.4	160677.8	160801.5	160971.3	165075.9	167314.6	168940.2	160883.5
CT_{13}	1	1	1	1	1	1	1	1
CT_{14}/℃	−5～45	−5～45	−5～45	−5～45	−5～45	−5～45	−5～45	−5～45
CT_{15}/L	—	—	—	—	30	30	30	—
CT_{16}	风冷	风冷	风冷	风冷	风冷	风冷	风冷	风冷

因此，在螺杆空气压缩机实例型号变换后发生的传导变换中，只需要应用传导扩大或缩小变换这些特征的属性参数即可。当 $\mu O_{Pro\_Attribute^i} = O_{Pro\_Attribute^q}$ 时，如果没有对应的特征，则采用增加变换或删除变换；如果特征描述的内容不一致，但其特征对象一致，则采用置换变换。

依据基于 BP 神经网络的低碳产品实例特征属性值与实例分类的映射方法步骤，结合螺杆空气压缩机低碳需求 PR_l 的 6 个特征(PR_l^1 、 PR_l^2 、 PR_l^3 、 PR_l^4 、 $PR_l^{n_l-1}$ 和 $PR_l^{n_l}$)，以相似实例基元截集中 16 个螺杆空气压缩机实例 $CASE_i^j$ 对应的 6 个特征属性值作为输入，把每个螺杆空气压缩机实例的多维关联函数值 $K_{n\text{-}D}\{v[c(CASE_i^j)], S_1^l, S_2^l\}$ 作为输出，并应用式(4.14)对这些输入、输出的数据做归一化处理。

由于传递函数的差异选择可得到不同的处理结果，在训练中，综合比较了多个传递函数对螺杆空气压缩机实例样本数据的处理结果，给出了相对最合适的传递函数、网络结构与网络的均方根误差公式分别为：$y = 1/(1 + e^{-\lambda s})$，隐层数为 1 层及其神经元个数为 3 个，$e = \sqrt{\sum\limits_{i=1}^{16}(h_i - \bar{h}_i)^2/16}$，其中 h_i 表示第 i 个螺杆空气压缩机实例的实际多维关联函数值输出，$\bar{h}_i$ 表示第 i 个螺杆空气压缩机实例的预期多维关联函数值输出。再输入测试样本(以表 4.1 中的这 8 个螺杆空气压缩机实例为例)，快速得到对应的多维关联函数值，如表 4.2 所示。

表 4.2　螺杆空气压缩机实例测试样本的输出结果

CASE′	BLT-50A	BLT-50A	BLT-50A	BLT-50A	BJ-50A	BJ-50A	BJ-50A	SCK-50SA
$K_{n\text{-}D}$	−0.0146	−0.226	−0.0267	−0.0308	−0.1692	−0.2500	−0.2981	−0.1000
V	V_-	V_-	V_-	V_-	V_-	V_-	V_-	V_-

注：V_- 表示页实例域。

假设上述表中的螺杆空气压缩机实例表示为 $CASE'_l$($l=1,2,\cdots,8$)，则变换后螺杆空气压缩机实例负域的基元可拓集为

$$J_-^{1,1}(Z_{PLCD\_object^j})$$
$$= \begin{Bmatrix} (Z_{PLCD\_object^j}, Y, Y') | Z_{PLCD\_object^j} \in U_1^0, \\ Y = Y' = K_{n\text{-}D}(\{v_i(B_{Pro\_Attribute^j}^i)\}, S_1, S_2) < 0 \end{Bmatrix}$$
$$= \left\{ CASE_i^j, j = 3,\cdots,16 \bigcup i = 1,\cdots,16 且 i \neq 2 和 4, CASE'_l, l = 1,2,\cdots,8 \right\}$$

(2) 基于螺杆空气压缩机实例特征变换的实例域动态分类。

螺杆空气压缩机实例的特征及其参数的变换是基于 U_1^0，现以 $CASE_5^{11}$ 为例进行分析。

① 该螺杆空气压缩机实例没有选配进气口处的消声器，使得该型号的噪声较大，因此为该螺杆空气压缩机实例加装一个抗性消声器(英格索兰的 80064843 型号)，此螺杆空气压缩机的进气噪声基频为 92Hz，选用单腔的抗性消声器。其特征参数主要为：购买成本 300 元，减振效果良好，上市碳足迹为 328.6kgCO$_2$e 等。

因此，该螺杆空气压缩机实例特征变换选用增加变换 T_{add}，并且依据抗性消声器消声量计算方法[213]及整机总噪声公式

$$z_n = \log_2(10^{n_i} + 10^{n_i} + \cdots + 10^{n_k})$$

则变换后的该螺杆空气压缩机噪声为 68.5dB，使得

$$K_{1\text{-}D}(_{add}T_{v(P_{Noise})}^{1,1} v(P_{Noise})) > 0 \Rightarrow K_{3\text{-}D}(v'(P_{Noise}, P_{PP}, P_{PV}), S_1^l, S_2^l) > 0 > K_{3\text{-}D}$$

其中，P_{PP} 和 P_{PV} 分别表示排气压力和排气量。可见，该螺杆空气压缩机实例的性能指标发生了质变。

② 该螺杆空气压缩机实例的购买成本变为 45100 元，上市碳足迹变为 19370.2kgCO$_2$e，使

$$\begin{cases} K_{1\text{-D}}(v(C_{\text{Buy}})) > K_{1\text{-D}}(_{Z_{\text{LCSB}}^{\text{xsq}}}T_{v(C_{\text{Buy}})}^{2,1}v(C_{\text{Buy}})) > 0 \\ K_{1\text{-D}}(v(E_{\text{Sell}})) > K_{1\text{-D}}(_{Z_{\text{LCSB}}^{\text{xsq}}}T_{v(E_{\text{Sell}})}^{2,1}v(E_{\text{Sell}})) > 0 \end{cases}$$
$$\Rightarrow 0 < K_{2\text{-D}}(v'(C_{\text{Buy}}, E_{\text{Sell}}), S_1^l, S_2^l) < K_{2\text{-D}}$$

其中，C_{Buy}、E_{Sell} 分别表示购买成本与产品上市碳足迹。可见，这两个螺杆空气压缩机实例特征参数发生了一阶一次传导变换，且都发生了量变。

③ 加装了抗性消声器后，不仅有助于进气噪声的降低，而且能在一定程度上减缓进气口空气的流速，减小进气口空气振动，使得螺杆压缩过程较为平稳，减小了电机的工作负荷，提高了工作效率，适量地降低电机工作能耗。因此，其能少量地减少使用阶段的碳足迹，大约每天减少 30min 的工作时间，换算为碳足迹为 6319.2kgCO$_2$e。则变换后的使用阶段碳足迹为 157497.5kgCO$_2$e，使得

$$K_{1\text{-D}}(_{Z_{\text{LCSB}}^{\text{xsq}}}T_{v(E_{\text{Use}})}^{2,1}v(E_{\text{Use}})) > 0 > K_{1\text{-D}}$$

可见，该螺杆空气压缩机实例特征参数发生了质变，由不满足变为满足低碳需求。

CASE_5^{11} 总的变换过程模型如下：

$$\begin{cases} P_{ij_1j_2j_3} = 0 \\ \mu P_{ij_1j_2j_3} = 11.5 \end{cases}$$

$$\Rightarrow \begin{cases} \mu T_{v(P_{ij_1j_2j_3})}^{1,1} v(P_{ij_1j_2j_3}) = v'(P_{ij_1j_2j_3}) = 11.5 \\ \Rightarrow {}_{v(P_{ij_1j_2j_3})}T_{v(P_{ij_1j_2j_4})}^{1,2} v(P_{\text{Noise}}) = v'(P_{\text{Noise}}) = 68.5 \\ [_{\mu}T_{Z_{\text{LCSB}}^{\text{xsq}}}^{1,1} Z_{\text{LCSB}}^{\text{xsq}} \neq \varnothing]_{P_{ij_1j_2j_3} \sim Z_{\text{LCSB}}} \\ \Rightarrow \begin{cases} _{Z_{\text{LCSB}}^{\text{xsq}}}T_{v(E_{\text{Sell}})}^{2,1} v(E_{\text{Sell}}) = v'(E_{\text{Sell}}) > v(E_{\text{Sell}}) \\ _{Z_{\text{LCSB}}^{\text{xsq}}}T_{v(C_{\text{Buy}})}^{2,1} v(C_{\text{Buy}}) = v'(C_{\text{Buy}}) > v(C_{\text{Buy}}) \\ _{Z_{\text{LCSB}}^{\text{xsq}}}T_{v(E_{\text{Use}})}^{2,1} v(E_{\text{Use}}) = v'(E_{\text{Use}}) < v(E_{\text{Use}}) \end{cases} \end{cases}$$

$$\Rightarrow \begin{cases} K_{3\text{-D}}(v'(P_{\text{Noise}}, P_{\text{PP}}, P_{\text{PV}}), S_1^l, S_2^l) > 0 > K_{3\text{-D}} \\ K_{3\text{-D}}(v'(E_{\text{Sell}}, C_{\text{Buy}}, E_{\text{Use}}), S_1^l, S_2^l) > 0 > K_{3\text{-D}} \end{cases}$$

$$\Rightarrow K_{6\text{-D}}(v'(P_{\text{Noise}}, P_{\text{PP}}, P_{\text{PV}}, E_{\text{Sell}}, C_{\text{Buy}}, E_{\text{Use}}), S_1^l, S_2^l) > 0 > K_{6\text{-D}}$$

因此，$CASE_5^{11}$ 从负实例域 V_- 质变到正质变实例域 V_{-+}，此阶段获得螺杆空气压缩机的负实例域表示为

$$J_-^{1,2}(Z_{\mathrm{PLCD\_object}^i}) \subseteq J_-^{1,1}(Z_{\mathrm{PLCD\_object}^j}), \quad j=1,2,\cdots,24; 0 \leqslant i \leqslant j$$

则对应的正实例域为

$$J_+^{1,2}(Z_{\mathrm{PLCD\_object}^i}) \supseteq J_+^{1,1}(Z_{\mathrm{PLCD\_object}^2}), \quad 2 \leqslant i \leqslant 24$$

(3) 基于螺杆机特征参数变换的实例域动态分类。

该变换是基于 $J_-^{1,2}(Z_{\mathrm{PLCD\_object}^i})$，而螺杆空气压缩机实例的几个特征参数是固定的，如排气压力、排气量、电机功率、排气接口、冷却方式、电源、外形尺寸等。因此，特征参数的变换是基于可变特征参数的变换及其与关联特征的传导变换。

现以 $CASE_{15}^{12}$ 为例，如增加维修阶段成本的支出(以保养费用 C_M 多支出 3500 元为例)，即 $\varphi_{\mathrm{add}} C_M = C_M' = C_M + 3500$，能提高螺杆空气压缩机整体的运行状态，减缓螺杆空气压缩机工作性能的衰减速度，间接减少工作时的能耗(全生命周期内每天工作能耗大约减少 4%)。因此，降低了使用阶段能耗成本(C_5 约降低了 4680 元)和能耗碳足迹(E_5 约减少了 10384.1kgCO$_2$e)。具体的推理如下：

$$(\varphi C_M = C_M') \bigcup (C_M \in C_6)$$

$$\Rightarrow {}_{\varphi} T_{P_{\mathrm{Use}}}^{1,1} P_{\mathrm{Use}} = P_{\mathrm{Use}}' \Rightarrow 0 < K_{1\text{-}D}(P_{\mathrm{Use}}') \leqslant K_{1\text{-}D}(P_{\mathrm{Use}})$$

$$\Rightarrow \begin{cases} {}_{P_{\mathrm{Use}}} T_{C_5}^{1,2} C_5 = C_5' = 161070 \Rightarrow {}_{C_5} T_{\sum\limits_{i=1}^{8} C_i}^{1,3} \sum_{i=1}^{8} C_i = C - 1180 \\[2ex] {}_{P_{\mathrm{Use}}} T_{E_5}^{1,2} E_5 = E_5' = 158074.1 \\[2ex] {}_{P_{\mathrm{Use}}} T_{\{P_5\}}^{1,2} \{P_5\} = \{P_5'\} \Rightarrow K_{n\text{-}D}(P) = K_{1\text{-}D}(P_{\mathrm{PP}}) < 0 \end{cases}$$

$$\Rightarrow \begin{cases} {}_{C_5} T_{K_{1\text{-}D}}^{1,4} K_{1\text{-}D}(C_{\mathrm{Buy}}) = K_{1\text{-}D}' = K_{1\text{-}D}(C_{\mathrm{Buy}}) \\[1ex] {}_{E_5} T_{K_{1\text{-}D}}^{1,3} K_{1\text{-}D}(E_5) = K_{1\text{-}D}' > 0 > K_{1\text{-}D}(E_5) \end{cases}$$

$$\Rightarrow \begin{cases} {}_{C_5} T_{K_{8\text{-}D}}^{1,5} K_{8\text{-}D}(C) = K_{8\text{-}D}' \geqslant K_{8\text{-}D}(C) \\[1ex] {}_{K_{1\text{-}D}(E_5')} T_{K_{2\text{-}D}}^{1,4} K_{2\text{-}D}(E_{\mathrm{Use}}, E_{\mathrm{Sell}}) = K_{2\text{-}D}' = K_{1\text{-}D}(E_{\mathrm{Sell}}) > K_{2\text{-}D} \end{cases}$$

$$\Rightarrow {}_{(K_{8\text{-}D}(C), K_{2\text{-}D}(E_{\mathrm{Use}}, E_{\mathrm{Sell}}))} T_{K_{6\text{-}D}}^{1,6} K_{6\text{-}D} = K_{6\text{-}D}' = K_{2\text{-}D}(P_{\mathrm{PP}}, E_{\mathrm{Sell}}) \geqslant K_{6\text{-}D}$$

$$\Rightarrow Z_{\mathrm{PLCD\_CASE}_{15}^{12}}' \in V_-^2$$

通过对螺杆空气压缩机型号、特征及其属性量值变化的变换可以获得更加相似的螺杆空气压缩机实例，变换后的螺杆空气压缩机实例库的数据及其动态分类结果(以低碳需求特征对应的螺杆空气压缩机实例特征数据为例)如表 4.3 所示，其中 V_0 表示第一次螺杆空气压缩机低碳需求输入下对应各个螺杆空气压缩机实例分类的域情况，V_1 表示螺杆空气压缩机实例可变特征参数组合变换下对应各个螺杆空气压缩机实例动态分类的域结果。

表 4.3　变换后部分螺杆机实例数据及其动态分类结果

序号	CASE	P_{PP}	P_{PV}	P_{Noise}	C_{Buy}	E_{Sell}	E_{Use}	V_0	V_1	V_{i-1}	V_i
1	JN37-8	0.8	6.5	69	425	19.8	16.1	V_-	V_-/V_-	V_-/V_-	V_-
2	JN37-10	1.0	5.0	69	445	19.6	15.6	V_+	V_+/V_+	V_-/V_-	V_-
3	JN37-13	1.3	3.6	69	460	20.0	14.8	V_-	V_-/V_-	V_-/V_-	V_-
5	LG-5.2/10	1.0	5.2	68.5	451	19.4	15.7	V_-	V_-+/V_+	V_-/V_-	V_-
6	LG-4.2/13	1.3	4.2	68.5	450	19.6	15.0	V_-	V_-+/V_+	V_-/V_-	V_-
7	SAL37	0.7	6.5	75	420	19.5	16.1	V_-	V_-/V_-	V_-/V_-	V_-
8	SAL37	0.8	6.2	75	435	19.8	15.9	V_-	V_-/V_-	V_-/V_-	V_-
9	SAL37	1.0	5.6	75	437	19.6	15.9	V_-	V_-+/V_+	V_-/V_-	V_-
10	SAL37	1.3	4.8	75	458	19.4	15.2	V_-	V_-+/V_+	V_-/V_-	V_-
11	SBL37	0.8	6.0	72	420	19.3	16.1	V_-	V_-/V_-	V_-/V_-	V_-
12	SBL37	1.0	5.4	72	440	19.1	16.0	V_-	V_-/V_-	V_-/V_-	V_-
13	SBL37	1.3	4.6	72	455	19.5	15.3	V_-	V_-/V_-	V_-/V_-	V_-
14	KHE37	0.7	6.35	69	420	20.4	16.6	V_-	V_-/V_-	V_-/V_-	V_-
15	KHE37	0.8	6.3	69	435	20.1	16.8	V_-	V_-/V_-	V_-/V_-	V_-
16	KHE37	1.0	5.64	69	450	20.5	16.0	V_-	V_-+/V_+	V_-/V_-	V_-
17	KHE37	1.3	4.01	69	450	20.1	15.4	V_+	V_+/V_+	V_-/V_-	V_-
61	BLT-50A	0.7	6.8	69	430	18.9	16.0	V_-	V_-/V_-	V_-/V_-	V_-
62	BLT-50A	0.8	6.28	69	435	19.9	15.7	V_-	V_-/V_-	V_-/V_-	V_-
63	BLT-50A	1.0	5.6	70	435	19.1	15.8	V_-	V_-+/V_+	V_-/V_-	V_-
64	BLT-50A	1.2	4.6	70	442	19.2	15.8	V_-	V_-+/V_+	V_-/V_-	V_-
65	BJ-50A	0.7	6.8	68	445	18.2	16.3	V_-	V_-+/V_+	V_-/V_-	V_-
66	BJ-50A	0.8	6.2	69	446	18.5	16.3	V_-	V_-/V_-	V_-/V_-	V_-
67	BJ-50A	1.0	5.6	69	446	18.6	16.0	V_-	V_-+/V_+	V_-/V_-	V_-
68	SCK-50SA	0.7	6.4	68.5	420	19.1	15.5	V_-	V_-/V_-	V_-/V_-	V_-

注：P_{PP} 表示排气压力(MPa)，P_{PV} 表示排气量(m^3/min)，P_{Noise} 表示噪声(dB)，C_{Buy} 表示购买成本(元)，E_{Sell} 表示上市碳足迹(kgCO₂e)，E_{Use} 表示使用阶段碳足迹(kgCO₂e)。

由表 4.3 的动态分类结果可知，对螺杆空气压缩机实例特征变换及特征量值的主动变换及其关联传导变换，对原螺杆空气压缩机实例的静态分类有很大的影响，如实例 5、6、9、10、16、63、64 与 67 发生了质的变化(从负实例域变换到正质变实例域中)，实例 2 和 17 属于正量变实例域(发生了量变且多维关联函数值变大)，剩下的 14 个实例也发生了量变(属于负量变实例域)。可见，螺杆空气压缩机实例发生正质变的前提是螺杆空气压缩机可变特征参数的有效变化，且不可变特征参数都满足低碳需求。

因此，螺杆空气压缩机实例的组合变换能获得较多的、完全匹配的且满足低碳需求的产品实例，增加了不同螺杆空气压缩机之间的竞争优势可比性，为进一步的动态分类提供分类基础。但是螺杆空气压缩机实例匹配的期望结果输出是直接输出满足低碳需求的螺杆空气压缩机实例或有极大相似度的同一类螺杆空气压缩机实例(如单一的螺杆空气压缩机使用阶段碳足迹或购买成本等未匹配的实例集、螺杆空气压缩机实例多个性能指标参数未满足的实例集等)。

螺杆空气压缩机低碳需求是由模糊到精确、大范围到小区域、多品种到单一产品的一种变化的判断决策输入，是对相似螺杆空气压缩机实例从粗选到精选的一个框界。低碳需求的变化引起多维关联函数公式中经典域空间和可拓域空间的变化，从而使螺杆空气压缩机实例的分类呈现动态性。

假设第 $i-1$ 次及第 i 次变换下的一阶多个特征变换后输入的螺杆空气压缩机低碳需求分别为

$$
PR_l^{i-1} = \left[\begin{array}{ll} O_{PR_l^{i-1}}, & \text{排气压力,} \qquad [1,1.3]\text{MPa} \\ & \text{排气量,} \qquad\quad [5.0,6]\text{m}^3/\text{min} \\ & \text{噪声,} \qquad\qquad [65,68]\text{dB} \\ & \text{购买成本,} \qquad\quad [42000,43000]\text{元} \\ & \qquad\vdots \qquad\qquad\qquad \vdots \\ & \text{使用碳足迹,} \qquad [145000,158000]\text{kgCO}_2\text{e} \\ & \text{产品上市碳足迹,} \quad [18000,18500]\text{kgCO}_2\text{e} \end{array} \right] = \left[\begin{array}{l} PR_l^{i-1,1} \\ PR_l^{i-1,2} \\ PR_l^{i-1,3} \\ PR_l^{i-1,4} \\ \vdots \\ PR_l^{i-1,n_l-1} \\ PR_l^{i-1,n_l} \end{array} \right]
$$

$$
PR_l^{i} = \left[\begin{array}{ll} O_{PR_l^{i}}, & \text{排气压力,} \qquad [1,1]\text{MPa} \\ & \text{排气量,} \qquad\quad [5.0,5.6]\text{m}^3/\text{min} \\ & \text{噪声,} \qquad\qquad [65,69]\text{dB} \\ & \text{购买成本,} \qquad\quad [42000,45000]\text{元} \\ & \qquad\vdots \qquad\qquad\qquad \vdots \\ & \text{使用碳足迹,} \qquad [150000,155000]\text{kgCO}_2\text{e} \\ & \text{产品上市碳足迹,} \quad [18000,20000]\text{kgCO}_2\text{e} \end{array} \right] = \left[\begin{array}{l} PR_l^{i,1} \\ PR_l^{i,2} \\ PR_l^{i,3} \\ PR_l^{i,4} \\ \vdots \\ PR_l^{i,n_l-1} \\ PR_l^{i,n_l} \end{array} \right]
$$

通过比较这两次低碳需求输入变化，P_{PP} 和 P_{PV} 都发生了单向缩小变换，对应的可拓域空间的子空间 S_2^1 保持不变(仍为[1,1.6])，S_2^2 也保持不变(仍为[5.0,6.2])；P_{Noise}、C_{Buy} 和 E_{Sell} 都发生了单向扩大变换，对应的可拓域空间的子空间 S_2^3 发生双向扩大变换(由[64,68]变换为[62,69])、S_2^4 发生单向扩大变换(由[41000,43000]变换为[41000,45000])、$S_2^{n_i}$ 发生单向扩大变换(由[17500,18500]变换为[17500,20000])；E_{Use} 发生了一扩一缩变换，对应的 $S_2^{n_i-1}$ 发生单向缩小变换(由[132000,158000]变换为[132000,155000])。

以66号螺杆空气压缩机BJ-50A为例分析多维关联函数变换下的实例域动态分类过程。第 i 次低碳需求下的多维关联函数值 $K_{n\text{-}D}^{i-1} = -0.7500$；第 $i+1$ 次低碳需求下的多维关联函数值 $K_{n\text{-}D}^i = -0.8000$。可见该螺杆空气压缩机实例在这两次低碳需求变换下发生了负量变且多维关联函数值变大，这说明低碳需求输入与各个螺杆空气压缩机实例的相似度差异在变大，符合检索匹配的目的。

螺杆空气压缩机实例的分类是临近2次需求变换下的动态分类过程，即第 $i+1$ 次低碳需求的动态分类是基于第 i 次变换下低碳需求的分类结果，因此第 i 次低碳需求下的实例分类结果作为相对静态实例分类结果(即 V_{i+} 可视为 V_+)。以此原理计算，其他螺杆空气压缩机实例的分类情况见表4.3。

表4.3中第 i 次变换下低碳需求对应螺杆空气压缩机实例分类结果 V_{i-1} 列中的动态变换是相对于 V_1 的分类结果，其目的是增加前后变换的分类可比性。为了更加直观地反映实例动态分类情况，选取不同变化类型的螺杆空气压缩机实例 2、10、17 和 68 为例进行柱状图比较分析，如图4.5所示。

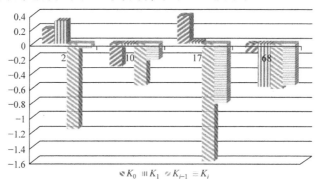

图4.5　不同类型螺杆空气压缩机实例在低碳需求变化下的动态分类

由图 4.5 可以看出，在第 i 次低碳需求特征参数变换下对应螺杆空气压缩机实例分类结果表明了 U_1^0 中螺杆空气压缩机实例与低碳需求的相似度较小，经过第 $i+1$ 次低碳需求特征参数变换，这四个螺杆空气压缩机实例的多维关联函数值都减小了，使得相似度增大，其中实例 2 的量变较大，实例 10 和 17 中等，实例 68 较小。

从这四次变换的分类结果可知，螺杆空气压缩机低碳需求的多次变换输入下螺杆空气压缩机实例的动态性越来越强，且螺杆空气压缩机实例属于正域的数量越来越少，负域的数量越来越多。实例 2 和 10 在动态分类中更趋向详谈需求输出目标，实例 17 中 P_{PV} 这一不变特征和 E_{Sell} 这一可变特征对其相似度的影响越来越大，而实例 68 对低碳需求的变换都呈现出较低的相似度。可见，实例 2 具有较强的活跃性，实例 10 和 17 次之，实例 68 较差，这也反映了实例 2 的相似度较高。

假设第 $i+1$ 次低碳需求变换后输出相似结果，则理想的相似螺杆空气压缩机实例是实例 2 和 10(具有较高的相似度)。但是通过图 4.2～图 4.4 的综合层次分析，由于实例 10 中包含非匹配的不变特征 P_{PV}，最理想的相似螺杆空气压缩机实例为类似实例 2 的这类实例，如实例 5、9、12、16。

第 5 章　低碳设计可拓知识重用模型

低碳设计可拓推理、变换知识都是经验性的隐性知识，本章建立知识重用模型，获取和重用设计过程映射推理知识、结构变换知识。构建基于需求-功能-行为-结构的可拓推理知识重用模型，研究各设计要素间的映射推理，分析获取该过程中的原理性、经验性等隐性知识，并保存于 Know_What、Know_How、Know_Why 知识元中。构建面向结构重构的可拓变换算法模型，分析模块元特征属性量值、模块元特征属性、模块元变换下可拓变换及传导变换规则的演变规律，获取修改规则。

5.1　知识重用模型框架

建立 R-FBS(requirement, function-behavior-structure)的设计推理知识重用模型，通过可拓推理方法分析获取各映射过程的经验原理知识，挖掘低碳需求隐性知识；构建面向产品结构重构的可拓变换和传导变换算法模型，生成有效合理的修改规则，实现修改规则的重用。

5.1.1　基于 R-FBS 的设计推理知识重用模型

建立如图 5.1 所示基于 R-FBS 架构的设计推理知识重用模型，分析产品需求知识，揭示需求-功能-行为-结构映射过程拓展推理知识，挖掘结构-功能的低碳信息反馈知识。将上述知识保存到 Know_What、Know_How、Know_Why 基元知识元中，实现设计推理知识的共享与重用。

5.1.2　面向结构重构的可拓变换算法模型

当实例产品不能完全满足需求时，需要对功能、行为、结构进行重构，如图 5.1 中④，本节主要针对产品的结构重构展开变换研究。

结构重构过程中，选择不同的激励单元，包括变换的模块元 D_i、模块元属性 $D_i(c_j)$、模块元属性量值 $c_j(D_i)$，以及采用不同的可拓变换策略，将产生不同的传导问题及可能造成复杂传导矛盾问题。如图 5.2 所示，产品结构重构的传导变换是一个典型的非确定多项式(NP)问题，在对不同的激励单元变换后需要发散分析可能产生的传导问题，通过关联函数判定可行的局部变换操作，获得局部收敛解

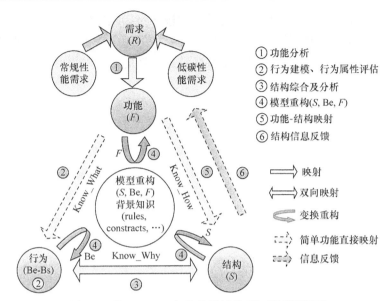

图 5.1　基于 R-FBS 架构的设计推理知识重用模型

方案；通过 n 次发散、收敛，生成可行的可拓变换集 $\{\mathrm{TR}_d\}$ ，通过建立相应的目标函数获取最优的变换规则。

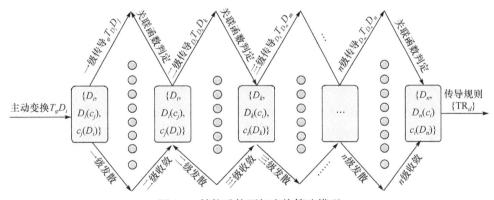

图 5.2　结构重构可拓变换算法模型

5.2　R-FBS 映射过程设计推理重用知识

对 R-FBS 设计推理知识重用模型进行分析，包括功能分析过程、行为属性建模及评估、结构综合分析过程中的可重用知识。

5.2.1　功能分析过程推理知识

功能分析过程主要包括用户需求分析、需求-功能映射、功能分解，在各子过程的分析、映射及分解操作中都涉及大量的设计过程隐性知识。通过获取功能分析过程知识，可以方便设计人员对相似产品具体的用户需求分析、需求与功能的对应映射分析、复杂功能分解过程提供具有建设性的知识参照。

1) 需求分析

在以用户需求为导向的个性化定制产品设计中，需求分析是整个过程设计的第一步，也是关键的一步；设计人员通过对市场或者用户的原始需求进行分析，获取相应的设计信息：哪些需求是现阶段技术无法实现的，哪些需求之间是存在矛盾的。通过需求分析过滤获得最终的产品设计需求集。

通过市场调研，用户对某产品的需求为 R，其集合可以表示为

$$\Phi(R) = \{R_1, R_2, \cdots, R_k\} \tag{5.1}$$

通过需求分析，针对需求集合 $\Phi(R)$，现阶段技术无法满足的需求为 $\overline{R}$，构成集合 $\Phi(\overline{R})$，如式(5.2)；同时获取原始需求集中存在相互矛盾的需求 $\overline{R_{ij}}$，并构建相应的集合 $\Phi(\overline{R_{ij}})$，如式(5.3)：

$$\Phi(\overline{R}) = \{R_1, R_2, \cdots, R_l, l < k\} \tag{5.2}$$

$$\Phi(\overline{R_{ij}}) = \{(R_i \uparrow R_j) * A, i, j = 1, 2, \cdots, k - l\} \tag{5.3}$$

其中，A 为需求 R_i、R_j 存在矛盾的相关属性元。

通过上述的需求分析过滤，获得最终的产品设计需求 R'，为表述方便，仍用符号 R 表示过滤后的需求，得到最终产品设计需求集 $\Phi(R)$：

$$\Phi(R) = \{R_1, R_2, \cdots, R_n\} \tag{5.4}$$

2) 需求-功能映射

通过需求分析，将需求映射到产品功能，该映射过程需要考虑以下问题：哪些产品功能对应哪些需求；未匹配的需求需增设新的产品功能；产品完整功能体系的补足。

相似实例功能集中哪些功能与需求进行匹配取决于功能与需求之间的关联性，功能与需求之间的映射关系可以是一对一、一对多，或者多对一的情况，如式(5.5)：

$$\{R_i\} \Rightarrow \left\{\sum B_{ij} F_j, i = 1, 2, \cdots, n; j = 1, 2, \cdots, m\right\} \tag{5.5}$$

其中，B_{ij} 为需求 R_i 与功能 F_j 的关联系数，$B_{ij} = 0, 1$。

在映射过程中，存在部分需求无法匹配到实例产品现有功能的情形，此时需要在现有技术条件下增设相应的新功能以满足特定需求：

$$\{R_i\} \Rightarrow \left\{F_{\text{Add}}^k\right\} \tag{5.6}$$

由用户需求映射获取的功能并不能构成产品整体的功能体系，因此在完成需

求-功能映射分析后,需要增加相应的辅助功能 F_{Suply}^l,构成产品的完整功能集 F_0:

$$F_0 = \sum B_{ij} F_j + F_{\text{Add}}^k + F_{\text{Suply}}^l \tag{5.7}$$

3) 功能分解

在获取完整的产品功能集后,对功能集中相对复杂、不易实现的功能进行分解,获取相应的子功能集,功能分解按照以下原则展开:分解的子功能间尽量相互独立;实现功能的载体所需的信息量尽量少。

通过对需求分析、需求-功能映射、功能分解三个过程的分析,将设计过程的原理方法、推理过程知识存储于 Know_What、Know_How、Know_Why 三类知识元中,构建如图 5.3 所示完整的功能分析过程知识重用模型。

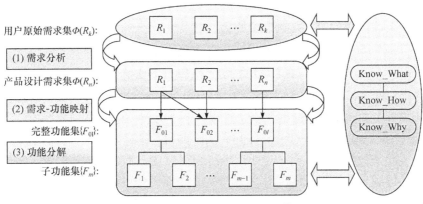

图 5.3　功能分析过程知识重用模型

5.2.2　行为属性建模及评估知识

通过功能分析获取产品设计功能或子功能集,分析获取各功能实现所需支配的行为属性,并定义为期望行为属性 Be。对 Be 分析获取功能实现的载体结构 S;对载体结构 S 分析获取实际行为属性 Bs。通过对比 Be 与 Bs 各属性参数量值,判定设计方案是否满足用户期望。而在上述分析过程中会产生大量的设计推理知识,主要包括 Be 的建模过程知识及 Be 与 Bs 的对比评估过程知识。

1) Be 建模过程可重用知识

期望行为属性 Be 能够反映需求功能 F 实现的具体量化特征指标,F 与 Be 的对应关系可以是一对一或者一对多。当产品实例库存在需求功能 F 时,可以直接调用相应的 Be 映射集;当需求功能为新增功能时,设计者需要从多个行为属性中确定一个或几个 Be,而此时 Be 的选取结果需要设计人员通过不断地调研、试验等过程最终确定。

2) Be-Bs 评估过程可重用知识

Bs 通过分析实际结构 S 获取,与 Be 进行对比分析,判定设计方案的可行性。

利用可拓关联函数来判断 Be 与 Bs 的相似程度，即真实行为属性参数值是否满足期望行为属性参数。

将 Be 与 Bs 分别用物元表示为 M_{Be}、M_{Bs}，即

$$M_{Be} = \begin{bmatrix} Be, & c_1, & c_1(Be) \\ & c_2, & c_2(Be) \\ & \vdots & \vdots \\ & c_m, & c_m(Be) \end{bmatrix}, \quad M_{Bs} = \begin{bmatrix} Bs, & c_1, & c_1(Bs) \\ & c_2, & c_2(Bs) \\ & \vdots & \vdots \\ & c_m, & c_m(Bs) \end{bmatrix} \quad (5.8)$$

其中，$v_m=c_m(Be)$，表示行为属性 c_m 对应的期望属性区间值，构成该行为属性的理想区间，同时通过理想区间的适当拓展，获得该行为属性的可行区间；$v_m=c_m(Bs)$，表示实际行为属性 c_m 的量值，为一特定值。

基于关联函数的 Be-Bs 判定规则为

$$\begin{cases} K_i(Be,Bs) \geqslant 0, & c_i(Bs) \in c_i(Be) \\ K_i(Be,Bs) < 0, & c_i(Bs) \notin c_i(Be) \end{cases} \quad (5.9)$$

式(5.9)对 Be 与 Bs 的每一维行为属性 $i(i=1,2,\cdots,m)$ 进行评估，只有满足所有的行为属性关联函数值大于零，才表明实际行为属性 Bs 的所有参数值均在期望行为属性 Be 对应的参数区间内，即 Bs 满足期望，设计方案可行；而当某一维行为属性关联函数值小于零时，说明该维行为属性 Bs 不满足期望需求，需要实施变换重构以满足设计要求。

通过 Be 建模过程分析、Be 与 Bs 评估过程分析，将分析过程知识存储于 Know_What、Know_How、Know_Why 知识元中，构建完整的行为属性建模及评估过程知识重用模型，如图 5.4 所示。

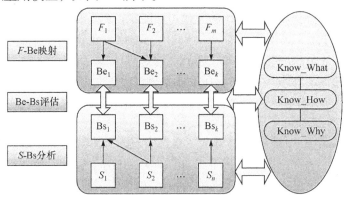

图 5.4　行为属性建模及评估过程重用知识模型

5.2.3　结构综合分析知识

从图 5.1 可知，产品结构 S 可以通过过程③基于期望行为属性 Be 的结构综合

分析获取，也可以通过过程⑤功能-结构直接映射获得。通过分析 Be 确定满足行为属性参数要求的载体结构 S，实现抽象需求功能与载体结构的间接映射。而过程⑤功能与结构之间的映射一般存在于无法再分解的简单功能的结构映射过程。

结构作为功能实现的载体，在某种程度上结构层的产品相关信息可以反馈到产品功能需求层，如图 5.1 中的过程⑥，更好地将底层获取的信息知识用以辅助布局产品整体功能的实现。因此，产品载体结构的综合分析过程及底层结构与需求功能间反馈信息的挖掘都涉及大量的设计原理、统计经验知识。

1) 产品结构的综合分析

产品结构综合分析指从期望行为属性的各维属性出发，获取能满足各行为属性的局部结构，通过综合各局部层次结构生成产品总体结构，而局部结构可以是实现某一行为功能的模块、部件或零件。行为属性与结构映射关系可以是一对一，也可以是一对多，行为与结构间映射关系的确定取决于设计人员的设计原理知识和丰富的设计经验知识。

2) 功能与结构的间接映射

通过产品行为层，实现需求功能与底层载体结构的间接映射，如图 5.5 所示。功能与结构的映射关系，一方面可以清晰获知实现产品某一功能需要支配的底层结构，另一方面也可以通过相应的分析方法获取不同的载体结构对实现某一功能的不同贡献率，如式(5.10)所示：

$$[F_j]=[\alpha_{k,j}][S_k], \quad \sum_{j=1}^{m}[\alpha_{k,j}]=100\% \tag{5.10}$$

其中，$\alpha_{k,j}$ 表示结构 $S_k (k=1,2,\cdots,n)$对功能 $F_j(j=1,2,\cdots,m)$的贡献率。

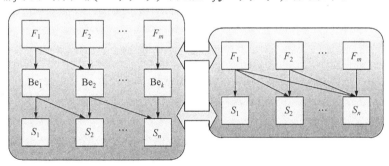

图 5.5 需求功能与底层载体结构间接映射模型

3) 产品载体结构低碳信息获取

产品低碳设计要求在设计过程中，满足产品功能性能的前提下，减少生命周期碳排放量。在设计阶段获取产品相应结构的低碳信息，可以有效支持面向低碳设计的产品设计方案的改进。

设计人员通过底层零部件低碳数据库构建起支撑各功能实现的载体结构低碳信息。以产品零部件碳足迹数据为基础，定义并构建基于载体结构的产品低碳影响指标 EIM，即

$$\mathrm{EIM} = \sum_k \sum_j \sum_i \left(\mathrm{CFP}_i \_ \mathrm{Prt}_j\right)_k \tag{5.11}$$

其中，k 为产品载体结构(实现某一功能的结构模块)；j 为组成结构的零件；i 为每个零件的生命周期标号，$i=1,2,\cdots,5$，分别指代材料阶段、制造阶段、配送阶段、使用阶段及生命周期末期。

4) 产品载体结构低碳信息反馈

设计需求功能层面并没有相关的低碳信息数据作为功能分析决策的依据，构建底层结构层与需求功能层之间的低碳信息反馈模型能有效地从设计需求阶段整体规划产品功能的实施。例如，在用户对产品提出新功能时，虽然新功能改进了使用操作方面的便捷性，但同时可能并不满足低碳的要求。因此，通过低碳信息反馈模型辅助设计决策。

式(5.10)给出了实现产品某一功能所需支配的载体结构，以及各结构对该功能的贡献率；式(5.11)给出了全生命周期结构层对产品低碳性的影响。因此，结合式(5.10)和式(5.11)定义并构建需求功能对产品低碳性的影响指标 FIM，即

$$\mathrm{FIM}_p = \sum_k \left(\sum_j \sum_i \left(\mathrm{CFP}_i \_ \mathrm{Prt}_j\right)_k \right) \alpha_{k,p} \tag{5.12}$$

其中，FIM_p 表示功能 F_p 对产品低碳性的影响；$\alpha_{k,p}$ 为结构 S_k 对功能 F_p 的贡献率。

通过对产品结构综合分析、功能-结构映射、载体结构低碳信息获取及低碳信息反馈分析，获取相应的设计知识，构建如图 5.6 所示的产品结构综合分析设计推理知识重用模型。

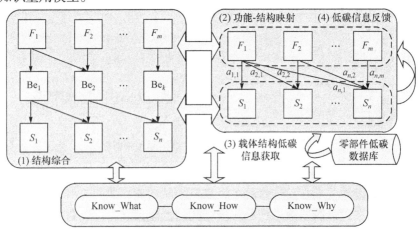

图 5.6　产品结构综合分析设计推理知识重用模型

5.3　结构重构可拓变换重用知识

5.3.1　产品结构重构可拓变换规则

产品实际行为属性不满足期望行为属性，在可拓学中是典型的不相容矛盾问题，构建相应的矛盾问题模型作为实施结构变换的目标准则，其矛盾问题模型为

$$\begin{cases} Q = (\mathrm{Be} \uparrow \mathrm{Bs}) * A(\mathrm{CFP}, C, P) \\ K_{3\text{-}D}(\mathrm{Bs}(\mathrm{CFP}, C, P), X_0, X) < 0 \end{cases} \tag{5.13}$$

其中，$A(\mathrm{CFP}, C, P)$ 指代特征属性碳足迹、成本、性能，其中的一个或多个属性不能满足要求。

在对不满足要求的行为属性对应的结构进行变换操作时，实施变换的结构对象不仅包含几何尺寸特性，还包括材料属性、加工制造特性等特征属性。同时，结构变换操作是针对底层的结构单元展开的，需要对产品整体结构 S 进行分解；以需要实施变换操作的子层结构 S_l 为对象，将 S_l 进一步分解并用基元模型表述如下：

$$M_{S_l} = \begin{bmatrix} S_l, & \mathrm{Funct\_Unit}, & D_1^{S_l} \\ & \mathrm{Archt\_Unit}, & D_2^{S_l} \\ & \mathrm{Auxil\_Unit}, & D_3^{S_l} \\ & \mathrm{Intef\_Unit}, & D_4^{S_l} \end{bmatrix} \tag{5.14}$$

其中，Funct_Unit、Archt_Unit、Auxil_Unit、Intef_Unit 分别表示结构 S_l 的功能模块元、结构模块元、辅助模块元、接口模块元，各模块元由相关的部件或零件组成；$D_1^{S_l}$、$D_2^{S_l}$、$D_3^{S_l}$、$D_4^{S_l}$ 表示各模块元具体结构代号，用基元统一表述为

$$M_{D_i^{S_l}} = \begin{bmatrix} D_i^{S_l}, & c_1, & c_1(D_i^{S_l}) \\ & c_2, & c_2(D_i^{S_l}) \\ & \vdots & \vdots \\ & c_n, & c_n(D_i^{S_l}) \end{bmatrix} \tag{5.15}$$

其中，$D_i^{S_l}$ 上标 S_l 表示子结构 S_l，下标 $i(i=1, 2, 3, 4)$ 表示模块元编号；$c_j(j=1,2,\cdots,n)$ 表示模块元 $D_i^{S_l}$ 的特征属性；$v_j = c_j(D_i^{S_l})$ 表示模块元 $D_i^{S_l}$ 的特征属性量值。

1) 模块元特征属性量值可拓变换知识

对特征属性量值 $c_j(D_i^{S_l})$ 进行变换时，分为以下几类展开。

(1) 无传导变换。

$$
\begin{cases}
T_\varphi^R c_j(D_i^{S_l}) = (c_j(D_i^{S_l}))' \\
K(D_i^{S_l}(c_j)_{c_j(D_i^{S_l})}, X_0, X) < 0 \\
\Rightarrow K(D_i^{S_l}(c_j)_{(c_j(D_i^{S_l}))'}, X_0, X) > 0 \\
\Rightarrow K_{3\text{-D}}((\text{Bs}(\text{CFP}, C, P))', X_0, X) > 0
\end{cases}
\tag{5.16}
$$

其中，T_φ^R 表示主动变换规则，下标 φ 是主动变换标识，上标 R 表示变换类型，对于特征属性量值的变换一般采用扩大变换(Exp)、缩小变换(Con)、置换变换(Sub)、增加变换(Inc)、减少变换(Dec)，符号/表示"或"，则 R=(Exp/Con/Sub/Inc/Dec)，即各种变换方式中选一种或几种对特征属性量值 $c_j(D_i^{S_l})$ 实施主动变换，需根据具体的设计要求进行变换方式的选择；$(c_j(D_i^{S_l}))'$ 表示变换后特征属性量值；$K(D_i^{S_l}(c_j)_{c_j(D_i^{S_l})}, X_0, X)$ 表示特征属性 $D_i^{S_l}(c_j)$ 对应的特征属性量值 $c_j(D_i^{S_l})$ 的关联函数值；$K_{3\text{-D}}((\text{Bs}(\text{CFP}, C, P))', X_0, X)$ 表示结构变换重构后与真实行为属性 Bs 相关的 CFP、C、P 的综合多维关联函数值。

记录可行的变换规则：

$$
\text{TR}_d = \left\{ \left[c_j(D_i^{S_l}), \ T_\varphi^R, \ \text{pe}(R) \right], \ [\varnothing], \ \left[T_\varphi^R \right] \right\}
\tag{5.17}
$$

其中，TR_d(transformation rule)表示变换规则代号，下标 d 表示第 d 个可行变换规则；$\text{pe}(R)$ 表示实施变换方式 R 的变换程度。变换规则包括三个字段：第一个字段表示主动变换，包括主动变换对象、变换方式及变换程度；第二个字段表示传导变换，包括传导变换对象、变换方式及变换程度；第三个字段表示实施变换的秩序。

(2) 模块元内部传导变换。

$$
\begin{cases}
T_\varphi^{R_1} c_j(D_i^{S_l}) = (c_j(D_i^{S_l}))' \\
{}_\varphi T_{c_k(D_i^{S_l})}^{R_2} c_k(D_i^{S_l})_{k \neq j} = (c_k(D_i^{S_l}))' \\
K(D_i^{S_l}(c_j)_{c_j(D_i^{S_l})}, X_0, X) < 0, \ K(D_i^{S_l}(c_k)_{c_k(D_i^{S_l})}, X_0, X) > 0 \\
\Rightarrow K(D_i^{S_l}(c_j)_{(c_j(D_i^{S_l}))'}, X_0, X) > 0, \ K(D_i^{S_l}(c_k)_{(c_k(D_i^{S_l}))'}, X_0, X) > / < 0 \\
\Rightarrow K_{3\text{-D}}((\text{Bs}(\text{CFP}, C, P))', X_0, X) < / > 0
\end{cases}
\tag{5.18}
$$

其中，${}_\varphi T_{c_k(D_i^{S_l})}^{R_2}$ 左下标符号表示主动变换或者上一次传导变换对象，右下标符号表示传导变换对象，上标符号表示传导变换类型。因此，${}_\varphi T_{c_k(D_i^{S_l})}^{R_2}$ 表示对特征属性量值 $c_j(D_i^{S_l})$ 实施主动变换造成模块元 $D_i^{S_l}$ 内部其他特征属性量值 $c_k(D_i^{S_l})_{k \neq j}$

的传导变换。

记录可行的变换规则:

$$\text{TR}_d = \{[c_j(D_i^{S_l}), T_\varphi^{R_1}, \text{pe}(R_1)], [(c_k(D_i^{S_l}), {}_\varphi T_{c_k(D_i^{S_l})}^{R_2}, \text{pe}(R_2)), \cdots],$$
$$[T_\varphi^{R_1} \to {}_\varphi T_{c_k(D_i^{S_l})}^{R_2} \to \cdots]\} \tag{5.19}$$

其中, 传导变换字段中可能存在多次传导变换操作, 用省略号表示。

(3) 模块元间传导变换。

$$\begin{cases} T_\varphi^{R_1} c_j(D_i^{S_l})_{i \neq 4} = (c_j(D_i^{S_l}))' \\ {}_\varphi T_{c_k(D_j^{S_l})}^{R_2} c_k(D_j^{S_l})_{j \neq i, j \neq 4} = (c_k(D_j^{S_l}))'_{j \neq i, j \neq 4} \\ K(D_i^{S_l}(c_j)_{c_j(D_i^{S_l})}, X_0, X) < 0, K(D_j^{S_l}(c_k)_{c_k(D_j^{S_l})}, X_0, X) > 0 \\ \Rightarrow K(D_i^{S_l}(c_j)_{(c_j(D_i^{S_l}))'}, X_0, X) > 0, K(D_j^{S_l}(c_k)_{(c_k(D_j^{S_l}))'}, X_0, X) > / < 0 \\ \Rightarrow K_{3\text{-D}}((\text{Bs}(\text{CFP}, C, P))', X_0, X) < / > 0 \end{cases} \tag{5.20}$$

其中, $(D_j^{S_l})_{j \neq i, j \neq 4}$ 表示第 j 个非接口模块元; ${}_\varphi T_{c_k(D_j^{S_l})}^{R_2}$ 表示对第 i 个非接口模块元中第 j 个特征属性量值 $c_j(D_i^{S_l})_{i \neq 4}$ 实施主动变换后引发第 j 个非接口模块元中第 k 个特征属性量值 $c_k(D_j^{S_l})$ 的传导变换。

记录可行的变换规则:

$$\text{TR}_d = \{[c_j(D_i^{S_l}), T_\varphi^{R_1}, \text{pe}(R_1)], [(c_k(D_j^{S_l}), {}_\varphi T_{c_k(D_j^{S_l})}^{R_2}, \text{pe}(R_2)), \cdots],$$
$$[T_\varphi^{R_1} \to {}_\varphi T_{c_k(D_j^{S_l})}^{R_2} \to \cdots]\} \tag{5.21}$$

(4) 模块间的传导变换。

$$\begin{cases} T_\varphi^{R_1} c_j(D_i^{S_l})_{i \neq 4} = (c_j(D_i^{S_l})_{i \neq 4})', {}_\varphi T_{c_k(D_j^{S_l})}^{R_2} c_k(D_j^{S_l})_{j=4} = (c_k(D_j^{S_l})_{j=4})' \\ {}_{c_k(D_j^{S_l})} T_{c_j(D_k^{S_m})}^{R_3} c_j(D_k^{S_m})_{k=4} = (c_j(D_k^{S_m})_{k=4})', {}_{c_j(D_k^{S_m})} T_{c_i(D_j^{S_m})}^{R_4} c_i(D_j^{S_m})_{j \neq 4} = (c_i(D_j^{S_m})_{j \neq 4})' \\ K(D_i^{S_l}(c_j)_{c_j(D_i^{S_l})}, X_0, X) < 0, K(D_j^{S_l}(c_k)_{c_k(D_j^{S_l})}, X_0, X) > 0 \\ K(D_k^{S_m}(c_j)_{c_j(D_k^{S_m})}, X_0, X) > 0, K(D_j^{S_m}(c_i)_{c_i(D_j^{S_m})}, X_0, X) > 0 \\ \Rightarrow K(D_i^{S_l}(c_j)_{(c_j(D_i^{S_l}))'}, X_0, X) > 0, K(D_j^{S_l}(c_k)_{(c_k(D_j^{S_l}))'}, X_0, X) > / < 0 \\ \Rightarrow K(D_k^{S_m}(c_j)_{(c_j(D_k^{S_m}))'}, X_0, X) > / < 0, K(D_j^{S_m}(c_i)_{(c_i(D_j^{S_m}))'}, X_0, X) > / < 0 \\ \Rightarrow K((\text{Bs}(\text{CFP}, C, P))', X_0, X) < / > 0 \end{cases}$$

$$\tag{5.22}$$

其中，对结构模块 S_l 中的非接口模块元特征属性量值 $c_j(D_i^{S_l})_{i\neq 4}$ 实施主动变换引起该结构模块中接口模块元特征属性量值 $c_k(D_j^{S_l})_{j=4}$ 的传导变换；结构模块 S_l 中接口模块元的变换引起与之配合的结构模块 S_m 中接口模块元特征属性量值 $c_i(D_j^{S_m})_{j=4}$ 的传导变换，而这又将引起结构模块 S_m 中非接口模块元特征属性量值 $c_j(D_i^{S_m})_{i\neq 4}$ 的传导变换。

记录可行的变换规则：

$$\mathrm{TR}_d = \Big\{[c_j(D_i^{S_l}), T_\varphi^{R_1}, \mathrm{pe}(R_1)], [(c_k(D_j^{S_l}), {}_\varphi T_{c_k(D_j^{S_l})}^{R_2}, \mathrm{pe}(R_2)), (c_j(D_k^{S_m}), {}_{c_k(D_j^{S_l})}T_{c_j(D_k^{S_m})}^{R_3},$$
$$\mathrm{pe}(R_3)), (c_i(D_j^{S_m}), {}_{c_j(D_k^{S_m})}T_{c_i(D_j^{S_m})}^{R_4}, \mathrm{pe}(R_4)), \cdots], \tag{5.23}$$
$$[T_\varphi^{R_1} \to {}_\varphi T_{c_k(D_j^{S_l})}^{R_2} \to {}_{c_k(D_j^{S_l})}T_{c_j(D_k^{S_m})}^{R_3} \to {}_{c_j(D_k^{S_m})}T_{c_i(D_j^{S_m})}^{R_4} \cdots]\Big\}$$

在设计过程中，通过修改结构特征属性量值的方法改进设计方案可能会引起上述四种传导变换中的某种或者某几种组合传导变换，每种传导变换有不同的可行传导规则，因此设计者需要从中选取较合适的变换规则作为设计方案解。

2) 模块元特征属性可拓变换知识

对式(5.15)中模块元特征属性 c_j 进行变换，为不混淆不同结构下不同模块元的特征属性，将 c_j 表述为 $D_i^{S_l}(c_j)$ ，其变换分为以下几类。

(1) 模块元内部传导变换。

$$\begin{cases} T_\varphi^{R_1} D_i^{S_l}(c_j) = (D_i^{S_l}(c_j))' \\ {}_\varphi T_{c_k(D_i^{S_l})}^{R_2} c_k(D_i^{S_l})_{k\neq j} = (c_k(D_i^{S_l}))' \\ K(D_i^{S_l}(c_j)_{c_j(D_i^{S_l})}, X_0, X) < 0, K(D_i^{S_l}(c_k)_{c_k(D_i^{S_l})}, X_0, X) > 0 \\ \Rightarrow K((D_i^{S_l}(c_j))'_{(c_j(D_i^{S_l}))'}, X_0, X) > 0, K((D_i^{S_l}(c_k))'_{(c_k(D_i^{S_l}))'}, X_0, X) > / < 0 \\ \Rightarrow K_{3\text{-D}}((\mathrm{Bs}(\mathrm{CFP},C,P))', X_0, X) < / > 0 \end{cases} \tag{5.24}$$

其中，$T_\varphi^{R_1} D_i^{S_l}(c_j)$ 表示对模块元 $D_i^{S_l}$ 中特征属性 $D_i^{S_l}(c_j)$ 实施主动变换；R_1 表示变换类型，对特征属性的变换操作一般包括增添变换(Add)、删除变换(Del)、置换变换(Sub)，因此 R_1=(Add/Del/Sub)，R_1 的变换形式为三种变换中的任意一种或者其组合变换；${}_\varphi T_{c_k(D_i^{S_l})}^{R_1}$ 表示主动变换引起模块元内部其他特征属性量值 $c_k(D_i^{S_l})_{k\neq j}$ 的传导变换。

记录可行的变换规则：

$$\mathrm{TR}_d = \{[D_i^{S_l}(c_j), T_\varphi^{R_1}, \mathrm{pe}(R_1)], [(c_k(D_i^{S_l}), {}_\varphi T_{c_k(D_i^{S_l})}^{R_2}, \mathrm{pe}(R_2)), \cdots],$$
$$[T_\varphi^{R_1} \to {}_\varphi T_{c_k(D_i^{S_l})}^{R_2} \cdots]\} \tag{5.25}$$

(2) 模块元间传导变换。

$$\begin{cases} T_\varphi^{R_1}(D_i^{S_l}(c_j))_{i\neq 4} = (D_i^{S_l}(c_j))'_{i\neq 4} \\ {}_\varphi T_{c_k(D_j^{S_l})}^{R_2} c_k(D_j^{S_l})_{j\neq i, j\neq 4} = (c_k(D_j^{S_l})_{j\neq i, j\neq 4})' \\ {}_\varphi T_{D_j^{S_l}(c_k)}^{R_3}(D_j^{S_l}(c_k))_{j\neq i, j\neq 4} = ((D_j^{S_l}(c_k))_{j\neq i, j\neq 4})' \\ K(D_i^{S_l}(c_j)_{c_j(D_i^{S_l})}, X_0, X) < 0, K(D_j^{S_l}(c_k)_{c_k(D_j^{S_l})}, X_0, X) > 0 \\ \Rightarrow K((D_i^{S_l}(c_j))'_{(c_j(D_i^{S_l}))'}, X_0, X) > 0, K((D_j^{S_l}(c_k))'_{(c_k(D_j^{S_l}))'}, X_0, X) > / < 0 \\ \Rightarrow K_{3\text{-}D}((\mathrm{Bs}(\mathrm{CFP}, C, P))', X_0, X) < / > 0 \end{cases} \tag{5.26}$$

其中，${}_\varphi T_{c_k(D_j^{S_l})}^{R_2}$ 表示结构模块 S_l 中非接口模块元 $(D_i^{S_l})_{i\neq 4}$ 的特征属性 $D_i^{S_l}(c_j)$ 实施主动变换，引起该结构模块内非接口模块元 $(D_j^{S_l})_{j\neq 4}$ 特征属性量值 $c_k(D_j^{S_l})$ 的传导变换；${}_\varphi T_{D_j^{S_l}(c_k)}^{R_3}$ 表示主动变换引起模块元 $(D_j^{S_l})_{j\neq 4}$ 特征属性 $D_j^{S_l}(c_k)$ 的传导变换。式(5.26)表明，模块元间的传导变换包含特征属性量值和特征属性两个方面的传导维度。

记录可行的变换规则：

$$\mathrm{TR}_d = \{[D_i^{S_l}(c_j), T_\varphi^{R_1}, \mathrm{pe}(R_1)], [(c_k(D_j^{S_l}), {}_\varphi T_{c_k(D_j^{S_l})}^{R_2},$$
$$\mathrm{pe}(R_2)), (D_j^{S_l}(c_k), {}_\varphi T_{D_j^{S_l}(c_k)}^{R_3}, \mathrm{pe}(R_3)) \cdots],$$
$$[T_\varphi^{R_1} \to {}_\varphi T_{c_k(D_j^{S_l})}^{R_2} / {}_\varphi T_{D_j^{S_l}(c_k)}^{R_3} \cdots]\} \tag{5.27}$$

(3) 模块间传导变换。

式(5.28)表示，当对特征属性 $(D_i^{S_l}(c_j))_{i\neq 4}$ 实施主动变换时，导致结构模块 S_l 中接口模块元发生特征属性量值 $c_k(D_j^{S_l})_{j=4}$ 或者特征属性 $(D_j^{S_l}(c_k))_{j=4}$ 的传导变换；而 S_l 接口模块的变换又将引起 S_m 中接口模块的特征属性量值 $c_j(D_k^{S_m})_{k=4}$ 或者特征属性 $(D_k^{S_m}(c_j))_{k=4}$ 的传导变换；结构模块 S_m 中接口模块元的变换又可能引起该结构模块中其他模块元的传导变换问题。

$$\begin{cases} T_{\varphi}^{R_1}(D_i^{S_l}(c_j))_{i \neq 4} = (D_i^{S_l}(c_j))'_{i \neq 4} \\ {}_{\varphi}T_{c_k(D_j^{S_l})}^{R_2} c_k(D_j^{S_l})_{j=4} = (c_k(D_j^{S_l})_{j=4})', \ {}_{\varphi}T_{D_j^{S_l}(c_k)}^{R_3}(D_j^{S_l}(c_k))_{j=4} = (D_j^{S_l}(c_k))'_{j=4} \\ {}_{c_k(D_j^{S_l})}T_{c_j(D_k^{S_m})}^{R_4} c_j(D_k^{S_m})_{k=4} = (c_j(D_k^{S_m})_{k=4})', \ {}_{D_j^{S_l}(c_k)}T_{D_k^{S_m}(c_j)}^{R_5}(D_k^{S_m}(c_j))_{k=4} = (D_k^{S_m}(c_j))'_{k=4} \\ K(D_i^{S_l}(c_j)_{c_j(D_i^{S_l})}, X_0, X) < 0 \\ K(D_j^{S_l}(c_k)_{c_k(D_j^{S_l})}, X_0, X) > 0, \ K(D_k^{S_m}(c_j)_{c_j(D_k^{S_m})}, X_0, X) > 0 \\ \Rightarrow K((D_i^{S_l}(c_j))'_{(c_j(D_i^{S_l}))'}, X_0, X) > 0 \\ \Rightarrow K((D_j^{S_l}(c_k))'_{(c_k(D_j^{S_l}))'}, X_0, X) > / < 0, \ K((D_k^{S_m}(c_j))'_{(c_j(D_k^{S_m}))'}, X_0, X) > / < 0 \\ \Rightarrow K_{3\text{-}D}((\mathrm{Bs}(\mathrm{CFP}, C, P))', X_0, X) < / > 0 \end{cases}$$

$$(5.28)$$

记录可行的变换规则:

$$\begin{aligned} \mathrm{TR}_d = \{ & [D_i^{S_l}(c_j), T_{\varphi}^{R_1}, \mathrm{pe}(R_1)], [(c_k(D_j^{S_l}), {}_{\varphi}T_{c_k(D_j^{S_l})}^{R_2}, \mathrm{pe}(R_2)), (D_j^{S_l}(c_k), {}_{\varphi}T_{D_j^{S_l}(c_k)}^{R_3}, \mathrm{pe}(R_3)), \\ & (c_j(D_k^{S_m}), {}_{c_k(D_j^{S_l})}T_{c_j(D_k^{S_m})}^{R_4}, \mathrm{pe}(R_4)), (D_k^{S_m}(c_j), {}_{D_j^{S_l}(c_k)}T_{D_k^{S_m}(c_j)}^{R_5}, \mathrm{pe}(R_5)) \cdots], \\ & [T_{\varphi}^{R_1} \to {}_{\varphi}T_{c_k(D_j^{S_l})}^{R_2} / {}_{\varphi}T_{D_j^{S_l}(c_k)}^{R_3} \to {}_{c_k(D_j^{S_l})}T_{c_j(D_k^{S_m})}^{R_4} / {}_{D_j^{S_l}(c_k)}T_{D_k^{S_m}(c_j)}^{R_5} \cdots] \} \end{aligned}$$

$$(5.29)$$

3) 模块元可拓变换知识

模块元的主动变换操作主要是增删(Add/Del)和置换变换(Sub),其变换将引起模块元间的传导变换及结构模块间的传导变换。

(1) 模块元间传导变换。

$$\begin{cases} T_{\varphi}^{R_1}(D_i^{S_l})_{i \neq 4} = (D_i^{S_l})'_{i \neq 4} \\ {}_{\varphi}T_{c_k(D_j^{S_l})}^{R_2} c_k(D_j^{S_l})_{j \neq 4} = (c_k(D_j^{S_l})_{j \neq 4})', \ {}_{\varphi}T_{D_j^{S_l}(c_k)}^{R_3}(D_j^{S_l}(c_k))_{j \neq 4} = (D_j^{S_l}(c_k))'_{j \neq 4} \\ K(D_i^{S_l}(\mathrm{CFP}, C, P), X_0, X) < 0, \ K((D_j^{S_l}(c_k))_{c_k(D_j^{S_l})}, X_0, X) > 0 \\ \Rightarrow K((D_i^{S_l}(\mathrm{CFP}, C, P))', X_0, X) > 0, \ K((D_j^{S_l}(c_k))'_{(c_k(D_j^{S_l}))'}, X_0, X) > / < 0 \\ \Rightarrow K((\mathrm{Bs}(\mathrm{CFP}, C, P))', X_0, X) < / > 0 \end{cases} \quad (5.30)$$

其中,对非接口模块元 $(D_i^{S_l})_{i \neq 4}$ 实施主动增删或置换变换,引起该结构模块内非接口模块 $D_j^{S_l}$ 的特征属性量值 $c_k(D_j^{S_l})_{j \neq 4}$ 或者特征属性 $(D_j^{S_l}(c_k))_{j \neq 4}$ 的传导变换。模块元变换将引起较多的其他模块元特征属性或属性量值的变换,因此传导变换的协调过程将更复杂。

记录可行的变换规则:

$$TR_d = \{[D_i^{S_l}, T_\varphi^{R_1}, pe(R_1)], [(c_k(D_j^{S_l}), {}_{\varphi}T_{c_k(D_j^{S_l})}^{R_2}, pe(R_2)), (D_j^{S_l}(c_k), {}_{\varphi}T_{D_j^{S_l}(c_k)}^{R_3}, pe(R_3)), \cdots],$$

$$[T_\varphi^{R_1} \to {}_{\varphi}T_{c_k(D_j^{S_l})}^{R_2} / {}_{\varphi}T_{D_j^{S_l}(c_k)}^{R_3} \cdots]\}$$

(5.31)

(2) 模块间传导变换。

$$\begin{cases}
T_\varphi^{R_1}(D_i^{S_l})_{i\neq4} = (D_i^{S_l})'_{i\neq4} \\
{}_{\varphi}T_{c_k(D_j^{S_l})}^{R_2} c_k(D_j^{S_l})_{j=4} = (c_k(D_j^{S_l})_{j=4})', \ {}_{\varphi}T_{D_j^{S_l}(c_k)}^{R_3}(D_j^{S_l}(c_k))_{j=4} = (D_j^{S_l}(c_k))'_{j=4} \\
{}_{c_k(D_j^{S_l})}T_{c_j(D_k^{S_m})}^{R_4} c_j(D_k^{S_m})_{k=4} = (c_j(D_k^{S_m})_{k=4})', \ {}_{D_j^{S_l}(c_k)}T_{D_k^{S_m}(c_j)}^{R_5}(D_k^{S_m}(c_j))_{k=4} = (D_k^{S_m}(c_j))'_{k=4} \\
K(D_i^{S_l}(\text{CFP},C,P), X_0, X) < 0, \ K(D_j^{S_l}(c_k)_{c_k(D_m^{S_m})}, X_0, X) > 0 \\
K(D_k^{S_m}(c_j)_{c_j(D_m^{S_m})}, X_0, X) > 0 \\
\Rightarrow K((D_i^{S_l}(\text{CFP},C,P))', X_0, X) > 0 \\
\Rightarrow K((D_j^{S_l}(c_k))'_{(c_k(D_m^{S_m}))'}, X_0, X) > / < 0, \ K((D_k^{S_m}(c_j))'_{(c_j(D_k^{S_m}))'}, X_0, X) > / < 0 \\
\Rightarrow K((\text{Bs}(\text{CFP},C,P))', X_0, X) < / > 0
\end{cases}$$

(5.32)

其中, 对非接口模块元 $(D_i^{S_l})_{i\neq4}$ 的主动变换导致该结构模块内接口模块元 $(D_j^{S_l})_{j=4}$ 的特征属性量值 $c_k(D_j^{S_l})$ 或者特征属性 $D_j^{S_l}(c_k)$ 的传导变换; 而结构模块 S_l 中接口模块的变换又导致结构模块 S_m 中接口模块 $(D_k^{S_m})_{k=4}$ 的特征属性量值 $c_j(D_k^{S_m})$ 或特征属性 $D_k^{S_m}(c_j)$ 的传导变换; 从而又将引起 S_m 结构模块内非接口模块元的传导变换。

记录可行的变换规则:

$$TR_d = \{[D_i^{S_l}, T_\varphi^{R_1}, pe(R_1)], [(c_k(D_j^{S_l}), {}_{\varphi}T_{c_k(D_j^{S_l})}^{R_2}, pe(R_2)), (D_j^{S_l}(c_k), {}_{\varphi}T_{D_j^{S_l}(c_k)}^{R_3}, pe(R_3)),$$

$$(c_j(D_k^{S_m}), {}_{c_k(D_j^{S_l})}T_{c_j(D_k^{S_m})}^{R_4}, pe(R_4)), (D_k^{S_m}(c_j), {}_{D_j^{S_l}(c_k)}T_{D_k^{S_m}(c_j)}^{R_5}, pe(R_5)), \cdots],$$

$$[T_\varphi^{R_1} \to {}_{\varphi}T_{c_k(D_j^{S_l})}^{R_2} / {}_{\varphi}T_{D_j^{S_l}(c_k)}^{R_3} \to {}_{c_k(D_j^{S_l})}T_{c_j(D_k^{S_m})}^{R_4} / {}_{D_j^{S_l}(c_k)}T_{D_k^{S_m}(c_j)}^{R_5} \cdots]\}$$

(5.33)

5.3.2　可拓变换知识修改实例库构建

在获取上述产品实例可拓变换规则的基础上, 构建如图 5.7 所示的修改实例库，实现修改规则知识的快速高效重用。

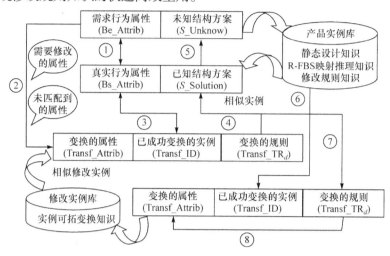

图 5.7　基于修改实例库的变换重构知识重用

图 5.7 构建的修改实例库模型主要包括两种实例库(产品实例库和修改实例库)和两种实例(相似实例和相似修改实例)。产品实例库主要用于检索获取相似实例，对相似实例的静态设计知识、R-FBS 映射推理知识、可拓变换知识进行重用；修改实例库用于检索获取相类似的修改实例，对实例变换过程知识进行重用。从实例库检索获取的相似实例包括真实行为属性(Bs_Attrib)和已知结构方案(S_Solution)；相似修改实例包括变换的属性(Transf_Attrib)、已成功变换的实例 ID(Transf_ID)、变换的规则(Transf_TR$_d$)。修改实例知识重用过程如下。

(1) 相似实例的获取及行为属性的匹配。通过相似实例的检索方法获取相似实例，并匹配分析相似实例中的真实行为属性(Bs_Attrib)与需求行为属性(Be_Attrib)，获取需要修改的属性和未匹配到的属性信息。

(2) 修改实例的检索。将需要修改的属性、未匹配到的属性作为检索字段，与修改实例库中各修改实例的变换属性(Transf_Attrib)字段进行匹配，获取相似修改实例集。

(3) 修改实例的二次检索。通过步骤(2)可获取多个修改实例，将各修改实例中第二字段的已成功变换实例 ID 所包含的真实行为属性与经步骤(1)检索获得的相似实例中的真实行为属性进行相似度计算，最终获取最相似的修改实例。

(4) 变换规则的重用。相似修改实例中第三字段的变换规则为相似实例中需要修改的已知结构方法的变换设计提供参考；此过程中变换规则 TR$_d$ 包括主动变换、传导变换、变换秩序，在针对不同实例的修改中 TR$_d$ 并不一定能够完全重用，需要对变换的对象、变换程度、变换秩序进行适当的调整。

(5) 设计方案的输出与存储。综合相似实例中已知结构方案和通过变换规则修改后的结构方案，作为需求行为属性对应的未知结构方案的设计方案解；并将需求行为属性和方案解作为新的产品实例知识进行 ID 编码存储于实例库。

(6) 新的修改实例 ID 号获取。提取步骤(5)中新实例的 ID 号，作为新修改实例的 ID 标识。

(7) 变换规则的更新。将步骤(4)中重新调整后的变换规则提取，存储于新修改实例的变换规则字段。

(8) 变换属性的更新。综合相似修改实例中变换的属性和更新后变换规则中的变换对象，提取新修改实例的变换属性信息，并保存于相应字段中。

5.4 低碳设计可拓知识重用模型应用分析

以 SK-15 型真空泵低碳设计为例，分析其设计知识重用模型方法。

1. 设计映射过程知识重用

通过对用户需求及各部门的反馈信息分析，获得真空泵需求集 $\Phi(R)$：

$$\Phi(R) = \{R_1, R_2, \cdots, R_{10}\} \tag{5.34}$$

其中，R_1 表示抽气效率高；R_2 表示低真空；R_3 表示操作安全；R_4 表示噪声低；R_5 表示能耗低；R_6 表示碳排放低；R_7 表示使用环保技术；R_8 表示搬运、组装维护方便；R_9 表示材料重用率高；R_{10} 表示成本低。

对原始需求进行过滤和提炼，过滤当前技术下无法实现和相互矛盾的需求信息 $\Phi(\bar{R})$。例如，用户希望真空泵能够将裁床真空吸附腔抽成接近绝对真空；目前技术条件下真空泵无法实现绝对真空的要求，同时对于裁剪的布料，只要保证相对的低真空就可以实现裁剪过程中布料的裁剪不发生错动。通过需求分析，将需求知识保存在 Know_What、Know_Why 知识元中，便于需求知识的重用，如图 5.8 所示。

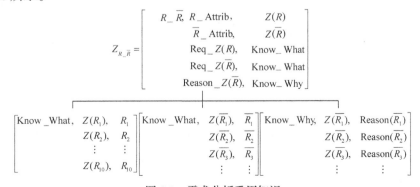

图 5.8 需求分析重用知识

工程设计人员根据需求集配置真空泵应实现的功能要求(图 5.9)，并将需要实现的总功能分解为各层次的子功能，同时在分解过程中对新增功能进行配置，对基本功能进行补足。真空泵的总功能为将真空腔抽成真空，根据需求，将总功能分解为气体压缩功能、气体吸入和排出功能，同时补足真空泵支承、联接功能；在此基础上将功能继续分解为 8 个子功能，如图 5.10 所示。

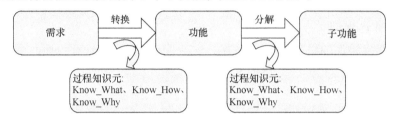

图 5.9　需求-功能映射过程知识

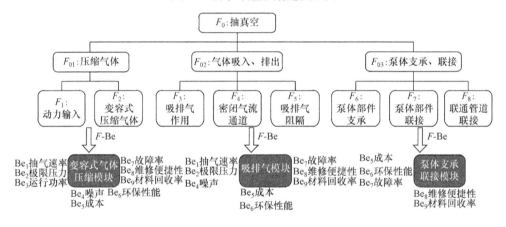

图 5.10　功能分解、期望行为属性映射过程重用知识

图 5.10 中，将总功能 F_0 分解为 8 个子功能，即动力输入 F_1、变容式压缩气体 F_2、吸排气作用 F_3、密闭气流通道 F_4、吸排气阻隔 F_5、泵体部件支承 F_6、泵体部件联接 F_7、联通管道联接 F_8；同时，通过各子功能分析获取功能实现对应的期望特征属性(Be_1～Be_9)。通过期望特征属性构建对应的功能载体结构模块、变容式气体压缩模块、吸排气模块和泵体支承联接模块。

在获取变容式气体压缩模块、吸排气模块、泵体支承联接模块后，需要对结构模块进一步分解。针对 SK-15 型真空泵，将其划分为 7 个结构模块单元：前轴承座模块 M_1、前吸排气模块 M_2、叶轮传动模块 M_3、泵体模块 M_4、联通管道模块 M_5、后轴承座模块 M_6、后吸排气模块 M_7，每个模块作为一个或多个子功能的载体结构，如图 5.11 所示。

通过期望行为属性 Be 获取各子功能与各结构模块的间接映射关系，根据

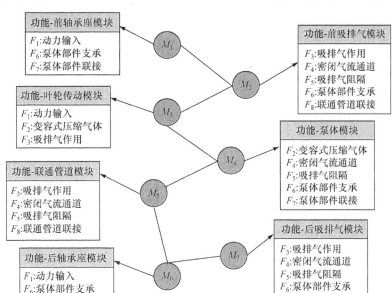

图 5.11　SK-15 型真空泵功能-结构映射

式(5.10)，由设计专家组定义每个结构模块 M_j 对于各子功能 F_i 的贡献率$[\alpha_{j,i}]$，如表 5.1 所示。例如，前轴承座模块 M_1 对 SK-15 型真空泵的动力输入子功能 F_1 贡献率为 20%，对泵体部件支承子功能 F_6 的贡献率为 70%，对泵体部件联接子功能 F_7 的贡献率为 10%。

表 5.1　SK-15 型真空泵结构模块 M_j 对各子功能 F_i 的贡献率及 F_i 低碳性影响指标

结构模块	F_1	F_2	F_3	F_4	F_5	F_6	F_7	F_8
M_1	20%,87.64					70%,306.75	10%,43.82	
M_2			40%,740.41	15%,277.65	15%,277.65	15%,277.65		15%,277.65
M_3	50%,521.55	40%,417.24	10%,104.31					
M_4		40%,523.88		10%,130.97	10%,130.97	15%,196.46	25%,327.43	
M_5			15%,90.06	10%,60.04	15%,90.06			60%,360.23
M_6	20%,82.97					70%,290.41	10%,41.49	

续表

结构模块	F_1	F_2	F_3	F_4	F_5	F_6	F_7	F_8
M_7			40%,740.41	15%,277.65	15%,277.65	15%,277.65		15%,277.65
FIM 的碳足迹占比	9.22%,692.16	12.53%,941.12	22.31%,1675.2	9.94%,746.32	10.34%,776.34	17.97%,1348.9	5.50%,412.73	12.19%,915.54

注: M_1 前轴承座模块: 18 轴承座, 19 轴承, 21 前轴承座压盖, 22 轴承垫圈, 4 螺钉 M8×4, 3 螺钉 M12×6; CFP_{M_1}=438.212kgCO$_2$e。

M_2 前吸排气模块: 1 前泵盖, 11 仿行密封圈, 24 前吸排气圆盘, 10 前轴套, 9 填料, 8 填料压圈, 7 后轴套, 17 前泵盖压盖, 16 螺钉 M8×2; CFP_{M_2}=1851.208kgCO$_2$e。

M_3 叶轮传动模块: 20 键 1, 6 主轴, 15 叶轮, 23 键 2×2; CFP_{M_3}=1043.092kgCO$_2$e。

M_4 泵体模块: 2 泵体, 13 密封圈, 14 拉紧螺栓×6; CFP_{M_4}=1309.701kgCO$_2$e。

M_5 联通管道模块: 26 吸排气联通管道, 25 螺栓螺母副×24; CFP_{M_5}=600.391kgCO$_2$e。

M_6 后轴承座模块: 18 轴承座, 19 轴承, 5 后轴承座压盖, 22 轴承挡圈, 4 螺钉 M8×4, 3 螺钉 M12×6; CFP_{M_6}=414.867kgCO$_2$e。

M_7 后排气模块: 1 后泵盖, 11 仿行密封圈, 12 后吸排气圆盘, 10 前轴套, 9 填料, 8 填料压圈, 7 后轴套, 17 后泵盖压盖, 16 螺钉 M8×2; CFP_{M_7}=1851.025kgCO$_2$e。

各结构模块 M_j 由底层零部件组成, 表 5.2 为 SK-15 型真空泵各零部件全生命周期碳足迹和成本计算结果。因此, 由式(5.11)获取各结构模块的低碳影响指标 EIM, 在此基础上结合各模块对各子功能的贡献率, 由式(5.12)计算获得各子功能的低碳影响指标 FIM, 结果如表 5.1 所示。

表 5.2　SK-15 型真空泵各零部件全生命周期碳足迹、成本计算结果

零件编号	材料阶段		制造阶段		运输阶段		使用阶段		生命周期末期		零件 i	
	碳足迹/kgCO$_2$e	成本/元	碳足迹/kgCO$_2$e	成本/元	碳足迹/kgCO$_2$e	成本/元	碳足迹/kgCO$_2$e	成本/元	碳足迹/kgCO$_2$e	成本/元	碳足迹/kgCO$_2$e	成本/元
1	1298.032	643.298	1282.15	1335.03	12.030	91.482	180.760	2030.805	1.454	170.629	2774.426	4271.244
2	559.537	277.304	559.78	640.8	5.186	39.435	110.630	1033.403	0.468	59.057	1235.601	2049.999
3	1.738	3.015	0.041	0.036	0.423	0.804	24.740	22.371	0.003	0.388	26.945	26.614
4	0.657	1.140	0.015	0.014	0.160	0.304	24.466	21.892	0.001	0.147	25.299	23.497
5	24.093	11.940	26.47	48.41	0.223	1.698	40.500	36	0.892	30.923	92.178	128.971
6	105.642	296.871	11.964	129.658	2.150	16.350	51131.009	46384.851	0.164	21.737	51250.929	46849.467
7	13.359	10.562	15.682	13.94	0.117	0.222	111.774	95.772	0.009	1.497	140.941	121.993
8	10.054	7.440	11.284	10.030	0.526	1	133.620	116.650	0.012	1.796	155.496	136.916
9	4.715	6.142	0.405	3.363	0.263	0.250	78.130	119.150	6.292	2.100	89.805	131.005
10	4.806	3.800	5.642	5.015	0.042	0.080	76.750	66.075	0.006	0.898	87.246	75.868

续表

零件编号	材料阶段		制造阶段		运输阶段		使用阶段		生命周期末期		零件 i	
	碳足迹/kgCO₂e	成本/元	碳足迹/kgCO₂e	成本/元	碳足迹/kgCO₂e	成本/元	碳足迹/kgCO₂e	成本/元	碳足迹/kgCO₂e	成本/元	碳足迹/kgCO₂e	成本/元
11	1.725	1.533	2.071	1.841	0.336	0.638	44.960	41.660	1.151	0.769	50.243	46.441
12	45.257	35.846	50.61	113.27	0.209	1.586	52.773	410.545	0.072	7.270	148.921	568.517
13	1.168	0.869	1.174	1.543	0.19	0.362	36.96	35.47	0.623	0.436	40.115	38.680
14	6.304	10.935	0.149	0.149	1.534	1.534	25.897	24.124	0.101	1.407	33.985	38.149
15	298.879	259.337	292.913	288.741	2.970	22.587	70590.251	63681.955	0.194	27.043	71185.207	64279.663
16	0.329	0.575	0.008	0.007	0.080	0.152	24.383	21.747	0.001	0.074	24.801	22.555
17	18.621	9.229	21.25	52.47	0.173	1.312	40.500	36	0.703	25.164	81.247	124.175
18	117.366	58.166	123.16	205.15	1.088	8.272	65.045	785.091	4.351	151.351	311.01	1208.03
19	45.81	108.108	9.548	38.486	0.518	4.2	180.76	824.17	0.286	4.232	236.922	979.196
20	0.205	0.355	3.592	6.493	0.097	0.183	43.770	56.755	0.001	0.034	47.665	63.820
21	35.661	17.674	37.74	58.42	0.331	2.513	40.5	36	1.291	43.097	115.523	157.704
22	1.588	1.240	1.881	1.672	0.014	0.027	41.715	36.295	0.002	0.299	45.200	39.533
23	0.911	2.528	4.490	7.168	0.430	0.817	53.455	74.165	0.005	0.153	59.291	84.831
24	45.260	35.846	50.61	113.27	0.209	1.586	52.773	410.545	0.072	7.270	148.924	568.517
25	6.537	11.339	0.154	0.135	1.591	3.024	25.956	24.500	0.011	1.459	34.249	40.457
26	187.006	92.679	196.005	324.73	1.733	13.180	180.760	2030.805	0.643	64.258	566.142	2525.652

注：1. 泵盖×2，2. 泵体，3. 螺钉 M12×12，4. 螺钉 M8×8，5. 后轴承座压盖，6. 主轴，7. 后轴套×2，8. 填料压圈×2，9. 填料×2，10. 前轴套×2，11. 仿形密封圈×2，12. 后吸排气圆盘，13. 密封圈×2，14. 拉紧螺栓副×6，15. 叶轮，16. 螺钉 M8×4，17. 泵盖压盖×2，18. 轴承座×2，19. 轴承×2，20. 键 1，21. 前轴承座压盖，22. 轴承挡圈×2，23. 键 2×2，24. 前吸排气圆盘，25. 螺栓螺母副×24，26. 联通管道×2。

因此，在结构综合分析过程中，一方面将各子功能映射到底层结构模块，分析获取映射过程知识；另一方面，通过分析底层功能载体结构的低碳信息挖掘各子功能的低碳反馈信息，而这部分信息是隐性的设计知识；设计人员通过对比分析各子功能的重要性和低碳影响指标 FIM 做出相应的修改设计；同时，在功能层级，针对用户的需求判定其是否符合低碳性能，提高设计的效率。依据表 5.1 绘制 SK-15 型真空泵各子功能 FIM 碳足迹占比，如图 5.12 所示。

真空泵运行时其主要功能包括动力输入、变容式压缩气体、吸排气作用，从图 5.12 可以看出，吸排气作用 FIM 的碳足迹占比最高，但动力输入和变容式压缩气体 FIM 的碳足迹占比并不高；原因在于实际计算功能-叶轮传动模块 M_3 的 FIM 时，为了便于数据量级的可比性，未计入零件叶轮和主轴使用阶段的能耗产

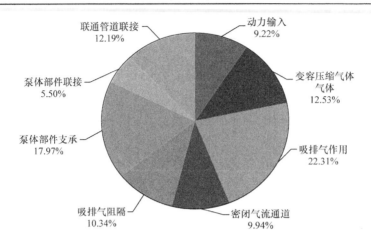

图 5.12　SK-15 型真空泵各子功能 FIM 的碳足迹占比

生的碳足迹，而 M_3 的贡献率分布均在动力输入、变容式压缩气体和吸排气作用三大功能中。

其次，泵体部件支承功能、联通管道联接功能并不是真空泵运行工作的主要功能，但其 FIM 的碳足迹占比较高；在低碳要求下，可以有针对性地对这两个功能对应的载体结构零部件进行改进优化设计。

2. 结构变换重构过程知识重用

图 5.12 反馈了子功能低碳环保性能信息，以泵体部件支承功能和联通管道联接功能所对应的载体结构模块为主要改进对象；由表 5.1 分析可知，前、后轴承座模块和前、后吸排气模块对泵体支承功能起主要作用，前、后吸排气模块和联通管道模块对联通管道联接功能起主要作用，而前、后吸排气模块中零件前、后泵盖碳足迹占比高。因此，针对前、后轴承座模块和泵盖、联通管道进行修改操作，并获取可重用修改知识。

1) 前轴承座模块变换重构

表 5.3 定义了前轴承座模块 M_1 中各零部件的模块元信息。

表 5.3　M_1 各模块元定义

零件名称	轴承垫圈	前轴承座压盖	轴承	轴承座
零件编号	22	21	19	18
模块元编号	$D_3(M_1)$	$D_3(M_1)$	$D_{1\text{-}4}(M_1)$	$D_{2\text{-}4}(M_1)$

注：$D_i(M_j)= D_i^{M_j}$，则 $D_3(M_1)= D_3^{M_1}$，$D_3^{M_1\text{-}22}$ 表示结构模块 M_1 中编号 22 的零部件属于辅助功能元；$D_{1\text{-}4}(M_1)= D_{1\text{-}4}^{M_1}$，$D_{1\text{-}4}^{M_1\text{-}19}$ 表示结构模块 M_1 中编号 19 的零部件同时属于功能模块元和接口模块元。

在不更换轴承的情况下，对 M_1 中碳排放较高的 18 轴承座和 21 前轴承座压盖进行结构改进，其变换特征分别如表 5.4 和表 5.5 所示。

表 5.4　轴承座变换特征信息

修改模块元	TBC	修改特征 c_i	特征量值 $c_i(D_{2\text{-}4}(M_1\text{-}18))$
$D_{2\text{-}4}^{M_1\text{-}18}$	轴承座腔室	壁厚 c_{11}	20mm
		联接孔分布 c_{12}	$\phi 12\text{mm}\times 4$
	支承架	尺寸 c_{21}	8mm×36mm×8mm(长、宽、厚)
		数量 c_{22}	3
	联接底座	尺寸 c_{31}	$\phi 240\sim\phi 300$mm(内外径)
		联接孔分布 c_{32}	$\phi 16\text{mm}\times 6$

注：TBC 表示变换结构基，$c_i(D_{2\text{-}4}(M_1\text{-}18))=c_i(D_{2\text{-}4}^{M_1\text{-}18})$，表示各修改特征的特征量值。

表 5.5　前轴承座压盖变换特征信息

修改模块元	TBC	修改特征 c_i	特征量值 $c_i(D_3(M_1\text{-}21))$
$D_3^{M_1\text{-}21}$	挡圈压台	尺寸 c_1	$\phi 160$mm(外径)
	压盖配合部	尺寸 c_{21}	$\phi 205\text{mm}\times 15$mm(直径、厚)
		联接孔分布 c_{22}	$\phi 12\text{mm}\times 4$
	锥台形端部	尺寸 c_3	$\phi 100\text{mm}\times\phi 150\text{mm}\times 24$mm(上下台面 直径、高)

对模块元 $D_{2\text{-}4}^{M_1\text{-}18}$ 进行修改操作变换：

特征 c_{11}、c_{12} 的变换为

$$\begin{cases} T_\varphi^{R_1} c_{11}(D_{2\text{-}4}^{M_1\text{-}18}) = (c_{11}(D_{2\text{-}4}^{M_1\text{-}18}))' \\ {}_\varphi T_{c_{12}(D_{2\text{-}4}^{M_1\text{-}18})}^{R_2} c_{12}(D_{2\text{-}4}^{M_1\text{-}18}) = (c_{12}(D_{2\text{-}4}^{M_1\text{-}18}))' \\ {}_\varphi T_{c_{21}(D_{2\text{-}4}^{M_1\text{-}18})}^{R_3} c_{21}(D_{2\text{-}4}^{M_1\text{-}18}) = (c_{21}(D_{2\text{-}4}^{M_1\text{-}18}))' \\ {}_\varphi T_{c_{21}(D_3^{M_1\text{-}21})}^{R_4} c_{21}(D_3^{M_1\text{-}21}) = (c_{21}(D_3^{M_1\text{-}21}))' \\ {}_{c_{12}(D_{2\text{-}4}^{M_1\text{-}18})} T_{c_{22}(D_3^{M_1\text{-}21})}^{R_5} c_{22}(D_3^{M_1\text{-}21}) = (c_{22}(D_3^{M_1\text{-}21}))' \end{cases} \tag{5.35}$$

特征 c_{11} 的主动变换操作 $T_\varphi^{R_1}$ (R_1 为缩小变换，R_1=Con)使该模块元中的特征 c_{12} 发生模元内传导变换 ${}_\varphi T_{c_{12}(D_{2\text{-}4}^{M_1\text{-}18})}^{R_2}$ (R_2 为缩小变换，R_2=Con)，使特征 c_{21} 发生模块

元内传导变换 $_\varphi T^{R_3}_{c_{21}(D^{M_1\text{-}18}_{2\text{-}4})}$ (R_3 为扩大变换，R_3=Exp)，而使不同模块元 $D^{M_1\text{-}21}_3$ 中的特征 c_{21} 发生模块元间的传导变换 $_\varphi T^{R_3}_{c_2(D^{M_1\text{-}21}_3)}$ (R_4 为缩小变换，R_4=Con)，使特征 c_{22} 发生模块元间传导变换 $_{c_{12}(D^{M_1\text{-}18}_{2\text{-}4})} T^{R_5}_{c_{22}(D^{M_1\text{-}21}_3)}$ (R_5 为缩小变换，R_5=Con)。即轴承腔室壁厚的减小，使轴承腔室配合面上的联接孔分布位置发生变化，使支承架尺寸需要同步修改，而轴承座压盖配合部尺寸及联接孔分布位置也需修改。

特征 c_{21}、c_{22} 的变换为

$$
\begin{cases}
T^{R_1}_{\varphi_1} c_{21}(D^{M_1\text{-}18}_{2\text{-}4}) = (c_{21}(D^{M_1\text{-}18}_{2\text{-}4}))' \\[2mm]
T^{R_2}_{\varphi_2} c_{22}(D^{M_1\text{-}18}_{2\text{-}4}) = (c_{22}(D^{M_1\text{-}18}_{2\text{-}4}))' \\[2mm]
_{\varphi_1} T^{R_3}_{c_{31}(D^{M_1\text{-}18}_{2\text{-}4})} c_{31}(D^{M_1\text{-}18}_{2\text{-}4}) = (c_{31}(D^{M_1\text{-}18}_{2\text{-}4}))' \\[2mm]
_{\varphi_1} T^{R_4}_{c_{32}(D^{M_1\text{-}18}_{2\text{-}4})} c_{32}(D^{M_1\text{-}18}_{2\text{-}4}) = (c_{32}(D^{M_1\text{-}18}_{2\text{-}4}))' \\[2mm]
_{\varphi_2} T^{R_5}_{c_{32}(D^{M_1\text{-}18}_{2\text{-}4})} c_{32}(D^{M_1\text{-}18}_{2\text{-}4}) = (c_{32}(D^{M_1\text{-}18}_{2\text{-}4}))'
\end{cases}
\tag{5.36}
$$

特征 c_{21} 的主动变换操作 $T^{R_1}_{\varphi_1}$ (R_1 为扩大变换，R_1=Exp)使模块元中的特征 c_{31} 发生模块元内传导变换 $_{\varphi_1} T^{R_3}_{c_{31}(D^{M_1\text{-}18}_{2\text{-}4})}$ (R_3 为缩小变换，R_3=Con)，以及使特征 c_{32} 发生传导变换 $_{\varphi_1} T^{R_4}_{c_{32}(D^{M_1\text{-}18}_{2\text{-}4})}$ (R_4 为缩小变换，R_4=Con)；特征 c_{22} 的主动变换操作 $T^{R_2}_{\varphi_2}$ (R_2 为减少变换，R_2=Dec)使模块元中的特征 c_{32} 发生模块元内传导变换 $_{\varphi_2} T^{R_5}_{c_{32}(D^{M_1\text{-}18}_{2\text{-}4})}$ (R_5 为减少变换，R_5=Dec)。即支承架的尺寸变化将使底座尺寸发生变化和底座联接孔的分布变化，支承架个数的变换改变底座联接孔的分布。

特征 c_{31}、c_{32} 的变换为

$$
\begin{cases}
T^{R_1}_{\varphi_1} c_{31}(D^{M_1\text{-}18}_{2\text{-}4}) = (c_{31}(D^{M_1\text{-}18}_{2\text{-}4}))' \\[2mm]
T^{R_2}_{\varphi_2} c_{32}(D^{M_1\text{-}18}_{2\text{-}4}) = (c_{32}(D^{M_1\text{-}18}_{2\text{-}4}))' \\[2mm]
_{\varphi_1} T^{R_3}_{c_{11}(D^{M_2\text{-}1}_{2\text{-}4})} c_{11}(D^{M_2\text{-}1}_{2\text{-}4}) = (c_{11}(D^{M_2\text{-}1}_{2\text{-}4}))' \\[2mm]
_{\varphi_2} T^{R4}_{c_{12}(D^{M_2\text{-}1}_{2\text{-}4})} c_{12}(D^{M_2\text{-}1}_{2\text{-}4}) = (c_{12}(D^{M_2\text{-}1}_{2\text{-}4}))'
\end{cases}
\tag{5.37}
$$

轴承座作为接口模块，特征 c_{31} 的主动变换操作 $T^{R_1}_{\varphi_1}$ (R_1 为缩小变换，R_1=Con)使模块 M_2 中的接口模块元特征 c_{11} 发生模块间传导变换 $_{\varphi_1} T^{R_3}_{c_{11}(D^{M_2\text{-}1}_{2\text{-}4})}$ (R_3 为缩小变换，R_1=Con)，特征 c_{32} 的主动变换操作 $T^{R_2}_{\varphi_2}$ (R_2 为减少变换，R_2=Dec)使模块 M_2 中的接口模块元特征 c_{12} 发生模块间传导变换 $_{\varphi_2} T^{R_4}_{c_{12}(D^{M_2\text{-}1}_{2\text{-}4})}$ (R_4 为减少变换，R_4=Dec)，即轴

承座底座尺寸和联接孔的变换使得与其配合的模块 M_2 中泵盖的配合面尺寸和联接孔分布发生变化。

图 5.13 为轴承座修改结果和修改过程可重用知识获取流程。

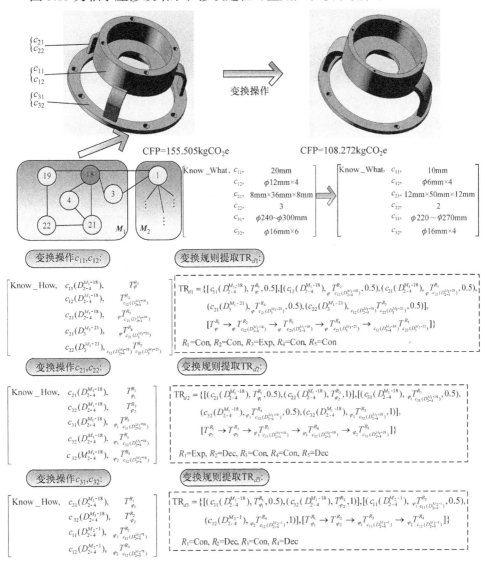

图 5.13　轴承座模块元变换重构重用知识获取

模块元 $D_3^{M_1\text{-}21}$ 的变换操作中，特征 c_1、c_{21}、c_{22}、c_3 的变换为

$$\begin{cases} T_{\varphi_1}^{R_1} c_1(D_3^{M_1\text{-}21}) = (c_1(D_3^{M_1\text{-}21}))' \\ T_{\varphi_2}^{R_2} c_{21}(D_3^{M_1\text{-}21}) = (c_{21}(D_3^{M_1\text{-}21}))' \\ T_{\varphi_3}^{R_3} c_{22}(D_3^{M_1\text{-}21}) = (c_{22}(D_3^{M_1\text{-}21}))' \\ {}_{\varphi_2}T_{c_3(D_3^{M_1\text{-}21})}^{R_4} c_3(D_3^{M_1\text{-}21}) = (c_3(D_3^{M_1\text{-}21}))' \\ {}_{\varphi_2}T_{c_{31}(D_{2\text{-}4}^{M_1\text{-}18})}^{R_5} c_{31}(D_{2\text{-}4}^{M_1\text{-}18}) = (c_{31}(D_{2\text{-}4}^{M_1\text{-}18}))' \\ {}_{\varphi_3}T_{c_{32}(D_{2\text{-}4}^{M_1\text{-}18})}^{R_6} c_{32}(D_{2\text{-}4}^{M_1\text{-}18}) = (c_{32}(D_{2\text{-}4}^{M_1\text{-}18}))' \end{cases} \tag{5.38}$$

特征 c_1 的主动变换操作 $T_{\varphi_1}^{R_1}$ (R_1 为缩小变换，R_1=Con)不发生传导变换；特征 c_{21} 的主动变换操作 $T_{\varphi_2}^{R_2}$ (R_2 为缩小变换，R_2=Con)使特征 c_3 发生传导变换 ${}_{\varphi_2}T_{c_3(D_3^{M_1\text{-}21})}^{R_4}$ (R_4 为缩小变换，R_4=Con)，同时使模块 M_1 中轴承座模块元特征 c_{31} 发生传导变换 ${}_{\varphi_2}T_{c_3(D_{2\text{-}4}^{M_1\text{-}18})}^{R_5}$ (R_5 为缩小变换，R_5=Con)；特征 c_{22} 的主动变换操作 $T_{\varphi_3}^{R_3}$ (R_3 为减少变换，R_3=Dec)使轴承座模块元特征 c_{32} 发生传导变换 ${}_{\varphi_3}T_{c_{32}(D_{2\text{-}4}^{M_1\text{-}18})}^{R_6}$ (R_6 为减少变换，R_6=Dec)。

图 5.14 为轴承座压盖修改结果和修改过程可重用知识获取流程。

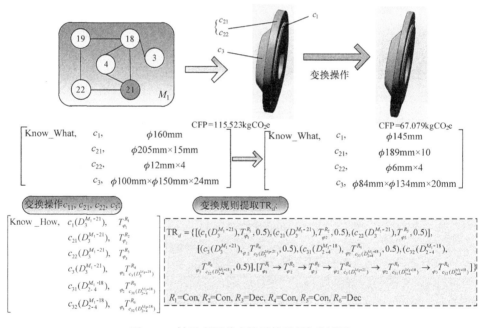

图 5.14　轴承座压盖变换重构重用知识获取

2) 泵盖的变换重构

对吸排气模块 M_2 中泵盖模块元的修改同样定义其变换特征信息，如表 5.6

所示。

表 5.6　泵盖变换特征信息

修改模块元	TBC	修改特征 c_i	特征量值 $c_i(D_{2\text{-}4}(M_2\text{-}1))$
	配合圆台	尺寸 c_{11}	$\phi240 \sim \phi300$mm(内外径)
		联接孔分布 c_{12}	$\phi16$mm×6
$D_{2\text{-}4}^{M_2\text{-}1}$	泵盖腔	壁厚 c_2	15mm
	脚座	脚座厚度 c_3	24mm
	联通管道接口	管壁厚度 c_4	10mm

特征 c_{11}、c_{12} 的变换为

$$
\begin{cases}
T_{\varphi_1}^{R_1} c_{11}(D_{2\text{-}4}^{M_2\text{-}1}) = (c_{11}(D_{2\text{-}4}^{M_2\text{-}1}))' \\
T_{\varphi_2}^{R_2} c_{12}(D_{2\text{-}4}^{M_2\text{-}1}) = (T_{\varphi_2}^{R_2} c_{12}(D_{2\text{-}4}^{M_2\text{-}1}))' \\
{}_{\varphi_1}T_{c_{31}(D_{2\text{-}4}^{M_1\text{-}18})}^{R_3} c_{31}(D_{2\text{-}4}^{M_1\text{-}18}) = (c_{31}(D_{2\text{-}4}^{M_1\text{-}18}))' \\
{}_{\varphi_2}T_{c_{32}(D_{2\text{-}4}^{M_1\text{-}18})}^{R_4} c_{32}(D_{2\text{-}4}^{M_1\text{-}18}) = (c_{32}(D_{2\text{-}4}^{M_1\text{-}18}))'
\end{cases}
\tag{5.39}
$$

特征 c_{11} 的主动变换 $T_{\varphi_1}^{R_1}$ (R_1 为缩小变换，R_1=Con)使模块 M_1 中轴承座模块元特征 c_{31} 发生模块间传导变换 ${}_{\varphi_1}T_{c_{31}(D_{2\text{-}4}^{M_1\text{-}18})}^{R_3}$ (R_3 为缩小变换，R_3=Con)，特征 c_{12} 的主动变换 $T_{\varphi_2}^{R_2}$ (R_2 为减少变换，R_2=Dec)使轴承座模块元特征 c_{32} 发生传导变换 ${}_{\varphi_2}T_{c_{32}(D_{2\text{-}4}^{M_1\text{-}18})}^{R_4}$ (R_4 为减少变换，R_4=Dec)。

特征 c_2、c_3、c_4 的变换为

$$
\begin{cases}
T_{\varphi_1}^{R_1} c_2(D_{2\text{-}4}^{M_2\text{-}1}) = (c_2(D_{2\text{-}4}^{M_2\text{-}1}))' \\
T_{\varphi_2}^{R_2} c_3(D_{2\text{-}4}^{M_2\text{-}1}) = (c_3(D_{2\text{-}4}^{M_2\text{-}1}))' \\
T_{\varphi_3}^{R_3} c_4(D_{2\text{-}4}^{M_2\text{-}1}) = (c_4(D_{2\text{-}4}^{M_2\text{-}1}))'
\end{cases}
\tag{5.40}
$$

特征 c_2 的主动变换 $T_{\varphi_1}^{R_1}$ (R_1 为缩小变换，R_1=Con)、特征 c_3 的主动变换 $T_{\varphi_2}^{R_2}$ (R_2 为缩小变换，R_2=Con)、特征 c_4 的主动变换 $T_{\varphi_3}^{R_3}$ (R_3 为缩小变换，R_3=Con)均未引起传导变换。图 5.15 为泵盖修改结果及修改过程可重用知识获取流程。

3) 联通管道变换重构

对联通管道模块 M_2 中联通管道的修改同样定义其变换特征信息，如表 5.7 所示。

表 5.7 联通管道变换特征信息

修改模块元	TBC	修改特征 c_i	原特征量值 $c_i(D_{1\text{-}4}(M_5\text{-}26))$
$D_{1\text{-}4}^{M_1\text{-}26}$	联通管道	壁厚 c_{11}	10mm
		个数 c_{12}	2

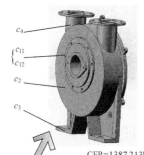

CFP=1387.213kgCO$_2$e   CFP =909.647kgCO$_2$e

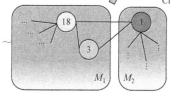

$$\left[\begin{array}{lll} \text{Know\_What}, & c_{11}, & \phi240\sim\phi300\text{mm} \\ & c_{12}, & \phi16\text{mm}\times6 \\ & c_2, & 15\text{mm} \\ & c_3, & 24\text{mm} \\ & c_4, & 10\text{mm} \end{array}\right]$$

$$\left[\begin{array}{lll} \text{Know\_What}, & c_{11}, & \phi220\sim\phi270\text{mm} \\ & c_{12}, & \phi16\text{mm}\times4 \\ & c_2, & 10\text{mm} \\ & c_3, & 20\text{mm} \\ & c_4, & 5\text{mm} \end{array}\right]$$

变换操作 c_{11}, c_{12}:

$$\left[\begin{array}{lll} \text{Know\_How}, & c_{11}(D_{2\text{-}4}^{M_2\text{-}1}), & T_{\varphi_1}^{R_1} \\ & c_{12}(D_{2\text{-}4}^{M_2\text{-}1}), & T_{\varphi_2}^{R_2} \\ & c_{31}(D_{2\text{-}4}^{M_1\text{-}18}), & T_{\varphi_1 c_{31}(D_{2\text{-}4}^{M_1\text{-}18})}^{R_3} \\ & c_{32}(D_{2\text{-}4}^{M_1\text{-}18}), & T_{\varphi_2 c_{32}(D_{2\text{-}4}^{M_1\text{-}18})}^{R_4} \end{array}\right]$$

变换规则提取 TR_{d1}:

$$\text{TR}_{d1}=\{[(c_{11}(D_{2\text{-}4}^{M_2\text{-}1}),T_{\varphi_1}^{R_1},0.5),(c_{12}(D_{2\text{-}4}^{M_2\text{-}1}),T_{\varphi_2}^{R_2},1],$$
$$[(c_{31}(D_{2\text{-}4}^{M_1\text{-}18}),_{\varphi_1}T_{c_{31}(D_{2\text{-}4}^{M_1\text{-}18})}^{R_3},0.5),(c_{32}(D_{2\text{-}4}^{M_1\text{-}18}),_{\varphi_2}T_{c_{32}(D_{2\text{-}4}^{M_1\text{-}18})}^{R_4},1)],$$
$$[T_{\varphi_1}^{R_1}\to_{\varphi_1}T_{\varphi_2}^{R_2}\to_{\varphi_1}T_{c_{31}(D_{2\text{-}4}^{M_1\text{-}18})}^{R_3}\to_{\varphi_2}T_{c_{32}(D_{2\text{-}4}^{M_1\text{-}18})}^{R_4}]\}$$
$$R_1=\text{Con}, R_2=\text{Dec}, R_3=\text{Con}, R_4=\text{Dec}.$$

变换操作 c_2, c_3, c_4:

$$\left[\begin{array}{lll} \text{Know\_How}, & c_2(D_{2\text{-}4}^{M_2\text{-}1}), & T_{\varphi_1}^{R_1} \\ & c_3(D_{2\text{-}4}^{M_2\text{-}1}), & T_{\varphi_2}^{R_2} \\ & c_4(D_{2\text{-}4}^{M_2\text{-}1}), & T_{\varphi_3}^{R_3} \end{array}\right]$$

变换规则提取 TR_{d2}:

$$\text{TR}_{d2}=\{[(c_2(D_{2\text{-}4}^{M_2\text{-}1}),T_{\varphi_1}^{R_1},0.5),(c_3(D_{2\text{-}4}^{M_2\text{-}1}),T_{\varphi_2}^{R_2},0.5),(c_3(D_{2\text{-}4}^{M_2\text{-}1}),T_{\varphi_3}^{R_3},0.5)],$$
$$[\Phi],[T_{\varphi_1}^{R_1}\to T_{\varphi_2}^{R_2}\to T_{\varphi_3}^{R_3}]\}$$
$$R_1=\text{Con}, R_2=\text{Con}, R_3=\text{Con}$$

图 5.15 泵盖变换重构重用知识获取

特征 c_{11}、c_{12} 的变换为

$$\begin{cases} T_{\varphi_1}^{R_1}c_{11}(D_{1\text{-}4}^{M_5\text{-}26})=(c_{11}(D_{1\text{-}4}^{M_5\text{-}26}))' \\ T_{\varphi_2}^{R_2}(c_{12}(D_{1\text{-}4}^{M_5\text{-}26}))=(c_{12}(D_{1\text{-}4}^{M_5\text{-}26}))' \\ {}_{\varphi_1}T_{c_4(D_{2\text{-}4}^{M_2\text{-}1})}^{R_3}(c_4(D_{2\text{-}4}^{M_2\text{-}1}))=(c_4(D_{2\text{-}4}^{M_2\text{-}1}))' \end{cases} \tag{5.41}$$

特征 c_{11} 的主动变换 $T_{\varphi_1}^{R_1}$（R_1 为缩小变换，R_1=Con）使吸排气模块中泵盖特征 c_4 发生模块间传导变换 $_{\varphi_1}T_{c_4(D_{2-4}^{M_2-1})}^{R_3}$（$R_3$ 为缩小变换，R_3=Con），特征 c_{12} 的主动变换 $T_{\varphi_2}^{R_2}$（R_2 为减少变换，R_2=Dec）未发生传导变换。本节针对特征 c_{12} 的变换采用减少联通管道数目的方法，当 SK-15 型真空泵吸气能力过剩时，将单级双作用模式更换为单级单作用模式，以降低运行过程中的碳排放；联通管道的修改结果及修改过程可重用知识如图 5.16 所示。

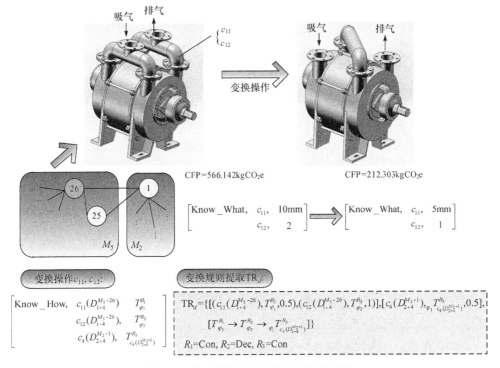

图 5.16　联通管道变换重构重用知识获取

通过对上述结构模块中模块元的变换重构操作，降低了 SK-15 型真空泵生命周期碳排放量，以满足低碳的产品设计要求。同时，保存各模块元变换重构过程中的修改规则，便于修改知识的重用。

第 6 章　低碳设计冲突问题建模

低碳设计冲突核问题的提取是设计矛盾智能化求解的关键，本章建立基于 TRIZ 创新方法和可拓学方法的设计冲突问题模型，研究低碳设计技术冲突问题镜像协调原理，构建动态变换下的冲突问题传导模型。

6.1　基于 TRIZ 与可拓学的低碳设计冲突问题建模

针对设计需求，建立低碳设计对立问题与不相容问题的 TRIZ 与可拓学冲突问题模型，明确设计目标、设计约束、变换结构载体。

6.1.1　低碳设计对立问题建模

低碳设计的对立问题建模是基于设计冲突要素集合 $\{DCS_{ij}\}$，其中，i 表示产品系列号，j 表示产品性能参数序号。依据可拓理论中的技术关系：相对独立、负相关与正相关，低碳设计对立问题应包含两个主观技术要素的冲突，即对应负相关集合类建模，其中一个技术可能与多个技术负相关，具体对立问题 Q_{OPP} 可拓建模如下：

$$Q_{OPP} = (DCS_{ij} \wedge (DCS_{i1}, \cdots, DCS_{in})) * PS * DR \tag{6.1}$$

其中，PS 为低碳设计产品；DR 为该产品设计的约束集合。

基于式(6.1)，构建相应的冲突问题 TRIZ 模型：

$$\left.\begin{array}{l} DCS_{ij} \Rightarrow c_{ij}(TRIZ_{48}) \\ DCS_{im} \Rightarrow c_{im}(TRIZ_{48}) \end{array}\right\} \Rightarrow$$

$$\begin{aligned} Q_{TRIZ} &= \{c_{ij}(TRIZ_{48}) \uparrow c_{im}(TRIZ_{48})\} * PS * DR \\ &= f\{c_{ij}(TRIZ_{48}), c_{im}(TRIZ_{48})\} * PS * DR \\ &= IM\big|_{(c_{ij}(TRIZ_{48}), c_{im}(TRIZ_{48}))} * PS * DR \\ &= \{im_1, \cdots, im_l\} * PS * DR \\ &= \{im_1, \cdots, im_{l'}\} * FM * DR_{FM} \\ &= (\{im_{1i_1}\}, \cdots, \{im_{l'i_{l'}}\}) * FS * DR_{FS} \end{aligned} \tag{6.2}$$

其中，$c_{ij}(TRIZ_{48})$ 为设计冲突要素 DCS_{ij} 转化的 TRIZ 工程参数；$DCS_{im} \in \{DCS_{i1}, \cdots,$

DCS_{in}｝；$f\{c_{ij}(TRIZ_{48}), c_{im}(TRIZ_{48})\}$ 表示矛盾矩阵求解；IM 表示创新原理解集；im_l 为具体的创新原理解；im_l' 为基于低碳设计要求删减后的创新原理解、$\{im_{l'i_{l'}}\}$ 为创新原理解对应的多个子项创新描述集合；FM 为 PS 下的功能模块集合；FS 为 FM 下的与创新原理实现相关的功能结构集合。因此，低碳设计对立问题模型 $Q_{TRIZ\text{-}OPP}$ 可表示为

$$Q_{TRIZ\text{-}OPP} = (\{im_{1i_1}\},\cdots,\{im_{l'i_{l'}}\}) * FS * DR_{FS} \tag{6.3}$$

6.1.2 低碳设计不相容问题建模

低碳设计不相容问题建模比对立问题建模相对简单，其实质是主观技术要求与客观设计载体的直接矛盾，对应相对独立集合类与正相关集合类。低碳设计不相容问题可拓建模表达如下。

(1) 当 $\{DCS_{ij}\}$ 相互独立时，可拓模型表达为

$$Q_{INC} = \{DCS_{ij}\} \uparrow PS * DR \tag{6.4}$$

构建基于 TRIZ 的冲突问题模型：

$$DCS_{ij} \Rightarrow c_{ij}(TRIZ_{48}) \Rightarrow$$
$$\begin{aligned}
Q_{TRIZ} &= c_{ij}(TRIZ_{48}) \uparrow PS * DR \\
&= f\{c_{ij}(TRIZ_{48})\} * PS * DR \\
&= DS|_{c_{ij}(TRIZ_{48})} * PS * DR \\
&= \{ds_1,\cdots,ds_4\} * PS * DR \\
&= \{ds_i\} * FM * DR_{FM} \\
&= (\{im_{1i_1}\},\cdots,\{im_{l'i_{l'}}\}) * FS * DR_{FS}
\end{aligned} \tag{6.5}$$

其中，DS 为分离原理；ds_i 为具体的分离方法。

(2) 当 $\{DCS_{ij}\}$ 正相关时，可拓模型表达为

$$\begin{aligned}
Q_{INC} &= (DCS_{i1} \wedge DCS_{i2},\cdots,\wedge DCS_{in}) * PS * DR \\
&= DCS_{im} \uparrow PS * DR
\end{aligned} \tag{6.6}$$

其中，$DCS_{im}=\min\{DCS_{ij}\}$，即先求解冲突最为迫切的设计要素，构建如式(6.5)所示的基于 TRIZ 的冲突问题模型；基于 $\{DCS_{ij}\}$ 相互对立及正相关的分析，建立基于 TRIZ 的低碳设计不相容问题模型 $Q_{TRIZ\text{-}INC}$，如式(6.7)所示。

构建基于 TRIZ 的冲突问题模型：

$$Q_{TRIZ\text{-}INC} = (\{im_{1i_1}\},\cdots,\{im_{l'i_{l'}}\}) * FS * DR_{FS} \tag{6.7}$$

通过这两类问题建模对比分析，多设计要素冲突问题最终可转化为具体创新

原理下的低碳设计问题；对立问题建模比不相容问题建模要复杂，推理过程层次多。

6.2　低碳设计结构冲突问题镜像建模

6.2.1　冲突问题镜像协调原理

低碳驱动的产品设计针对使用阶段产品能耗，遵循"产品主要耗能模块结构—结构变异再生工具—新的产品主要耗能模块结构"这一模式，反之亦然。由此，可通过结构变异再生方法，协调低碳设计过程中产生的核心冲突问题，镜像出新的产品结构模块，当低碳设计需求多变时，构成镜像循环设计过程，具体的镜像设计问题模型如图 6.1 所示。

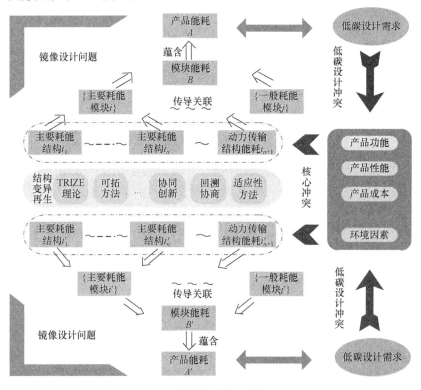

图 6.1　镜像设计问题模型

根据产品低碳设计需求，综合分析产品功能、性能、成本、环境等因素，分类提取产品低碳设计冲突问题，重点关注核心冲突问题，对其进行基于可拓方法、TRIZ、协同创新、回溯协商、适应性方法等创新设计方法理论建模，对产品主要耗能结构等关键零部件进行结构变异再生，并镜像设计出新的产品结构模块。由图 6.1 可知，低碳设计冲突问题协调前后存在一个对立状态，该状态可用可拓问题形式化建模表示：

$$
\begin{cases}
Q_1 = \bigcup_{i=1}^{n}(\text{LR}_i \uparrow / \downarrow \{\text{PE}_{ij}\}) * \text{PC} \\
\Rightarrow \bigcup_{i=1}^{n}(\text{LR}_i \uparrow / \downarrow \{\text{PM}_{il}\})\Theta\{\text{Fun,Per,Cos},\cdots,\text{Env}\} \\
Q_1' = \bigcup_{i=1}^{n}(\text{LR}_i \downarrow / \uparrow \{\text{PE}_{ji}'\}) * \text{PC}' \\
\Rightarrow \bigcup_{i=1}^{n}(\text{LR}_i \downarrow / \uparrow \{\text{PM}_{il}'\})\Theta\{\text{Fun,Per,Cos},\cdots,\text{Env}\}
\end{cases}
\tag{6.8}
$$

其中，LR_i、PE_{ij}、PC、PM_{il} 分别表示第 i 个低碳设计需求、对应的第 j 个产品能耗、产品实例和对应的第 l 个产品模块；Q_1' 表示协调后得到低碳设计问题；符号 $\uparrow$、$\downarrow$、$*$、Θ 分别表示冲突、兼容、协调相关(无实际运算意义)与共存；$/$表示或；Fun、Per、Cos、Env 分别表示产品功能、性能、成本和环境因素。

6.2.2　冲突问题镜像层次推演

低碳设计镜像层次建模是基于低碳设计产品的结构化层次剖析及推理过程，其目的是将主观设计目标映射到最相关的结构载体。以低碳设计对立问题镜像层次建模为例，分析冲突问题镜像模型产品功能到结构的映射关系。

在创新原理 im_{1i_1} 下，构建功能集 $\{\text{Fun}\}$ 到底层结构 $\{\text{Str}\}$ 的镜像模型：

$$
\begin{aligned}
(Q_{\text{OP}} \mid Q_{\text{OP}'})_{1i_1} &= \text{im}_{1i_1} * \text{FS} * \text{DR}_{\text{FS}} \\
&= \text{im}_{1i_1} * \{\text{Fun}_j\}_{\text{im}_{1i_1}} * \text{DR}_{\text{FS}} \\
&= \text{im}_{1i_1} * \{\{\text{Str}_{jj1}\}_{\text{Fun}_j},\cdots,\{\text{Str}_{nnl}\}_{\text{Fun}_n}\}_{\text{im}_{1i_1}} * \text{DR}_{\text{FS}}
\end{aligned}
\tag{6.9}
$$

因此，可以构建完整的对立问题镜像层次模型，如式(6.10)所示：

$$
Q_{\text{OP}} \mid Q_{\text{OP}'} =
\begin{cases}
=\begin{cases}
\text{im}_{1i_1} * \{\text{Str}_{jj1}\}_{\text{Fun}_j} * \text{DR}_{\text{FS}} \\
\quad\vdots \\
\text{im}_{1i_{1'}} * \{\text{Str}_{nnl}\}_{\text{Fun}_n} * \text{DR}_{\text{FS}}
\end{cases} \\
\quad\vdots \\
=\begin{cases}
\text{im}_{l'i_l} * \{\text{Str}_{jj1}\}_{\text{Fun}_j} * \text{DR}_{\text{FS}} \\
\quad\vdots \\
\text{im}_{l'i_{l'}} * \{\text{Str}_{nnl}\}_{\text{Fun}_n} * \text{DR}_{\text{FS}}
\end{cases}
\end{cases}
\tag{6.10}
$$

不同创新原理的设计过程可能涉及相同的结构，即同一种零件结构特征可搭载多个创新原理；同时，不同的零件结构特征变换可适用于同一创新原理，使镜像模型可能出现同层交叉或异层交叉的现象。

6.2.3　设计冲突核问题动态转换机理

核问题不是一成不变的，是在特定条件下推理获得的相对核问题。由于低碳产品的特征属性与产品模块、结构、低碳结构基等都是设计初期决定的，它们是不变的。可见，核问题的动态性是由产品需求变化后的符合情况决定的。

当需求特征属性变化时：①可以是需求特征属性的数量变化引起的未匹配特征属性数量的变化而导致的核问题与非核问题的动态转换；②可以是特征属性的量值变化引起的未匹配特征属性冲突设计目标的变化而导致的核问题与非核问题的动态转换；③可以是以上两种同时发生变化引起的未匹配特征属性数量、冲突设计目标、类型等的变化而导致的核问题与非核问题的动态转换。

核问题与非核问题的转换流程如下：

(1) 依据变化后的产品特征属性，从对应的产品实例负质变域或负量变域中获取某一实例作为研究对象。

(2) 依据需求特征属性与产品实例属性，确定实例不匹配属性的个数。

(3) 依据各属性之间的内在关联关系，构建五种类型下的设计冲突问题 Q：①各属性相互独立；②各属性同性质变化；③部分属性同性质变化，部分属性相互独立；④部分属性同性质变化，部分属性相反性质变化；⑤各属性间相反性质变化。

(4) 获取不匹配属性对应的底层低碳结构基。

(5) 如果是第①种类型下的设计冲突问题，经过推理获得的核问题由于独立性原则，其不存在核问题与非核问题之分，即不存在它们之间的转换问题，只是核问题的更新都属于子核问题，跳转到步骤(10)。

(6) 如果是第②种类型下的设计冲突问题，存在 $K(v(B_{\text{Pro\_Attribute}}{}^{i})$，$\text{PR}^{i})<K(v(B_{\text{Pro\_Attribute}}{}^{i})$，$\text{PR}^{j})$，发生了核问题与非核问题的转换，关联函数值更小的属性 $B_{\text{Pro\_Attribute}}{}^{i}$ 成为首先求解的核问题，跳转到步骤(10)。

(7) 如果是第③种类型下的设计冲突问题，当部分相容特征属性发生了核问题与非核问题的转换时，跳转到步骤(6)，独立的特征属性跳转到步骤(5)，然后再集成；否则，跳转到步骤(5)，再集成原来的不相容问题，跳转到步骤(10)。

(8) 如果是第④种类型下的设计冲突问题：

① 当只有部分相容特征属性发生了核问题与非核问题的转换时，跳转到步骤(6)，再集成原来的对立问题，构建新的核问题冲突模型。

② 当只有部分对立的特征属性参数发生变换时，(a)假设原来对立的特征

属性中有一个满足需求,则剩下的那个特征属性的核问题按照步骤(5)构建;(b)假设原来一个特征属性被其关联的另一特征属性所替代,则核问题变换为求解该两个特征属性的交集冲突问题。

③ 当这两部分都发生变化时,依照步骤(1)和(2)计算,再集成为新的核问题模型,跳到转步骤(10)。

(9) 如是第⑤种类型下的设计冲突问题,跳转到步骤(8)中的②转换计算来构建新的核问题模型,跳转到步骤(10)。

(10) 结束。

6.3　低碳设计冲突问题传导模型

低碳设计冲突问题模型可清晰地构建单一产品属性与产品结构的映射关系,如功能模块关联、显性成本结构关联、回收成本结构关联等,但是无法准确地描绘产品功能性能与结构之间的关联关系,以及性能之间的内在联系、各结构性能集成到模块性能的运算方式、各模块性能集成到产品性能的运算方式等。因此,需要基于传导链构建传导分类环。

6.3.1　冲突问题传导环构建

传导链构建出零部件之间的需求相关性,体现单向传递的"功能—模块—结构、性能—模块—结构、成本—模块—结构、环境—模块—结构"传导关系,一般呈现三层次交叉关联,是一个静态的拓扑网络,但传导链还不能直接反映出这些低碳产品特性的直接联系。传导环则在传导链的基础上,增加了模块或结构之间的相互影响和联系,构成局部封闭环。图 6.2 构建了为实现产品两个低碳特性需求的传导环模型。

图 6.2 中的产品低碳特性与产品结构是一个动态的传导环,产品低碳特性包含低碳属性与低碳性能,图中的每个元素都具有方向性。与传导链模型相比,传导环模型包含了同层次之间的传递关联,又具有方向性与可传导性,能更好地、更形式化地反映出内在的传导机理。

6.3.2　冲突问题驱动的传导原理

依据低碳需求获得的低碳设计冲突问题,参照图 6.2 可建立冲突问题驱动的低碳技术指标的传导原理。在解析传导原理的内在逻辑时,需要确认对立核问题中的优先变换实施技术指标(不相容问题的单一设计技术指标无须确定),确认的实施标准如下:

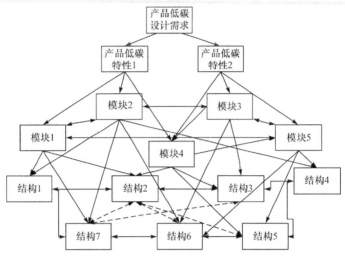

图 6.2　面向产品低碳特性的多向传导环

步骤 1：按照低碳需求给出的权重比较。权重相同时按步骤 2；不相同时跳至步骤 4。

步骤 2：按照技术指标的数量级，优先选取数量级大的。数量级相同时按步骤 3；不同时跳至步骤 4。

步骤 3：按照关联的结构数量，优先选取结构关联数量少的。

步骤 4：结束。

因此，可建立起低碳冲突问题驱动的传导原理，以图 6.2 的产品低碳特性 2 作为优选为例进行传导原理分析，具体如下：

(1) 产品低碳特性 2 与模块关联。产品低碳特性 2~{模块 3，模块 4，模块 5}；模块传递方向为：模块 3→模块 4→模块 5→(模块 1)。

(2) 模块与结构关联。模块 3~{结构 3, 结构 6}，模块 4~{结构 2, 结构 3, 结构 5}，模块 5~{结构 4, 结构 5, 结构 6}。结构传递方向为：结构 2→结构 3→结构 4→结构 5→结构 6；结构 2→结构 5；结构 2→结构 6；结构 3→结构 7。

(3) 此时的状态是一个相对均衡的生态系统，当低碳需求不匹配引起的产品低碳特性 2—模块 4—结构 2 传导链被破坏时，就会引起一系列复杂的影响变化，顺序依次为：

① "结构 2→结构 3→结构 4→结构 5→结构 6→结构 7→结构 2" 同层单向循环传导。

② "结构 2→结构 5→结构 6→结构 7→结构 2" 同层多向跨越式传导。

③ "结构 2→结构 6→结构 7→结构 2" 同层多向跨越式传导。

④ {结构 3, 结构 6}~模块 3，{结构 2, 结构 3, 结构 5}~模块 4；{结构 4, 结构 5, 结构 6}~模块 5，{结构 1, 结构 2, 结构 7}~模块 1，{结构 1, 结构 6, 结

构 7}～模块 2 等多向多层之间的传导。

⑤ "模块 4→模块 5→模块 1→模块 2→模块 3→模块 4" 为主模块 4 同层次单向循环传导。

⑥ "{模块 3, 模块 4, 模块 5}～产品低碳特性 2"，若产品低碳特性 2 满足低碳需求，则跳至步骤(7)，若不满足，则跳至步骤(1)。

⑦ "{模块 1, 模块 2, 模块 4}～产品低碳特性 1"，若产品低碳特性 1 满足低碳需求，则跳至步骤(8)，不满足，则跳至步骤(4)。

⑧结束。

基于这些步骤，可建立起低碳设计冲突问题的传导模型及其推理逻辑关系。

6.4 低碳设计冲突问题建模实例分析

根据对螺杆空气压缩机的低碳需求，通过实例库检索相似实例，如 3.5 表所示，以较相似的实例 CASE12 为例，建立不满足需求的冲突问题模型：

$$Q = (PR^3 \uparrow P_{Noise}) \bigcup (PR^{n-1} \uparrow E_{Use})$$
$$= (P_{Noise} \wedge E_{Use}) * CASE12$$
$$= (DCS_{12-3}, DCS_{12-(n-1)}) * CASE12$$

其中，DCS_{12-3}、$DCS_{12-(n-1)}$ 表示实例 CASE12 的两个低碳设计冲突要素：噪声 P_{Noise} 和使用碳足迹 E_{Use}。

通过相关性分析，该冲突问题可转化为两个独立的不相容问题：

$$Q_{INC} = \{DCS_{12-3}, DCS_{12-(n-1)}\} \uparrow PS_{CASE12} * DR$$
$$= (DCS_{12-3} \uparrow PS_{CASE12} * DR) \bigcup (DCS_{12-(n-1)} \uparrow PS_{CASE12} * DR)$$

以 DCS_{12-3} 冲突要素结合 TRIZ 推理为例，通过性能层无法判定 DCS_{12-3} 属于哪种 TRIZ 矛盾问题，需对其进行由上而下的解析。

螺杆空气压缩机噪声主要包括机械噪声与空气动力噪声，前者在现有的减震系统里已均衡，并在生产完成时就已决定，因此对系统变换的代价大；后者主要包含进气口噪声、出气口噪声、压缩机噪声、散热的风扇噪声等，以控制进气口噪声与散热风扇的噪声为佳，对螺杆空气压缩机有效控制的内部空气动力噪声为主要研究目标。

进气口噪声主要包含进气管、进气阀、消声器、出气管、出气阀等零件，核心零件是消声器。减小螺杆空气压缩机进气口噪声的方法是加长消声器长度、增加内部的消声隔板或塞孔，这势必导致进气速率减慢和进气量减少，由此，可建立基于消声器的螺杆空气压缩机进气口噪声与进气速率或进气量的技术矛盾，以进气速率恶化为例展开建模。

(1) 低碳设计冲突问题层次建模。

$$
\begin{aligned}
Q_{\text{OPP}} &= \text{DCS}_{12\text{-}3} \uparrow \text{PS}_{\text{CASE12}} * \text{DR} \\
&= \text{DCS}_{12\text{-}3} \uparrow M_1 * \text{DR}_{M_1} \\
&= \text{DCS}_{12\text{-}3} \uparrow M_2 * \text{DR}_{M_1 \cup M_2} \\
&= (P_{\text{INoise}} \wedge P_{\text{AS}}) \uparrow \text{Part}_1 * \text{DR}_{M_1 \cup M_2 \cup \text{Part}_1}
\end{aligned}
$$

其中，M_1 为空气动力噪声相关模块；M_2 为进气口噪声相关模块；P_{INoise} 为进气口噪声；P_{AS} 为进气速率；Part_1 表示消声器零部件。

(2) 低碳设计不相容问题镜像模型。

$$
Q_{\text{OPP}} \mid Q'_{\text{OPP}} =
\begin{cases}
Q_{\text{OPP}} = (P_{\text{INoise}} \wedge P_{\text{AS}}) \uparrow \text{Part}_1 * \text{DR}_{M_1 \cup M_2 \cup \text{Part}_1} \\
Q'_{\text{OPP}} = (P_{\text{INoise}} \wedge P_{\text{AS}}) \uparrow \text{Part}_1{}' * \text{DR}_{M_1 \cup M_2 \cup \text{Part}_1}
\end{cases}
$$

(3) TRIZ 创新问题建模。P_{INoise} 可转换为 TRIZ 工程参数中的 29# 噪声并作为待优化的参数，P_{AS} 转换为 14# 速度并作为恶化的参数，获得创新原理解集 {3，1，14，31，39，24，4}，依次表示局部质量、分割、曲面化、多孔材料、惰性环境、借助中介物、增加不对称性。

因此，建立如下基于 TRIZ 的矛盾问题模型：

$$
\begin{aligned}
Q_{\text{TRIZ-OPP}} &= (P_{\text{INoise}} \wedge P_{\text{AS}}) \uparrow \text{Part}_1 * \text{DR}_{M_1 \cup M_2 \cup \text{Part}_1} \\
&= f\{c_{29}(\text{TRIZ}_{48}), c_{14}(\text{TRIZ}_{48})\} * \text{Part}_1 * \text{DR}_{M_1 \cup M_2 \cup \text{Part}_1} \\
&= \text{IM}\big|_{(c_{29}(\text{TRIZ}_{48}), c_{14}(\text{TRIZ}_{48}))} * \text{Part}_1 * \text{DR}_{M_1 \cup M_2 \cup \text{Part}_1} \\
&= \{\text{im}_3, \text{im}_1, \text{im}_{14}, \text{im}_{31}, \text{im}_{39}, \text{im}_{24}, \text{im}_4\} * \text{Part}_1 * \text{DR}_{M_1 \cup M_2 \cup \text{Part}_1} \\
&= \text{im}_{33} * \text{Part}_1 * \text{DR}_{M_1 \cup M_2 \cup \text{Part}_1}
\end{aligned}
$$

其中，im_3 表示创新原理 3，即局部质量符合螺杆空气压缩机的噪声优化，包含 im_{31} 将物体、环境或外部作用的均匀结构变为不均匀结构，im_{32} 使物体的不同部分具备不同功能，im_{33} 使物体的各部分处于完成各自功能的最佳状态。根据设计经验，im_{33} 符合当前设计要求，即增加消声器的腔室或优化现有多腔室结构。

此外，与使用碳足迹数据相关的模块主要有电机驱动模块、风扇冷却模块、空气压缩模块、油冷模块等，而各个模块又包含非常多的结构与核心零部件、接口，是一个复杂的系统性问题，所产生的冲突问题最为激烈。低碳性能冲突问题和低碳属性冲突问题，将分别在第 7 章和第 8 章展开具体的研究，阐述其不同的低碳设计过程与冲突协调机制。

第 7 章　低碳设计性能冲突协调

本章研究低碳设计性能冲突问题，提出自顶而下的低碳性能冲突协调方法。研究低碳性能之间的强弱关联建模方法，建立基于触发性能的低碳性能冲突核问题协调策略，结合传导变换规则，生成低碳性能冲突问题协调算法。

7.1　低碳性能关联建模

7.1.1　低碳性能关联传导矛盾网

对产品主要零部件(product mainly parts, PMP)的关联性采用可拓基元、复合元建模，形式化地描述问题产生对象、问题产生对象间的关联关系、问题产生对象传导的先后性等。

设变换的质量工程特性对应的产品主要零部件有 s 个：PMP_1，PMP_2，$\cdots$，PMP_s，构建这些零部件的关联传递矩阵 RM：

$$
\mathrm{RM} = \begin{array}{c} \\ \mathrm{PMP}_1 \\ \mathrm{PMP}_2 \\ \vdots \\ \mathrm{PMP}_s \end{array}
\begin{array}{c} \mathrm{PMP}_1 \ \mathrm{PMP}_2 \quad \cdots \quad \mathrm{PMP}_s \\
\left[\begin{array}{cccc}
\mathrm{rm}_{11} & \mathrm{rm}_{12} & \cdots & \mathrm{rm}_{1s} \\
\mathrm{rm}_{21} & \mathrm{rm}_{22} & \cdots & \mathrm{rm}_{2s} \\
\vdots & \vdots & & \vdots \\
\mathrm{rm}_{s1} & \cdots & \cdots & \mathrm{rm}_{ss}
\end{array} \right] \end{array}
\tag{7.1}
$$

其中，rm_{ij} 的取值为 -1、0、1。

当 $i = j$ 时：

$$
\mathrm{rm}_{ij} = R(\mathrm{PMP}_i, \mathrm{PMP}_j) = \begin{bmatrix} 传递关系, & 前项, & \mathrm{PMP}_i \\ & 后项, & \mathrm{PMP}_j \\ & 取值, & 1 \end{bmatrix}
$$

当 $i = j$ 时：

$$
\mathrm{rm}_{ij} = R(\mathrm{PMP}_i, \mathrm{PMP}_j) = \begin{bmatrix} 传递关系, & 前项, & \mathrm{PMP}_j \\ & 后项, & \mathrm{PMP}_i \\ & 取值, & -1 \end{bmatrix}
$$

当 $i = j$ 时：

$$\mathrm{rm}_{ij} = R(\mathrm{PMP}_i, \mathrm{PMP}_i) = \begin{bmatrix} \text{传递关系,} & \text{前项,} & \mathrm{PMP}_i \\ & \text{后项,} & \mathrm{PMP}_i \\ \text{取值,} & 0 & \end{bmatrix}$$

其中，$R(\mathrm{PMP}_i, \mathrm{PMP}_j)$ 为关系元。

通过关联传递矩阵 RM，结合"需求-工程特性-零部件"的传导链，可以构建"相关需求-冲突工程特性-相关的产品主要零部件"传导矛盾网(conductive conflict net, CCN)，CCN 是一种有传递方向的网络结构。

从需求基元库、工程特性基元库和产品主要零部件基元库中提取相关的基元模型，针对因需求而造成工程特性冲突的变换方案，建立零部件之间的关系复合元模型，并生成传导关系矩阵。据此可构建各零部件节点之间的关系图及传递方向：当零部件两两之间无相关关系(即相关度为 0)时，两零部件之间不添加连接线。由此，以"需求-工程特性-零部件"为主要冲突关系的传导矛盾网就可以建立。如图 7.1 和图 7.2 所示，根据工程特性冲突的特点，分别按照同客户需求和异客户需求下的异工程特性冲突来构建传导矛盾网，图中符号×表示冲突。

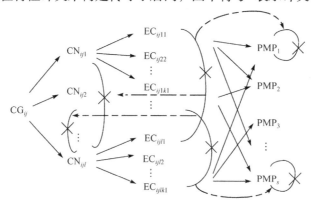

图 7.1　同客户需求下的异工程特性冲突的传导矛盾网

图中，CG_{ij} 表示表示客户群体，i 表示群体类型，包括价值客户群体、潜在客户群体及非客户群体，j 表示某类群体中的客户群编号；CN_{ijl} 为客户群体的需求；EC_{ijlk} 为产品工程特性。

去掉传导矛盾网中的需求和工程特性，即可生成冲突问题传导矛盾环(conductive conflict circle, CCC)，传导矛盾环主要是针对产品零部件的冲突协调的传导变换逻辑。由于图 7.1 和图 7.2 中的 PMP_1、PMP_2 和 PMP_s 等零部件会造成带有工程冲突的自冲突，可将其作为传导矛盾环的出发点和终点，考虑零部件之间的相关性及其功能的实现，构建如图 7.3 所示的传导矛盾环。该传导矛盾环以 PMP_s 为例，根据前面分析，其相关的产品主要零部件包括 PMP_1、PMP_2、PMP_3、PMP_6、

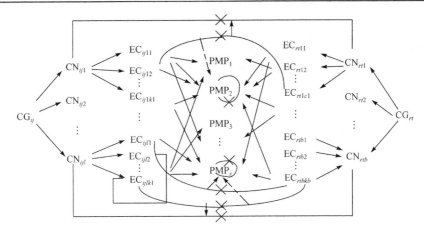

图 7.2　异客户需求下的异工程特性冲突的传导矛盾网

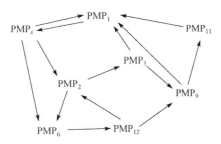

图 7.3　基于 PMP_s 的传导矛盾环

PMP_9、PMP_{11} 和 PMP_{12}。

7.1.2　低碳性能关联分析

低碳性能冲突是指在同一变换环境下，由 2 个或 2 个以上低碳性能指标发生不同方向的变化，引起低碳性能产生复杂的强关联冲突，形成一种无序的冲突问题。因此，低碳性能关联分析是实现低碳性能冲突有效协调的核心步骤之一。

1) 低碳性能之间的关联分析

低碳性能是基于产品功能实现，或者系统集成之后形成的特定评价指标。可见，性能也有对应的结构载体，包括功能性性能、系统性性能和集成性性能。前两者具有明确的结构载体与逻辑关系，后者具有相对准确的结构载体与非明确的逻辑关系。低碳性能属于产品性能的一种，也具有系统的性质。

低碳性能(LCP)直接影响碳排放量的大小，是减少能耗、提升效率、减少排放量等相关的产品性能总称。

以 CCC 为基础，可构建 LCP 与 CCC 的映射关系式，即 LCP=f(CCC)=f({PMP})，则任意 2 个低碳性能可能存在的关联关系为

$$\begin{cases} \text{LCP}_i\,\text{独立于}\,\text{LCP}_j, & \{\text{PMP}_i\}\bigcap\{\text{PMP}_j\}=\varnothing \\ \text{LCP}_i\,\text{弱相关于}\,\text{LCP}_j, & \{\text{PMP}_i\}\bigcap\{\text{PMP}_j\}=\{\text{PMP}_l\}\notin\text{核心部件} \\ \text{LCP}_i\,\text{强相关于}\,\text{LCP}_j, & \{\text{PMP}_i\}\bigcap\{\text{PMP}_j\}=\{\text{PMP}_l\}\in\text{核心部件} \\ \text{LCP}_i\,\text{强负相关于}\,\text{LCP}_j, & \varphi\text{CCC}_l\Rightarrow({}_{\text{LCP}_i}T_{\text{LCP}_j}\text{LCP}_j=\text{LCP}_j',\Delta\text{LCP}_i/\Delta\text{LCP}_j<0) \\ \text{LCP}_i\,\text{强正相关于}\,\text{LCP}_j, & \varphi\text{CCC}_l\Rightarrow({}_{\text{LCP}_i}T_{\text{LCP}_j}\text{LCP}_j=\text{LCP}_j',\Delta\text{LCP}_i/\Delta\text{LCP}_j>0) \end{cases}$$

$$\tag{7.2}$$

其中，$\Delta\text{LCP}_i=\text{LCP}_i'-\text{LCP}_i$，为属性变换前后的变化量。

低碳性能一般存在直接或间接的弱相关性与强正相关性，例如，螺杆空气压缩机使用阶段中能耗为产品的重要低碳性能之一，则降低能耗与增加压缩比效率为弱相关关系，降低能耗与转子压缩功耗比为强正相关关系等。

2) 低碳性能与非低碳性能关联关系

低碳性能与非低碳性能的关系相对复杂很多，式(7.2)中的五种形式都可能出现，主要原因是侧重点不一致，低碳性能更侧重于节能减排，而非低碳性能侧重于功能实现的最优化或者是负影响的最小化。

低碳性能与非低碳性能的关系如下：

$$\begin{cases} \text{LCP}_i\,\text{独立于}\,P_j, & \{\text{PMP}_i\}\bigcap\{\text{PMP}_j\}=\{\text{PMP}_l\}\bigcup\varnothing \\ \text{LCP}_i\,\text{弱相关于}\,P_j, & \{\text{PMP}_i\}\bigcap\{\text{PMP}_j\}=\{\text{PMP}_l\} \\ \text{LCP}_i\,\text{强负相关于}\,P_j, & \varphi\text{CCC}_l\Rightarrow({}_{\text{LCP}_i}T_{P_j}P_j=P_j',\Delta\text{LCP}_i/\Delta P_j<0) \\ \text{LCP}_i\,\text{强正相关于}\,P_j, & \varphi\text{CCC}_l\Rightarrow({}_{\text{LCP}_i}T_{P_j}P_j=P_j',\Delta\text{LCP}_i/\Delta P_j>0) \end{cases}$$

$$\tag{7.3}$$

(1) LCP_i 与 P_j 独立。例如，螺杆机压缩能耗低碳性能与风扇噪声相互独立，并且它们的结构交集为空；又如，螺杆机风扇能耗与风扇噪声也相对独立，但是其结构交集不为空。

(2) LCP_i 与 P_j 弱相关。例如，螺杆机实际压缩比与油气分离性能，当油气分离性能减弱时，回流的润滑油减少，增大了压缩功耗，间接降低了实际压缩比，它们的结构交集不为空，是回流结构装置。

(3) LCP_i 与 P_j 强负相关。例如，降低螺杆机进气模块的功耗，必须减小进气的阻力，但是进气阻力降低使进气噪声升高，从而使消声性能减弱，形成强负相关关系。

(4) LCP_i 与 P_j 强正相关。例如，在相同的螺杆机气体压缩模块功耗情况下，提高压缩比，势必需要在不提高双螺杆转子转速的条件下，改善和优化双螺杆转子的物理结构，就形成强正相关关系。

7.1.3　低碳性能冲突建模

在明确的低碳性能之间或与非低碳性能的内在逻辑关系下，可构建量化的低碳性能冲突问题模型。依据前面的传导矛盾环建模与映射，可提取 2 个低碳性能与 1 个非低碳性能，即：①$\text{LCP}_i \sim \{\text{PMP}_{i1},\cdots,\text{PMP}_{ij},\cdots,\text{PMP}_{in}\}$；②$\text{LCP}_j \sim \{\text{PMP}_{j1},\cdots,\text{PMP}_{jk},\cdots,\text{PMP}_{jn}\}$；③$P_k \sim \{\text{PMP}_{k1},\cdots,\text{PMP}_{kl},\cdots,\text{PMP}_{kn}\}$。这 3 个产品性能可构成两种类型的低碳性能冲突问题。

1) 低碳性能之间冲突问题建模

$$Q = \{\text{LCP}_i, \text{LCP}_j\} * \text{PS}$$
$$= \begin{cases} (\text{LCP}_i * \text{PS}) \bigcup (\text{LCP}_j * \text{PS}) & ① \\ \text{LCP}_i * \text{PS} & ② \\ (\text{LCP}_i \wedge \text{LCP}_j) * \text{PS} & ③ \end{cases} \tag{7.4}$$

其中，①、②、③分别对应 LCP_i 与 LCP_j 相互独立、弱相关、强相关条件下的低碳性能冲突问题模型；$\text{PS}=\{\text{PMP}\}$。

2) 低碳性能与非低碳性能冲突问题建模

$$Q = \{\text{LCP}_i, P_k\} * \text{PS}$$
$$= \begin{cases} (\text{LCP}_i * \text{PS}) \bigcup (P_k * \text{PS}) & ① \\ \text{LCP}_i * \text{PS} & ② \\ (\text{LCP}_i \wedge P_k) * \text{PS} & ③ \end{cases} \tag{7.5}$$

其中，①、②、③分别对应 LCP_i 与 P_k 相互独立、弱相关、强相关条件下的低碳性能冲突问题模型。

7.2　低碳性能冲突协调策略

7.2.1　低碳触发性能确定

低碳设计冲突问题是一种相对较复杂的、宏观的、系统性的冲突问题，需要剖析核心的设计问题，把握冲突问题协调的关键设计因素，建立低碳设计冲突核问题模型。在低碳性能冲突问题模型的基础上建立冲突核问题模型：

$$\text{CQ} = \begin{cases} (\max \Delta\text{LCP}, \{P_i, P_j\} * \text{PMP} & ① \\ \{(\max \Delta\text{LCP}, \text{LCP}_i), (\max \Delta\text{LCP}, \text{LCP}_j)\} * \text{PMP} & ② \\ \Delta\text{LCP} * \text{PMP} & ③ \end{cases} \tag{7.6}$$

低碳需求驱动下的单一性能参数优化可以根据设计经验，对与该性能参数直接相关的结构特征进行优化改进以实现设计目标。但由于客户对产品低碳需求是不同的，其认同的待优化性能也不尽相同，导致产品低碳设计核问题必然转换为多性能优化问题，使得在产品性能的定性化描述中，无法做到准确、定量地描述产品各性能之间的内在关联关系，难以确定某一性能参数作为最迫切的优化对象。为此，需在待优化性能中确定一个作为产品性能设计优化的触发性能，以提高设计效率。

触发性能是产品低碳设计冲突核问题中待优化协调的性能属性，与其他低碳性能冲突相比，其相似度最大，是驱动结构变换的直接因素，也是挖掘产品性能之间冲突关联关系的触发因素，用 AP 来表示。

对于式(7.6)中的类型①与③，可以明确地给出触发性能，而类型②需要结合低碳需求再确认给出，具体 AP 获取如下：

(1) 类型①的 AP 获取：AP=LCP。

(2) 类型②的 AP 获取：式中 ΔLCP 表示期望需求值与实际属性值的差值，选取差值大的作为触发性能，即将相似度小的属性作为首要改进的对象；AP=max(ΔLCP)。

(3) 类型③的 AP 获取：AP=LCP。

7.2.2　性能冲突核问题协调策略

产品综合性能参数一般是产品各模块性能集成作用的具体数值描述。对产品触发性能的优化最终必须映射到产品结构参数的量化实现上，因而需要建立触发性能与产品结构模块性能特征的数学表达式。产品各模块性能特征对产品性能的影响比重不同，因此需确定某一触发性能核心模块为性能结构冲突的传导协调对象。

假设 AP 对应 l 个产品模块 $MP_1, MP_2, \cdots, MP_l$ 的触发性能，且 $MPAP_1$, $MPAP_2, \cdots, MPAP_l$ 分别表示各模块性能，为了准确实施对触发性能的优化，必须选取对该性能最有影响的模块性能 $MPAP_l$ 作为触发性能模块，以实施模块结构的传导协调。

1) 触发性能与模块结构性能冲突模型

触发性能 AP 的优化与产品实例模块结构性能之间的冲突问题为相容性问题：

$$Q = [v(AP) \rightarrow v(P)] * Z_{MPAP_x} \tag{7.7}$$

其中，Z_{MPAP_x} 为产品第 x 个结构模块的复合基元表达；$MPAP_x$ 为零部件结构组成关系链，可以按机构运动能量传递的顺序搭建，也可以按零部件装备关系顺序搭建。例如，$MP_{x1}, MP_{x2}, \cdots, MP_{xs}$ 分别表示 s 个零部件，且第 i 个零部件 MP_{xi} 对 $MPAP_x$ 的影响最大，则结构模块触发性能冲突传导协调核问题 CQ 为

$$CQ = [v(AP) \rightarrow v(P)] * \{c(MP_{xi})\} \tag{7.8}$$

2) 基于 CQ 的传导规则

由于事物间存在一定的相关性或蕴含性,通常会用传导变换原理来推理矛盾问题。如上所述,对第 i 个零件结构特征集 $\{c(\mathrm{MP}_{xi})\}$ 实施可拓变换后,可能会产生纵向或横向两种类型的传导,具体传导规则如下。

(1) 关联纵向传导推理:指零部件基元 MP_{xi} 内部某零件特征参数的变换,引起与其配合的另一零件特征发生同步变换,并使零件间的关联度发生变换的过程。

传导规则 1:

$$
\begin{aligned}
(\mathrm{TMP}_{xi} = \mathrm{MP}'_{xi})|&= (_{\mathrm{MP}_{xi}}T(c,v) = (c',v')) \\
&= K(c'(\mathrm{MP}'_{xi}))
\end{aligned}
\tag{7.9}
$$

传导规则 2:

$$
\begin{aligned}
(Tc_j(\mathrm{MP}_{xi}) = c'_j(\mathrm{MP}_{xi}))|&= (_{c_j(\mathrm{MP}_{xi})}Tv_j = v'_j) \\
&|=_{v'_j} T(\{c_t\},\{v_t(c_t)\}) = (\{c'_t\},\{v'_t(c'_t)\}) \\
&|= K(\{c'(\mathrm{MP}_{xi})\})
\end{aligned}
\tag{7.10}
$$

(2) 关联横向传导推理:指零部件基元 MP_{xi} 内部第 i 个零件特征参数的变换,引起与其关联度小的另一零部件基元 MP_{xj} 内部第 j 个零件特征参数发生同步变换,并使零件间的关联度发生变换的过程。

传导规则 3:

$$
\begin{aligned}
(\mathrm{TMP}_{xi} = \mathrm{MP}'_{xi})|&= (_{\mathrm{MP}_{xi}}\mathrm{TMP}_{xj} = \mathrm{MP}'_{xj})_{j \neq i \in s} \\
&|= K(\mathrm{MP}'_{xj}) = K[f(c(\mathrm{MP}'_{xj}))]
\end{aligned}
\tag{7.11}
$$

其中, j 表示该模块中的第 j 个零件,当一阶传导变换没有满足要求时,需进行多阶传导变换,形成传导变换环,直至满足需求。

3) 基于 CQ 的传导协调

根据传导规则,对结构模块触发性能冲突传导协调核问题模型 CQ 进一步简化:

$$
\begin{aligned}
\mathrm{TCQ} &= T\{[v(\mathrm{AP}) \rightarrow v(P)] \cdot \{c(\mathrm{MP}_{xi})\}\} \\
&= T[v(\mathrm{AP}) \rightarrow v(P)] \cdot T\{c(\mathrm{MP}_{xi})\} \\
&= [f\{c(\mathrm{MPAP}_x)\} \rightarrow v(P)] \cdot T_\varphi\{c(\mathrm{MP}_{xi})\} \wedge_\varphi T\{c(\mathrm{MP}_{xj})\}_{j \neq i}
\end{aligned}
\tag{7.12}
$$

简化后的触发性能结构冲突模型求解算法过程如下:

(1) 把零部件结构组成的关系链特征向产品性能映射转换 $[f\{c(\mathrm{MPAP}_x)\} \rightarrow v(P)]$,作为性能设计需求传导协调满足的目标。

(2) 针对 $\{c(\mathrm{MP}_{xi})\}$ 任意给出一组 T_φ,实施该特征的主动变换,再依据传导规则推理,生成相应的一组传导变换 $_\varphi T$。

(3) 给出变换的传导效应、传导度、关联度公式并计算各个函数值,以此来控制变换方向的目标性。

(4) 评价该次传导协调策略的可行性，计算 $v(\text{MPAP}_x)$ 和 $v(\text{AP})$，匹配 $[f\{c(\text{MPAP}_x)\} \to v(p)]$，若满足，则输出方案，跳转到步骤(6)；否则，跳转到步骤(5)。

(5) 实施多阶多次传导变换，在上次变换结果的基础上实施 $T_{\varphi(i)}$ 和 $_{\varphi(i)}T$，$i=i++$；跳转到步骤(2)。

(6) 结束，输出可行的传导协调方案。

在冲突问题协调过程中，挖掘零件之间的传导性规则，即为传导知识挖掘。要获得传导知识，需构建三种类型的信息元集：① 同对象信息元集；② 同特征信息元集；③ 异对象异特征信息元集。

基于可拓工程理论，通过对产品零部件进行发散分析、相关分析、蕴含分析、可扩分析及分解分析等，可获得相关信息元集。

若以零部件基元 M_{PMP_j} 为例，其拓展后的同对象信息元可表示为

$$M_{\text{PMP}_j'} = \begin{bmatrix} O_j, & c_1, & v_1 \\ & c_2, & v_2 \\ & \vdots & \vdots \\ \oplus & c_{n+1}, & v_{n+1} \\ & \vdots & \vdots \end{bmatrix} \tag{7.13}$$

同特征信息元可表示为

$$M_{\text{PMP}_j''} = \begin{bmatrix} O_j \oplus (O_j^1, O_j^2, \cdots, O_j^m), & c_1, & v_1 \\ & c_2, & v_2 \\ & \vdots & \vdots \\ & c_n, & v_n \end{bmatrix} \tag{7.14}$$

同样，信息元库中的第三种数据类型为异对象异特征信息元集，为式(7.13)与式(7.14)的组合。

7.3　基于自顶而下的低碳设计性能冲突协调

7.3.1　基于传导变换的设计要素确定

低碳设计冲突问题协调方法给出了问题求解策略，确定了低碳冲突性能、变换规则、变换设计对象。

低碳设计冲突问题中包含的多因素协调的最终载体是可实现的功能结构，而变换与传导变换的实施对象是结构，具体的可变换结构的基础是核心零部件的特

征。核心零部件特征中的关联特征具有数量多、传导变换方向不定、变异模式不单一、传导效应多样化等特点。因此，合理、准确地确定变换的设计要素至关重要。

零部件的组合变换(主动变换+传导变换)是先零部件自身的组合变换，再实施零部件之间的组合变换。低碳设计冲突协调的设计要素确定步骤如下：

(1) 确定变换的核心零部件。当出现两个以上同功能结构的零部件时，按照功能实现的先后顺序确定。

(2) 确定待变换零部件的核心特征集合，确立这些核心特征之间的关联性、可传导性、空间位置等要素。

(3) 依据传导矛盾环，确立传导零部件的特征集合传导变换与传导效应控制。

(4) 确定反向传导的匹配过程定位，并核对核心零部件核心特征的准确性。

(5) 修正核心特征，并最终确立核心零部件核心特征作为激发性能的设计要素。

7.3.2　低碳性能冲突协调算法实现

可拓变换是可拓学理论中解决矛盾问题的重要工具之一，建立产品零部件可拓变换过程中的传导度计算式，并生成自顶而下的性能冲突协调算法流程。

1) 传导零件变换的传导度构建

若某一零件特征量值 $v[c(M_{PMP_j})]$ 发生主动变换，另一零件特征量值 $v[c(M_{PMP_i})]$ 发生传导变换，则其传导效应为 $\Delta v[c(M_{PMP_i})]$，给定阈值 $\delta > 0$，规定当 $\Delta v[c(M_{PMP_i})] > \delta$ 时，零件特征 $c(M_{PMP_i})$ 为 $c(M_{PMP_j})$ 的传导特征。

定义主动变换量与传导效应的比值，即为传导度(conductive degree, CD)：

$$CD[c(M_{PMP_j}), c(M_{PMP_i})] = \left| \frac{v[c(M_{PMP_j})'] - v[c(M_{PMP_j})]}{v[c(M_{PMP_i})'] - v[c(M_{PMP_i})]} \right| = \left| \frac{\Delta v[c(M_{PMP_j})]}{\Delta v[c(M_{PMP_i})]} \right| \quad (7.15)$$

传导度的大小说明在主动变换实施过程后引起的可传导性的程度，传导度越小，对于变换实施的可操作性越强，且受约束性越小。

若一个传导矛盾环中有 n 个传导相关特征，则其平均传导度区间 γ 为

$$\gamma = \sum_{i=1}^{n-1} \frac{CD}{n-1} \quad (7.16)$$

2) 传导变换策略

基于自顶而下的低碳设计性能冲突协调传导变换流程如图 7.4 所示，其传导变换步骤如下：

(1) 分析产品主要零部件功能实现原理和结构布局，构建零部件关联传递矩阵 RM。

(2) 生成传导矛盾网 CCN。

(3) 构建冲突问题模型 P_i，确定待变换的 L_i。

(4) 结合变换条件，生成冲突问题协调的传导矛盾环 CCC_{P_i}。

(5) 计算冲突函数 K_{P_i}，如果 $K_{P_i} < 0$，转步骤(6)；否则，跳至步骤(12)。

(6) 传导基元库构建。

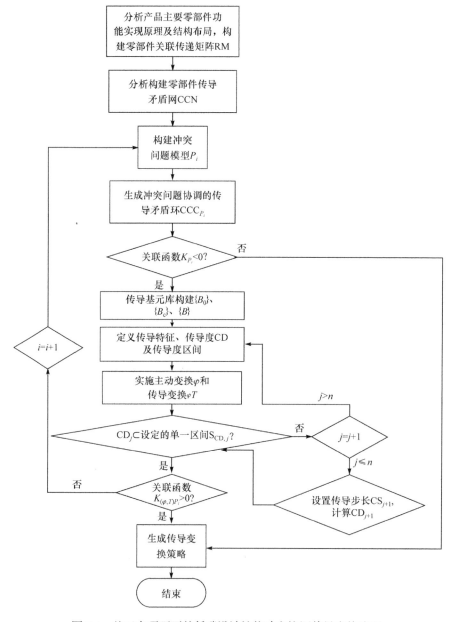

图 7.4　基于自顶而下的低碳设计性能冲突协调传导变换流程

(7) 定义传导特征、传导度 CD 及传导度区间。

(8) 实施主动变换 φ 和传导变换 $_\varphi T$。

(9) 判断 $_\varphi T_j$ 对应的 CD_j 是否属于设定的传导变换区间 $S_{CD,j}$；若满足，则转至步骤(11)；否则，$j=j+1$，转至步骤(10)。

(10) 重新设置传导步长 CS_{j+1}，计算 CD_{j+1}，并转至步骤(9)。若 $j>n$，则转至步骤(7)。

(11) 判断 $K_{(\varphi,T)P_i}$，若 $K_{(\varphi,T)P_i}>0$，则冲突问题得到协调，转至步骤(12)；否则，$i=i+1$，转至步骤(3)。

(12) 生成变换协调的传导变换策略。

(13) 结束。

7.4　低碳设计性能冲突协调案例分析

螺杆空气压缩机主要由动力系统、管路系统、润滑系统三大部分组成，其中动力系统主要由电动机、螺杆机头等核心零部件构成，管路系统包括油气分离桶、冷却管路、空气调节管路等。现以螺杆空气压缩机为例，分析说明前述理论的实现过程。

以噪声、排气量、压缩率作为低碳需求输入，这三个性能是间接性的低碳性能。相关工程特性有减小噪声、气流稳定性、吸气模块、排气模块和压缩效率。螺杆空气压缩机噪声包括机械噪声、空气动力噪声，以空气动力噪声为主，而空气动力噪声主要来源于吸气模块、冷却风扇模块等，其中吸气模块是主要的噪声来源。结合螺杆空气压缩机产品零部件结构树及矛盾问题传导环构建方法，建立螺杆空气压缩机零部件传导矛盾环，如图 7.5 所示。

这三个低碳性能关联的吸气模块的主要作用是保证进气干净无杂质，是一种管道式的传递模块形式，但是产生了吸气噪声。而其中的消声器是该模块内主要的噪声减弱结构，但是太强的消声性能反而会增加吸气能耗与降低进气速率。因此，可以推导出减小噪声与吸气模块是强负相关关系。

以图 7.5 中的吸气模块为例，计算减小噪声 SP_1 和气流稳定性 SP_2 的 $R_{EC \to PMP}$ 与 RM，步骤如下：

(1) 计算 $R_{EC \to PMP}$ 与对应的重要度综合评价 CE。依据吸气模块包含的零部件结构，设 $PMP_1 \sim PMP_6$ 分别为空滤总成、消声器、抱箍、进气阀、螺栓和机头，则

$$R_{EC \to PMP} = \begin{array}{c} \\ SP_1 \\ SP_2 \end{array} \overset{\displaystyle PMP_1 \quad \cdots \quad PMP_6}{\begin{bmatrix} 1 & 1 & 0 & 0 & 0 & 1 \\ 1 & 1 & 1 & 1 & 1 & 1 \end{bmatrix}}$$

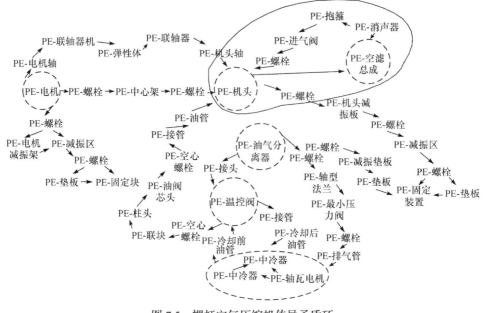

图 7.5　螺杆空气压缩机传导矛盾环

对应的 CE 为

$$CE=(2.6, 4.2, 1.8, 2.4, 1.6, 2.2)$$

(2) 计算 RM 与方案选择评价 PE。依据 CCC，建立 RM，即

$$
RM_{6\times6} = \begin{matrix} & PMP_1 & \cdots & PMP_6 \\ \begin{matrix} PMP_1 \\ \\ \\ \vdots \\ \\ PMP_6 \end{matrix} & \begin{bmatrix} 0 & 1 & & & & -1 \\ -1 & 0 & 1 & & & \\ & -1 & 0 & 1 & & \\ & & -1 & 0 & 1 & \\ & & & -1 & 0 & 1 \\ & & & & -1 & 0 \end{bmatrix} \end{matrix}
$$

对应的 PE 为

$$PE=(1.3, 1.05, 1.8, 1.2, 1.8, 1.1)$$

(3) 确定变换的主要结构。针对吸气模块的这 6 个零部件，通过计算 $max(CE\times PE^T)$，输出最关联零部件。

$$max(CE\times PE^T)=(3.38, 4.41, 3.24, 2.88, 2.88, 2.42)=4.41$$

则选取消声器作为主要的变换结构，作为主动变换的起始点，也是传导矛盾环的反馈节点。

减小噪声和气流稳定性这两个产品性能分别属于低碳性能与非低碳性能，并且两者存在强负相关性。结合变换对象与冲突性能的关联性，确定低碳性能冲突问题为相容性冲突问题，即低碳性能中的减小噪声与现有消声器的冲突问题。而将这个冲突问题协调的结果又受到该模块其他零部件在空间位置、装配关系、联接关系的反馈，以及气流稳定性指标的不弱化反馈作为外部传导矛盾问题。

低碳性能相容性冲突问题模型为

$$Q_0=[降低噪声, N, 87\text{dB}]*\text{PS}$$

该低碳性能的传导问题链模式为

$$\begin{cases} T_\varphi Q_0 = Q_0' \Rightarrow {}_\varphi T_{Q_1} Q_1 = {}_\varphi T_{Q_1} \begin{bmatrix} O_{Q_1}, & c_1, & v_1 \\ & c_2, & v_2 \\ & c_3, & v_3 \end{bmatrix} = Q_1' \nearrow Q_0' \\ T_\varphi \text{SP}_1 = \text{SP}_1' \Rightarrow {}_\varphi T_{\text{SP}_2} \text{SP}_2 = \text{SP}_2' \end{cases}$$

其中，特征属性 c_1、c_2、c_3 分别为空间位置、装配关系和联接关系；符号 $\nearrow$ 表示适应性。

依据 Q_0 可给出相容性低碳性能冲突问题的核问题模型 CQ_0，即

$$\text{CQ}_0 =[降低噪声, N, 87\text{dB}]* \begin{bmatrix} 扩张式消声器, & 材料, & 不锈钢板 \\ & 形状, & 圆 \\ & 入口直径, & 60\text{mm} \\ & 出口直径, & 60\text{mm} \\ & 扩张室直径, & 180\text{mm} \\ & 扩张室长度, & 140\text{mm} \end{bmatrix}$$

为了避免在消声过程中的受迫振动，对扩张室长度做主动减变换。参照传导变换知识挖掘流程生成与相容性低碳性能冲突问题协调算法，获得不同设计方案的消声器结构。在输出的方案中发生传导变换的零件有消声器的其他特征，如图 7.6 所示为空滤总成及抱箍的联接接口。

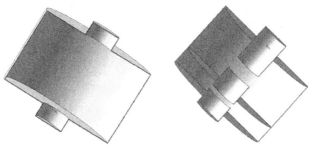

图 7.6　消声器变换前后空滤总成及抱箍联接接口

传导变换后的消声器结构参数为

$$
M' = \begin{bmatrix}
\text{扩张式消声器,} & \text{材料,} & \text{玻璃钢} \vee \text{镀锌钢板} \\
 & \text{形状,} & \text{圆} \\
 & \text{入口直径,} & 85\text{mm} \\
 & \text{出口直径,} & 85\text{mm} \\
 & \text{扩张室直径,} & 340\text{mm} \\
 & \text{第一节扩张室长度,} & 161.5\text{mm} \\
 & \text{第二节扩张室长度,} & 58.4\text{mm}
\end{bmatrix}
$$

螺杆空气压缩机噪声主要是其电机转速高引起的机械振动以及在机器内部压缩空气排出时产生的激振噪声,目前主要是从消声角度处理噪声问题,因此通过对消声器进行结构变换,符合企业实际设计经验。

应用 Virtual. Lab Rev10 软件对变换后的消声器降噪功能进行仿真,如图 7.7 所示,获得不同频段的噪声传递损失曲线,其低频消声量变化与变换趋势一致。

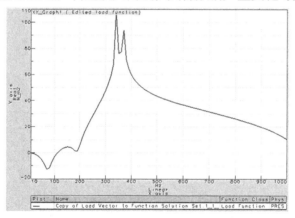

图 7.7　变换后消声器传递损失曲线仿真

螺杆空气压缩机减少噪声和气流稳定性这两个性能都与吸气模块处于强关联关系,因此参照消声器创新方案与整个模块的创新方案,重新进行消声器的简易加工与进出气管路直径的更换,实现低碳性能的降低噪声实物验证。通过监控正常工作状态下的吸气气流量(反比例阀暂时不工作),对比分析传导变换的指标影响。测量方案是在进气口位置 3cm、8cm 处固定安装一个测速仪,每隔 2s 记录一次数值,持续 5min。两组结构下的不同位置测试结果如图 7.8 所示。

通过计算可得,老结构在 3cm 与 8cm 处的风速平均方差分别为 0.031、0.022;新结构在 3cm 与 8cm 处的风速平均方差分别为 0.028、0.023。通过比较分析,进气模块的气流量处于相对稳定状态,即该非低碳性能指标的传导变换在可接受的变化幅度内。

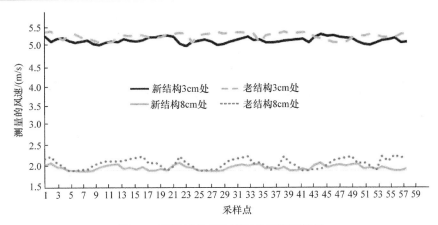

图 7.8 两组结构下的不同位置测试结果

本节通过消声器低碳性能设计冲突问题的实例求解，实现了方法步骤的合理化与形式化推理，基本完成即实现了低碳问题智能协调，验证了自顶而下的可拓冲突协调方法的有效性与可行性。

第8章 低碳设计冲突问题结构变异再生

重用已有设计实例并根据不同要求进行变异设计，是制造企业实现快速响应需求、降低产品成本的重要方法，60%～70%的机械产品更新换代是基于以往的设计经验对原有产品进行变形设计。因此，产品设计结构变异再生是在原有的产品结构模型基础上，实现产品结构创新的一种快速有效的方法，对提高零件设计效率具有重要的意义[214, 215]。光耀等[216]引入了结构生长概念，基于 UG 环境和 VC 软件二次开发工具，导入实体进行移植搭建，实现产品变异设计。邱建波[217]提出了基于语义相似的拓扑重构技术，建立了零件结构变异设计的过程模型，实现了零件结构变异的设计过程重用。Ong 等[218]在产品族的设计重用方面依靠信息建模和操作，最终利用信息量评估方法来确定最优的设计方案。目前，面向结构层进行设计结果或过程的重用，大部分通过改变其重要参数来实现产品规格的变化。

针对低碳属性冲突问题，本章将低碳创新设计核心冲突不相容问题和对立问题转换成 TRIZ 中的物理矛盾和技术矛盾，将低碳设计冲突特征参数映射为 TRIZ 工程参数，通过矛盾矩阵与分离方法获取低碳冲突问题的创新原理解集，并进行筛选与细分，围绕低碳设计功能原理创新、结构创新、结构参数优化等，进一步确定低碳设计冲突协调的可拓变换对象与激励特征，结合环境、性能、成本等约束条件，对功能原理、结构、参数等低碳属性问题进行合理的量化协调与变换，给出不同问题类型的变异策略及每种条件下的实现概率，输出可行的低碳设计方案。

8.1 低碳设计核冲突问题关联结构变异解析

产品低碳设计的目的是通过变换设计理念，在相同功能、相近性能(优越性能)下实现低功耗、低排放、低耗材，这对结构提出了更高的要求，与结构变异的方向性、多领域的关联性等密切相关。因此，针对低碳属性冲突，如何将复杂问题先分解为相对简单的创新问题、再合理集成协调的系统化设计方法至关重要。

这一系统化设计方法过程包括以下五个步骤：

(1) 将复杂系统问题建模与分类。

(2) 将复杂低碳属性冲突问题等价分解为明确的、相对简单的、可操作性强的、相对独立的低碳技术创新问题。

(3) 将低碳技术创新问题进行求解。

(4) 将分解的低碳技术创新结果集成协调。

(5) 依据系统化协调结果的正向输出或者反向传导反馈。

该过程中的步骤(5)是一个结果型判断输出，不需要创新方法指导。而前四个步骤需要创新方法指导，其中，针对步骤(1)，可采用应用性较强的可拓方法基元三元组模型、复合元模型。针对步骤(2)，可采用 TRIZ 与可拓的分解与转换集成方法，先采用可拓方法的蕴含推理与菱形发散-收敛思维求解复杂问题的分解；结合 TRIZ 与可拓在冲突问题分类定义上的共性关联，将不相容、对立问题转化为操作性更强的 TRIZ 物理矛盾与技术矛盾。针对步骤(3)，可采用 TRIZ 矛盾矩阵、创新原理解与可拓主动变换、传导变换的集成方法，先给出分解的每个冲突问题对应的 TRIZ 创新原理解；再针对每个冲突问题进行可拓主动变换和传导变换的可视化具体求解。针对步骤(4)，可采用 TRIZ 与可拓集成的技术冲突结构化方法，将相对独立的技术冲突问题协同方案进行系统化的结构集成求解，应用变换的概率组合，输出系统方案集合。

当低碳产品的模块化程度高时，可建立低碳属性到模块再到结构的映射关联图，如图 8.1 所示。其中 $n<m<l$，①表示一对一映射，②表示一对二映射，③表

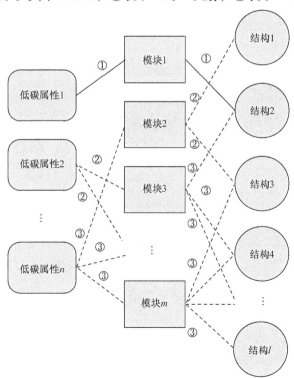

图 8.1　模块化的低碳属性结构化映射解析

示一对多(3 个及其以上)映射。

这种低碳产品的低碳属性与结构模块映射的关系非常明确，容易建立单一低碳属性的映射关系，但低碳属性之间的相互关联无法准确建立。以低碳属性 n 映射为例：

$$\text{Lca}(n) \rightarrow \{\text{Mod}_2, \text{Mod}_3, \cdots, \text{Mod}_m\} \rightarrow \{\text{Str}_1, \text{Str}_2, \cdots, \text{Str}_l\}$$

其中，$\text{Lca}(n)$表示第 n 个低碳属性。

这种基于功能模块的映射方式，能有效地诠释低碳属性与结构之间的映射逻辑关系，起到"桥梁"作用，可简化为 $\text{Lca}(n) \rightarrow \{\text{Str}_1, \text{Str}_2, \cdots, \text{Str}_l\}$。

因此，构建低碳属性与底层结构的相关性模型：

$$v(\text{Lca}(n)) = f(v(c(\text{Str}_1)), v(c(\text{Str}_2)), \cdots, v(c(\text{Str}_l))) \tag{8.1}$$

其中，$v(\text{Lca}(n))$表示低碳属性 n 的具体量值；$f(\cdot)$表示集成函数；$v(c(\text{Str}_l))$表示结构 l 的特征参数。

可见，这种结构的集成度不高，相对独立，建立的映射关联函数较为清晰。当低碳产品的集成化程度高时，可建立低碳属性到模块再到结构的映射关联图，如图 8.2 所示。

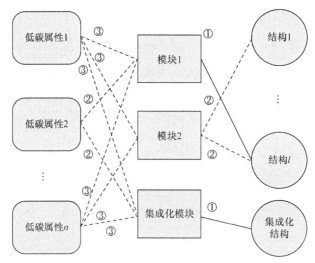

图 8.2　集成化的低碳属性结构化映射解析

这种方式的模块相对较少，集成化程度高。产品低碳属性与结构模块映射的关系集成化，容易建立低碳属性之间的相互关联映射关系，但单一低碳属性的映射关系无法准确建立。同理，有

$$\text{Lca}(n) \rightarrow \{\text{Mod}_1, \text{Mod}_2, \text{Int-Mod}\} \rightarrow \{\text{Str}_1, \cdots, \text{Str}_l, \text{Int-Str}\}$$

因此，可构建集成映射函数：

$$v(\text{Lca}(n)) = f\big(v(c(\text{Str}_1)), v(c(\text{Str}_2)), \cdots, v(c(\text{Str}_l)), \cdots, v(c(\text{Int-Str}))\big) \tag{8.2}$$

在这种相对集成度高的状态下，无法快速、有效地构建清晰的映射函数，需要深层次的解析。

8.2　基于 TRIZ 的多类型结构创新原理

8.2.1　基于 TRIZ 创新原理解的单一结构变换冲突协调

这里的单一结构变换是指单一结构作为主动变换实施的激励结构，包含激励结构的主动变换和内部特征的传导变换。当该激励结构的接口特征变化时，将产生与传动、定位、支撑等结构的传导变换。

出现单一结构变换的前提条件，只要满足以下几条中的任意一条即可：

(1) 属于相容性问题或物理矛盾。

(2) 属于技术矛盾，但是包含的工程特性只有一个共同的结构。

(3) 可以是任何矛盾问题，但是产品主要是由一个集成度极高的结构组成。

针对这几种可选择情况，具体的协调推理如下。

(1) 属于相容性问题或物理矛盾，即 $Q \in Q_{\text{TRIZ-INC}}$。可构建单一结构组合变换下的形式化模型：

$$(\varphi, T)\text{Str}_e \mid \lambda_{e, \text{im}(e, l'i'_l)} = \{\text{Str}_e\}_T \tag{8.3}$$

其中，$\lambda_{e, \text{im}(e, l'i'_l)}$ 表示结构 Str_e 实施变换的概率；$\{\text{Str}_e\}_T$ 表示实施变换后的 Str_e 集合。

当结构 Str_e 中的接口特征发生变换时，即 $T\text{Str}_{(e, \text{Inf})} = (\text{Str}_{(e, \text{Inf})})'$，则会导致传导链的扩展，即

$$
\begin{aligned}
T C\text{Str}_{(e, \inf)} &= (C\text{Str}_{(e, \inf)})' \\
&\Rightarrow
\begin{cases}
(T, T_{e-1}) C\text{Str}_{(e-1, \inf)} = (C\text{Str}_{(e-1, \inf)})' \\
(T, T_{e-1}) C\text{Str}_{(e+1, \inf)} = (C\text{Str}_{(e+1, \inf)})'
\end{cases} \\
&\Rightarrow
\begin{cases}
(T_{e-1}, e-1^T) C\text{Str}_{(e-1, \inf^-)} = (C\text{Str}_{(e-1, \inf^-)})' \\
(T_{e+1}, e+1^T) C\text{Str}_{(e+1, \inf^-)} = (C\text{Str}_{(e+1, \inf^-)})'
\end{cases} \\
&\Rightarrow
\begin{cases}
(T, \{T\})\text{Str}_{e-1} = \{\text{Str}_{e-1}\}_T \\
(T, \{T\})\text{Str}_{e+1} = \{\text{Str}_{e+1}\}_T
\end{cases}
\end{aligned}
\tag{8.4}
$$

其中，$\text{Str}_{(e, \inf)}$ 表示结构 Str_e 的接口特征；$\text{Str}_{(e, \inf^-)}$ 表示结构 Str_e 的非接口特征；Str_{e-1} 和 Str_{e+1} 表示结构 Str_e 的相邻结构。

无论选择单一结构变换还是多结构关联变换，不存在选择概率问题，是确定

的问题求解，因此 $\lambda_{single}=\lambda_{integ}=1$。而通过变换获得的新的创新结构之间存在设计、实现成本、装配等多要素影响，存在一定的相对关系，可采用层次分析法构建这些实现结构方案之间的概率：

$$\text{AHP}(\text{Str}_{e,1},\cdots,\text{Str}_{e,t},\cdots,\text{Str}_{e,n}) = (\lambda_{\text{Str}_{e,1}},\cdots,\lambda_{\text{Str}_{e,t}},\cdots,\lambda_{\text{Str}_{e,n}}) \tag{8.5}$$

同理，获得传导的结构实现概率：

$$\begin{cases} (\lambda_{\text{Str}_{e-1,1}},\cdots,\lambda_{\text{Str}_{e-1,t}},\cdots,\lambda_{\text{Str}_{e-1,n}}) \\ (\lambda_{\text{Str}_{e+1,1}},\cdots,\lambda_{\text{Str}_{e+1,t}},\cdots,\lambda_{\text{Str}_{e+1,n}}) \end{cases} \tag{8.6}$$

因此，该选中状态下的结构协调创新概率可表示为

$$y_1 = \lambda_{e,\text{im}(e,li_{i'})}\lambda_{single}\lambda_{\text{Str}_{e,t}}(\lambda_{\text{Str}_{e-1,t}} + \lambda_{\text{Str}_{e+1,t}}) \tag{8.7}$$

(2) 属于技术矛盾，但是包含的工程特性只有一个共同的结构，即 $Q \in Q_{\text{TRIZ-OPP}}$ 且 $(\text{DCS}_i \cap \text{DCS}_j)|_{\text{Str}}=\text{Str}_r$。该状态下的创新变换概率计算过程与 $Q \in Q_{\text{TRIZ-INC}}$ 条件下的一致，即

$$y_2 = \lambda_{r,\text{im}(r,li_{i'})}\lambda_{single}\lambda_{\text{Str}_{r,t}}(\lambda_{\text{Str}_{r-1,t}} + \lambda_{\text{Str}_{r+1,t}}) \tag{8.8}$$

(3) 可以是任何矛盾问题，但是产品主要是由一个集成度极高的结构组成。该状态下的矛盾问题描述为

$$\begin{cases} Q \in (Q_{\text{TRIZ-INC}} \cup Q_{\text{TRIZ-OPP}}) \\ \text{NUM}(\text{DCS}):\text{NUM}(\text{Str}) = n:1 \\ (\varphi, {}_{\varphi}T) \end{cases} \tag{8.9}$$

当实施组合变换时，$\text{Str}_w \mid \lambda_{w,\text{im}(w,l'i')} = \left\{\text{Str}_{w,t}\right\}_T$，由于不存在传导、传递等实现作用，对其他相关结构的传导为空集。此时，实现概率为

$$y_3 = \lambda_{w,\text{im}(w,li_{i'})}\lambda_{single}\lambda_{\text{Str}_{w,t}}(\lambda_{\text{Str}_{w-1,t}} + \lambda_{\text{Str}_{w+1,t}}) \tag{8.10}$$

8.2.2 基于 TRIZ 创新原理解的多结构关联变换冲突协调

多个结构关联变换是指不相容问题或物理矛盾中的 DCS 对应 2 个及其以上结构，并且多个结构相互关联；对立性问题或技术矛盾中的 2 个对立的 DCS 具有 2 个及其以上相同关联的结构。

1) 不相容问题或物理矛盾中的多个结构关联变换

属于这类的低碳属性核问题必须满足 $Q \in (Q_{\text{TRIZ-INC}} \cup \text{DCS} \sim \{\text{Str}_1,\text{Str}_2,\cdots\})$；在此基础上进行推理，具体步骤如下：

(1) 对多个结构同时实施主动变换：$T_\varphi\{\text{Str}_1,\text{Str}_2,\cdots\}=\{T_{\varphi_1}\text{Str}_1, T_{\varphi_2}\text{Str}_2,\cdots\}$。

(2) 实施内传导变换：$T_\varphi\text{Str}_i \to (\varphi, {}_\varphi T)\text{Str}_i=\{\text{Str}_{i,j}\}$。

(3) 判断多个结构的关联性并计算外传导变换。

① 当多个结构空间上独立时，即不存在直接的外部传导关联变换，这说明这些结构是低碳属性参数值获取的空间集成关联，是非直接传导关联，此时的实现创新概率为

$$y_4 = \lambda_{j,\text{im}(j,l'i_{l'})} \lambda_{\text{integ}} \left(\sum_{i,j=1} \lambda_{\text{Str}_i} \lambda_{\text{Str}_{i,j}} \right) \tag{8.11}$$

② 当多个结构空间上关联时，即存在接口上的直接外部传导变换，即

$$\begin{cases} T_{\varphi_i} \to (\varphi_i, T)\text{Str}_i = \{\text{Str}_{i,j}\} \\ \text{Str}_{i,j,\text{inf}} \Rightarrow (_{\varphi_i}T, T)\text{Str}_l = \{\text{Str}_{l,j}\} \end{cases} \tag{8.12}$$

此时的实现创新概率为

$$y_5 = \lambda_{j,\text{im}(j,l'i_{l'})} \lambda_{\text{integ}} \left(\prod_{l,j=1} \lambda_{\text{Str}_l} \lambda_{\text{Str}_{l,j}} \right) \tag{8.13}$$

2) 对立性问题或技术矛盾中的多个结构关联变换

属于这类的低碳属性核问题必须满足 $Q \in Q_{\text{TRIZ-OPP}}$ 且 $(\text{DCS}_i \bigcap \text{DCS}_j)|_{\text{Str}} = \{\text{Str}_1, \text{Str}_2, \cdots\}$；在此基础上进行推理，具体步骤如下：

(1) 对多个结构同时实施主动变换：$T_\varphi\{\text{Str}_1, \text{Str}_2, \cdots\} = \{T_{\varphi_1}\text{Str}_1, \ T_{\varphi_2}\text{Str}_2, \cdots\}$。

(2) 实施内传导变换：$T_\varphi \text{Str}_i \to (\varphi, _\varphi T)\text{Str}_i = \{\text{Str}_{i,j}\}$。

(3) 计算外传导变换：多个结构关联变换的关联性主要在于结构接口之间的匹配变换，因此联动性在接口变换与匹配传导变换。

当组合变换后，结构匹配时：

$$\text{Str}_{i,j,\text{inf}}\mho\, \text{Str}_{i,j,\text{inf}} \tag{8.14}$$

其中，符号 $\mho$ 表示匹配。此时的实现创新概率为 $y_6 = y_5$。

当组合变换后，结构不匹配时：

$$\begin{aligned} &\text{Str}_{i,j,\text{inf}}\overline{\mho}\, \text{Str}_{l,j,\text{inf}} \\ &\Rightarrow (\varphi_{\text{Str}_{i,j,\text{inf}}}, T)\text{Str}_{l,j,\text{inf}} = \{\text{Str}_{l,j,\text{inf}}\} \\ &\Rightarrow \text{Str}_{i,j,\text{inf}}\mho\{\text{Str}_{l,j,\text{inf}}\} \\ &\Rightarrow (\varphi_{\text{Str}_{i,j,\text{inf}}}, T)\text{Str}_{l,j,\text{inf}^-} = \{\text{Str}_{l,j,\text{inf}^-}\} \end{aligned} \tag{8.15}$$

其中，符号 $\overline{\mho}$ 表示不匹配。此时的实现创新概率为

$$y_7 = \lambda_{j,\text{im}(j,l'i_{l'})} \lambda_{\text{integ}} \left(\prod_{l,j=1} \lambda_{\text{Str}_l} \lambda_{\text{Str}_{l,j}} \right) \lambda_{\text{Str}_{l,j,\text{inf}}} \lambda_{\text{Str}_{l,j,\text{inf}^-}} \tag{8.16}$$

8.3　基于 TRIZ 创新原理解的设计冲突协调结构变异再生

在给定不同结构变换下 TRIZ 创新原理解实现的概率，是一个相对宏观层面

的分类求解步骤，还需要进一步细化为 TRIZ 创新原理解所对应结构变异的特性，是基于功能原理、结构实现创新或结构参数优化创新等相对微观层面的剖析，目的是将低碳属性问题合理化量化协调。

在 TRIZ 创新原理解的选择概率下，实现了多种不同变换概率下的结构创新组合，但是对 TRIZ 创新原理解的指导性质没有明确，即功能创新、结构创新与结构优化这三类方向，所涉及的创新难易程度依次为功能创新>结构创新>结构优化，而低碳属性的响应速度与实现成本依次为结构优化>结构创新>功能创新。因此，下面展开具体的推理过程与创新实现概率研究。

8.3.1 基于功能创新原理解的结构变异再生

功能创新原理解指导的结构变异再生方法是一种颠覆性的或是结构增加变异下的设计方式，体现了从无到有的一种再生过程，是低碳属性冲突问题中最尖锐、最突出的一类协调方法。

当 $\text{im}(j, l'i_{l'})$ 是功能性创新原理解时，包含两种状态的结构变异再生：①低碳属性满足下的结构完全变异，即现有结构重用度基本为零，如螺杆式空气压缩机变为活塞式空气压缩机；②低碳属性满足下的结构增变异，即结构重用度大，如双活塞螺杆机变换成为四活塞螺杆机。

基于每一类的创新原理解，无论是单一结构还是多结构关联变换，均可获得对应的结构解集 $\{\text{Str}_{i,j_i}\}$，以及相应结构实现的概率。具体实现方法与步骤的数学建模推理如下。

1) 结构完全变异

该创新实现的结果为

$$
\begin{cases}
\text{im}(j, l'i_{l'}) \sim F_{\text{inn}} \\
\text{DCS} \cap \text{CASE} = \varnothing \\
\varphi_i \text{Str}_i \to (\varphi, T)\text{Str}_i = \{\text{Str}_{i,j_i}\} \\
\forall \text{Str}_i \cap \text{Str}_{i,j_i} = \varnothing
\end{cases}
\tag{8.17}
$$

其中，F_{inn} 表示功能创新。

这种全新结构实现的功能创新模式是在现有产品结构基础上增加一个结构模块来实现这一低碳属性需求，而功能概念的由来是基于对低碳产品的认知和相关功能的应用现状。因此，通过专利检索、竞争产品检索等知识获取，量化落实创新原理的实现结构。具体的实现步骤如下：

(1) 检索竞争产品数据库，匹配该低碳属性需求 DCS_i。若没有检索竞争产品实现方式，则检索该功能创新专利，跳转至步骤(3)；若有检索竞争产品实现方式，则跳转至步骤(2)。

(2) 检索竞争产品的该低碳属性需求实现方式、资料、专利等知识，跳转至步骤(4)。

(3) 检索该功能知识，如实现方式、应用状况、结构形式等，跳转至步骤(4)。

(4) 依据获得的知识，对功能实现方式进行评估，输出相似实例知识。

(5) 重用该功能关联的实现结构方式，并进行适应性设计。

(6) 计算实例各属性值 $CASE_{DCS_i}$。

(7) 匹配计算值 $CASE_{DCS_i}$ 与低碳属性需求 DCS_i。当 $CASE_{DCS_i} \downarrow DCS_i$ 时，跳转至步骤(8)；当 $CASE_{DCS_i} \uparrow DCS_i$ 时，跳转至步骤(4)。

(8) 输出创新原理实现结构，并计算实现的概率。

若通过依次组合变换能够实现低碳属性，则概率为 1；否则，获得 $\lambda_{((\varphi,T),\varphi)}$ 和 $\lambda_{((\varphi,T),T)}$。总的实现概率为

$$y_{s,1} = \begin{cases} y_s \lambda_{((\varphi,T),\varphi)} \\ y_s \lambda_{((\varphi,T),T)} \end{cases} \tag{8.18}$$

2) 结构增变异

这种方式实现的低碳功能相对简单，只需要增加预期的增补结构，如螺杆空气压缩机的低碳属性需求-降低声振动引起的进气压力不稳导致的功耗增加，在进气管内增加消声器+过滤器的组合结构。

结构增变异是在重用现有结构基础上的功能创新实现，保证了人际协同交互的合理性与高效化。这种方式与结构完全变异的步骤基本一致，主要差异在具体实现方式上。通过结构模块(可以是单一零件)的接口设计来快速满足，具体推理步骤如下：

(1) 检索产品实例库，$DCS_i \sim \{Str_{i,j}\}$。

(2) 对功能结构模块做适应性或者兼容性设计。

(3) 计算实例各属性值 $CASE_{DCS_i}$。

(4) 匹配计算值 $CASE_{DCS_i}$ 与低碳属性需求 DCS_i。当 $CASE_{DCS_i} \downarrow DCS_i$ 时，跳转至步骤(5)；当 $CASE_{DCS_i} \uparrow DCS_i$ 时，跳转至步骤(2)。

(5) 输出创新原理实现结构，并计算实现的概率。

若通过依次组合变换能够实现低碳属性，则概率为 1；否则，获得 $\lambda_{(\varphi,i)}$ 和 $\lambda_{(\varphi,l)}$。总的实现概率为

$$y_{s,2} = \begin{cases} y_s \lambda_{(\varphi,i)} \\ y_s \lambda_{(\varphi,l)} \end{cases} \tag{8.19}$$

8.3.2 基于结构创新原理解的结构变异再生

基于结构创新是在低碳功能满足且低碳属性需求不满足的情况下，对实现结构进行创新，相对于功能创新较易实现。这种创新原理的指导作用类似 8.3.1 节中的结构增变异，差别在于此处的结构创新主要是结构替换变换，是对现有结构的删除与替换。

这种方式以实现内部的传导为主，偶尔涉及接口的传导变换，其重点是结构模块的兼容性设计，具体的推理步骤如下：

(1) 检索产品实例库，$DCS_i \sim \{Str_{i,j}\} \sim \{PMP_{i,j,j_i}\}$。

(2) 选择核心的激励变换零部件 PMP_{i,j,j_i}。

(3) 对 PMP_{i,j,j_i} 实施主动变换及与其他零部件的传导变换。

(4) 输出创新原理实现结构，并计算实现的概率。

若通过依次组合变换能够实现低碳属性，则概率为 1；否则，获得 $\lambda_{\{Str_{i,j}\}}$。总的实现概率为

$$y_{s,3} = y_s \lambda_{\{Str_{i,j}\}} \tag{8.20}$$

8.3.3 基于结构参数优化的结构变异再生

结构参数优化方式实现创新原理是最简单、最弱的创新途径，但也是最有效、最直接、最快的创新途径。结构参数优化主要体现在低碳属性参数值好于现有的低碳实例，需要实施优化，快速保证响应低碳属性需求。

低碳属性关联的结构参数优化的首要条件是确定核心零部件的功能结构参数，并通过 BP 神经网络算法计算，获得可行的创新方案解集。具体的推理步骤如下：

(1) 确定低碳属性关联的核心功能结构，并确认核心功能结构下的核心零部件参数。

(2) 获取低碳实例库中的低碳属性关联的低碳实例参数值及其对应结构的参数。

(3) 将步骤(2)获得的数据作为训练样本，训练神经网络。

(4) 通过菱形发散思维，获取不同参数组合，并作为测试样本。

(5) 输出满足低碳属性要求的参数方案组合。

(6) 修正这些满足要求的零部件参数，使其满足加工技术要求。

(7) 非核心零部件的传导变换。

该模式下创新实现的概率为

$$y_{s,4} = y_s \lambda_{\overline{PMP}_{i,j,j_i}} \tag{8.21}$$

其中，$\overline{\mathrm{PMP}_{i,j,j_i}}$ 表示非核心零部件。

8.4 低碳设计结构变异再生实例分析

以螺杆空气压缩机低碳设计中的使用碳足迹 DCS_2 不满足低碳属性需求为例进行案例分析。使用碳足迹主要体现在产品全生命周期的使用阶段，通过燃料、电力等间接换算获得，其中的核心是螺杆空气压缩机中的耗能模块：空气压缩模块 FM_1、散热模块 FM_2；间接影响的因素：振动 FM_3 过大，导致工作稳定性变差，能耗增加；控制系统 FM_4 缺少节能相关的控制程序，导致控制合理化不够，能耗增加。

因此，可初步构建映射函数：$\mathrm{DCS}_2=f(\mathrm{FM}_1, \mathrm{FM}_2, \mathrm{FM}_3, \mathrm{FM}_4)$。

针对低碳属性需求 DCS_2，将其转化为 TRIZ 工程参数。

第一组：改进的工程参数为运动物体的能量消耗；恶化的参数为速度；对应的第一组 TRIZ 创新原理解为 8、15、35。

第二组：改进的工程参数为物体产生的有害物质；恶化的参数为生产率；对应的第二组 TRIZ 创新原理解为 22、35、13、24。

以第一组的创新原理为例进行展开推理说明：

(1) 创新原理 8：反重量原则。

(2) 创新原理 15：动态原则。

① 物体特性的变化应当在每一个工作阶段都是最佳的；

② 将物体分为彼此相对运动的几个部分；

③ 使不动的物体成为动的。

(3) 创新原理 35：改变物体聚合物原则。

可获得创新原理集合：$\{\mathrm{im}_{13,2}, \mathrm{im}_{15,1}, \mathrm{im}_{15,2}, \mathrm{im}_{22,2}\}$，依据相对重要性对比，给出的权重为：$\lambda_{13,2}=0.15$，$\lambda_{15,1}=0.35$，$\lambda_{15,2}=0.4$，$\lambda_{22,2}=0.1$。

DCS_2 不与其他低碳需求冲突，因此其属于 $Q_{\mathrm{TRIZ\text{-}INC}}$，低碳设计核问题为 $Q_{\mathrm{TRIZ\text{-}INC}}=\{\mathrm{im}_{13,2}, \mathrm{im}_{15,1}, \mathrm{im}_{15,2}, \mathrm{im}_{22,2}\}*\mathrm{CASE}_i*\mathrm{DR}_{\mathrm{FS}}|_{(\mathrm{Per}\cup\mathrm{Cos}\cup\mathrm{Env})}$。该核问题模型进一步推理可得

$$Q_{\mathrm{TRIZ\text{-}INC}} = \begin{cases} (\mathrm{im}_{22,2}, \mathrm{im}_{15,2}, \mathrm{im}_{13,2})*\mathrm{FM}_3*\mathrm{DR}_{\mathrm{FS}}|_{(\mathrm{Per}\cup\mathrm{Cos}\cup\mathrm{Env})}, & Q_{\mathrm{TRIZ\text{-}INC\text{-}OPP}} \\ \mathrm{im}_{15,1}\{\mathrm{FM}_1, \mathrm{FM}_2, \mathrm{FM}_3\}*\mathrm{DR}_{\mathrm{FS}}|_{(\mathrm{Per}\cup\mathrm{Cos}\cup\mathrm{Env})}, & Q_{\mathrm{TRIZ\text{-}INC\text{-}INC}} \\ \mathrm{im}_{15,1}*\mathrm{FM}_4*\mathrm{DR}_{\mathrm{FS}}|_{(\mathrm{Per}\cup\mathrm{Cos}\cup\mathrm{Env})}, & Q_{\mathrm{TRIZ\text{-}INC\text{-}INC}} \\ \mathrm{im}_{13,2}*\mathrm{FM}_4*\mathrm{DR}_{\mathrm{FS}}|_{(\mathrm{Per}\cup\mathrm{Cos}\cup\mathrm{Env})}, & Q_{\mathrm{TRIZ\text{-}INC\text{-}INC}} \end{cases}$$

其中，$Q_{\mathrm{TRIZ\text{-}INC\text{-}OPP}}$ 表示相容性问题下的创新原理实现对立问题。该式中的第一、三行属于单一结构变换，第二行属于多结构关联变换。

减振的方式有很多种：增加减振模块 $Str_{3,1}$；固定到地面 $Str_{3,2}$；改变空气压缩模块 $Str_{3,3}$；更换高通量的消声模块 $Str_{3,4}$；将散热风扇布局平放 $Str_{3,5}$ 等。

控制系统的改进方式：更换元器件 $Str_{4,1}$；升级控制程序 $Str_{4,2}$ 等。

散热模块改进方式：更换静音风扇 $Str_{2,1}$；增加水冷模块 $Str_{2,2}$；改变机罩结构为非封闭式 $Str_{2,3}$ 等。

空气压缩模块改进方式：新转子 $Str_{1,1}$；油气分离模块 $Str_{1,2}$；活塞式结构 $Str_{1,3}$；电机传动结构 $Str_{1,4}$ 等。

现以 $Str_{1,2}$ 为例进行推理分析。

(1) 计算单一结构变异创新实现的概率。属于 y_2 公式计算范畴，$y_2=0.35×0.5×(1+1)=0.35$。

(2) 选择创新模式。这是属于结构功能创新或者结构参数优化。$Str_{1,2}$ 模块是在内部进行结构变化与参数优化，不产生其他关联零部件的传导特征。螺杆空气压缩机压缩气体流过油分芯速度应在 0.1m/s 左右，基于设计上的考虑，油分桶的体积大约是油分芯体积的 3 倍。

依据螺杆空气压缩机参数：机头的额定排气量为 10m³/min，机头的喷油量为 76L/min，额定的排气压力为 0.8MPa，排气温度为 82～102℃，压力 P 为 0.8MPa，温度 T 为 365K，可计算得到流量 $Q=580.56$m³/h，液相的体积流量为 4.56m³/h。通过优化设计获得的一种结构方案为

$$\left[\begin{matrix} O_{\text{油气分离器}}, & \text{分离方式}, & \text{聚合式} \\ & \text{油芯底部高度}, & 350\text{mm} \\ & \text{内直径}, & 400\text{mm} \\ & \text{外直径}, & 410\text{mm} \\ & \text{桶高}, & 600\text{mm} \\ & \text{接管直径}, & 45\text{mm} \\ & \text{浮动流速}, & 1.8\text{m/s} \end{matrix} \right]$$

这个方案实现的概率为 $y_{2,3}=y_2 \lambda_{Str_{1,2}}=0.21$，能够优化 $CASE_{5,DCS_2}$ 的 15%，达到 2318kgCO$_2$e，使得修改后的实例满足 DCS_2 的要求。

例如消声模块的改进设计，与实际测试结果对比可得：

(1) 改进之前，背景噪声量 $L_1=35$dB，机器开启并稳定工作后，混声场噪声量 $L=95$dB。

(2) 改进之后，混声场噪声量 $L_2=78$dB，比改进前降低了 17.89%。这种方案的实现概率为：$y_1=0.35×0.5×(1+1)=0.35$。螺杆机安装消声器模块后的设备如图 8.3 所示。

又如电机的安装底板，刚性不够导致变形，间接导致在工作时的振动增大，通过增加三根加强筋的方式进行加固，并对应用效果进行仿真分析，钣金变形量

　　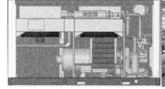　　

(a) 消声器　　　　　(b) 消声器装配模型　　　　(c) 现场实物图

图 8.3　螺杆机消声器模块

比原先的变形量减小了 75%，达到 0.1mm。这种方案的实现概率为：y_2=0.35×1×(1+1)=0.7。

　　再如为了增加空气压缩效率，降低空气压缩过程中的能耗，实现较好的节能，间接实现螺杆空气压缩机的低碳化应用。采用双螺杆结构，即将螺杆压缩机构串联，获得的双螺杆结构如图 8.4 所示。

　　以某螺杆空气压缩机为例，该结构的实现势必增大电机重量、重新选型，也将使得底盘结构与电机支撑架进行适应性设计，最终选择的电机是 Y2-280S-4-75kW 型电机。

　　这种方案的实现概率为：y_2=0.35×1×(1+1)=0.7。

　　双螺杆压缩结构下的样机以排气量测试作为节能指标，排气量公式为

图 8.4　双螺杆压缩模块主体

$$Q_0 = 1128.53 \times 10^{-8} cd^2 T_0 \sqrt{H/p_0 T_1}$$

其中，Q_0 为吸气状态下压缩机排气量(m³/min)；c 为喷嘴系数；d 为喷嘴直径；H 为喷嘴前后压差(mmH₂O)；P_0 为吸入空气的绝对压力(MPa)；T_1 为吸入空气的热力学温度(K)；T_0 为喷嘴前气体的热力学温度(K)。

　　测试后的运算结果如下：排气压力为 0.8MPa 时，功率 94.3kW 下，排气量约为 14.4425m³/min，比功率约为 6.485。根据《容积式空气压缩机能效限定值及能效等级》(GB 19153—2009)，该机器达到 1 级能效，比 3 级能效机器省电 30% 左右。

第9章　基于集成创新方法的低碳设计知识派生

在低碳设计矛盾求解中，各种冲突协调方法都有其优缺点，因此可以结合多种求解方法协调设计矛盾问题[219-221]。本章提出集成 TRIZ 与可拓学创新方法的矛盾问题求解模型，分别建立面向技术矛盾和对立问题、物理矛盾和不相容问题的低碳设计知识派生策略。借鉴 TRIZ 领域外的泛化设计知识原理解，实施可拓变换操作，将原理解进行具体化，以提高产品低碳设计效率和设计方案的创新可行性。

9.1　集成创新设计方法

9.1.1　解决产品设计冲突问题的有效方法概述

同类型产品系列的丰富性和竞争产品的激烈性造成产品参数的多因素性及同参数特征的多样性，因此各个产品的竞争特性优势尤为突出。而产品的个性化需求尤为"苛刻"，这使现有的低碳产品实例很大程度上难以完全满足个性化的产品需求，需要研究相应的冲突问题求解策略方法。

产品设计过程中存在的冲突问题的有效解决是实现产品创新的充要条件，尤其是在所涉及的因素多、涵盖广、论域全、生命周期阶段性强的产品低碳设计中显得尤为突出。因此，不断地协调设计中出现的主要冲突问题及受其影响的传导冲突问题的循环过程是产品低碳设计的核心。目前解决设计冲突问题的方法主要有基于规则约简，基于知识推理，基于并行、协商和回溯，基于实例推理，可拓方法，TRIZ 等。各个方法在特定的领域都取得了一定的应用效果，但是存在的不足之处也非常明显。Chen 等研究[104]中强调，当人们在对系统做出某些改善时，经常无法察觉这一改善将具体引发何种新问题；《可拓设计》[113]一书中也指出了实施变换过程中无法确定变换步长及缺少必要的、可验证的可拓智能算法，这成为其在设计领域进一步发展的瓶颈和关键问题。

因此，两种及两种以上方法集成应用于设计冲突问题求解变得十分可行和必要，而可结合的这几种方法必须有很大的相似性，这样才能体现可融合的密切性与可综合的高效性，如德国 TRIZ 专家奥尔洛夫教授所明确归纳的那样，发明问题/创新性问题以及技术矛盾、物理矛盾的本质是某种主观需求与客观实际情况之间存在的一种不兼容性, 这与可拓设计的不相容问题的主客观冲突及对立问题的多主观-客观冲突不谋而合。

9.1.2　TRIZ 与可拓学方法对比分析

TRIZ 和可拓学方法均能处理设计冲突问题, 本章研究集成方法的目的在于能够更高效地处理低碳设计中创新设计知识矛盾问题的求解。基于对两种创新设计方法各自求解矛盾问题的分析, 总结 TRIZ 和可拓学方法求解矛盾问题流程对比(图 9.1), 分析各自求解过程中的不足。

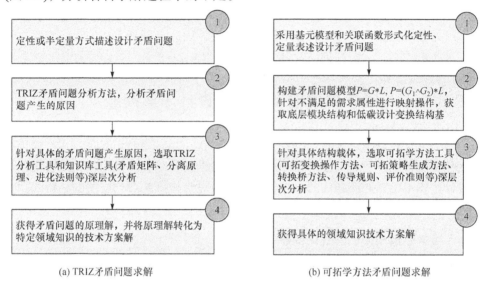

(a) TRIZ矛盾问题求解　　　　　　　　　(b) 可拓学方法矛盾问题求解

图 9.1　TRIZ、可拓学方法求解矛盾问题流程对比

在 TRIZ 方法中, 步骤 1 为问题描述, 设计者通常以定性或半定量的方式表述所需求解的问题。例如, 真空泵轴承座各模块元碳足迹不满足设计要求, TRIZ 问题表述模型无法给出碳足迹不满足的程度及设计者应对该结构优化的程度。因此, TRIZ 方法没有提供相应形式化的定性、定量结合的设计问题表述模型; 尤其针对复杂设计矛盾问题系统, 可能同时存在多个设计矛盾问题, 如何鉴定哪些矛盾是主要矛盾, 哪些矛盾可以稍后求解, TRIZ 问题表述中缺乏相应的定量化判定准则。

步骤 4 中, 通过 TRIZ 分析工具和知识库工具获取设计矛盾问题的一般原理解, 但是原理解是通过大量专利分析后抽取出来用于求解共性问题的一般解, 设计人员需要将一般原理解转化为特定环境下的领域解, 而原理解的转化依赖于设计者的设计经验。

在可拓学方法中, 步骤 3 是设计人员使用可拓学矛盾问题求解工具(其中包括具体的变换操作方法)对不满足要求的模块结构实施变换修改。但是在实施具体的变换操作前，设计人员尤其是缺乏设计工作经验的设计者往往需要来自工作经验或者其他工程领域的设计灵感知识。例如，在本章的案例中，通过增加电机速度调节模块和真空腔压力反馈模块来减少真空泵实际使用阶段的碳足迹；而这样变换操作的灵感是事先从 TRIZ 知识库工具中创新原理 19 "周期性作用原理"中获得。

在步骤 4 中，可拓学方法同样依赖于设计人员的领域知识，通过不同的变换操作获取最终的技术方案解。

从两种方法的对比分析可知，可以用可拓学基元模型和关联函数定性、定量表述设计矛盾问题，利用 TRIZ 知识库提供跨领域间的灵感性创新原理解，采用具体可拓变换操作将原理解转化为技术方案解。因此，两种方法的集成可以有效地克服各自的不足，提高创新设计的效率。

9.2　集成创新方法的设计矛盾问题

TRIZ 中单特征参数相关的物理矛盾与可拓学中的不相容问题相对应，双特征参数相关的技术矛盾与对立问题相对应。集成创新方法中，采用基元模型描述创新设计过程中的矛盾问题，并将特征参数通过设计矩阵映射到底层的结构载体，通过结构的变换操作消解设计矛盾。

9.2.1　设计矛盾问题的形式化构建

可拓学中对经典的不相容问题和对立问题的描述进行了形式化的表达，但针对具体机械产品设计领域复杂矛盾问题的求解，需要在此基础上对矛盾问题进行进一步的分析，并给出相应的求解方法。

1) 单目标、单条件问题

$$P_1 = G_1 * L_1 \tag{9.1}$$

此类设计问题中，设计目标 G_1 的实现只与条件 L_1 相关；当 $K(G_1, L_1) < 0$ 时，P_1 构成不相容问题，$P_1 = G_1 \uparrow L_1$，其求解策略为

$$\{T_{G_1}, T_{L_1}\}$$

其中，T 为变换操作，下标表示变换的对象，T 的变换操作包括置换变换、增删变换、扩缩变换、分解变换、复制变换，以及上述变换间的组合变换操作。本章中的变换操作主要针对设计条件 L，下面将不再给出针对设计目标 G 的变换。

2) 单目标、多条件问题

$$P_2 = G_1 * (L_1 \wedge L_2) \tag{9.2}$$

以两项条件为例进行分析，式(9.2)说明设计目标 G_1 的实现与条件 L_1、L_2 均相关。当 P_2 构成矛盾问题时，分为以下几种情况：

(1) 条件 L_1、L_2 有一个不满足要求(假定 L_1 不满足要求)，且 L_1、L_2 相互独立。此时，问题 P_2 可以简化为 $P_2 = G_1 * L_1$，其求解策略为

$$\{T_{L_1}\}$$

(2) 条件 L_1、L_2 有一个不满足要求 (假定 L_1 不满足要求)，且 L_1、L_2 相关。此时，问题 P_2 可以简化为 $P_2 = G_1 * L_1$，但对 L_1 变换过程中需要考虑传导变换问题，其求解策略为

$$\{T_{L_1}, {}_{L_1}T_{L_2}, T_{L_2}, {}_{L_2}T_{L_1}\}$$

上述求解策略中，${}_{L_1}T_{L_2}$ 表示由于 L_1 的变换操作引起 L_2 的传导变换，当传导变换不影响 L_2 相关的其他性能时，通过前两种变换即可完成矛盾问题的求解；当由于传导变换产生传导矛盾问题时，需要对 L_2 做变换操作 T_{L_2}，同时考虑 L_2 对 L_1 的传导变换 ${}_{L_2}T_{L_1}$ 时，通过迭代变换完成矛盾问题的求解。

(3) 条件 L_1、L_2 均不满足要求，且 L_1、L_2 相互独立。此时，问题 P_2 等价于 $P_2 = P_{21} \vee P_{22}$，$P_{21} = G_1 * L_1$，$P_{22} = G_1 * L_2$，分别求解两个相互独立的矛盾问题，其求解策略为

$$\{T_{L_1}, T_{L_2}\}$$

(4) 条件 L_1、L_2 均不满足要求，且 L_1、L_2 相关。此时，需要判断主次矛盾问题，当 $K(G_1, L_1) < K(G_1, L_2)$ 时，问题 P_2 中由条件 L_1 引起的矛盾问题起主要作用，其求解策略为

$$\{T_{L_1}, {}_{L_1}T_{L_2}, T_{L_2}, {}_{L_2}T_{L_1}\}$$

即先对主要矛盾相关的 L_1 进行变换操作，再迭代协调处理次要矛盾和传导问题。

当 $K(G_1, L_1) \sim K(G_1, L_2)$ 时，条件 L_1、L_2 对矛盾问题起同等作用，其求解策略为

$$\{(T_{L_1}, T_{L_2}), {}_{L_1}T_{L_2}, {}_{L_2}T_{L_1}\}$$

即对条件 L_1、L_2 同时做变换操作，最后统一处理两者间的传导问题。

3) 多目标、单条件问题

$$P_3 = (G_1 \wedge G_2) * L_1 \tag{9.3}$$

以双目标为例进行分析，式(9.3)说明设计目标 G_1、G_2 的实现均与条件 L_1 相关，并假设条件 L_1 中结构模块 S_1 作为设计目标 G_1 功能实现的载体，结构模块 S_2 作为设计目标 G_2 功能实现的载体，则当 P_3 构成矛盾问题时，本节针对设计目标 G_1、G_2 均不满足的情况分以下几种情形讨论。

(1) 设计目标 G_1、G_2 相互独立。

当 $S_1 \cap S_2 = \varnothing$ 时，说明设计目标 G_1、G_2 的实现相互之间不影响，即两者相互独立，问题 P_3 可以等价地转化为 $P_3 = P_{31} \vee P_{32}$，$P_{31} = G_1 * L_1$，$P_{32} = G_2 * L_1$，分别求解两个不相容问题，其求解策略为

$$\left\{ T_{S_1}, T_{S_2} \right\}$$

(2) 设计目标 G_1、G_2 正相关。

当 $S_1 \cap S_2 \neq \varnothing$ 时，即目标 G_1 和 G_2 存在相关性，且当 G_1 与 G_2 为正相关时，需要判定主次矛盾。当 $K(G_1, S_1) < K(G_2, S_2)$ 时，其求解策略为

$$\left\{ T_{S_1}, {}_{S_1} T_{S_2}, T_{S_2}, {}_{S_2} T_{S_1} \right\}$$

当 $K(G_1, S_1) \sim K(G_2, S_2)$ 时，其求解策略为

$$\left\{ \left(T_{S_1}, T_{S_2} \right), {}_{S_1} T_{S_2}, {}_{S_2} T_{S_1} \right\}$$

(3) 设计目标 G_1、G_2 负相关。

当 G_1、G_2 为负相关，即 G_1、G_2 在现有条件下无法同时满足时，问题 P_3 等价于经典对立问题，此时采用转换桥的方法求解，也可以采用 TRIZ 中矛盾矩阵法获取方案原理解并作变换操作。

4) 多目标、多条件问题

$$P_4 = (G_1 \wedge G_2) * (L_1 \wedge L_2) \tag{9.4}$$

以双目标和两项条件为例进行分析，式(9.4)说明设计目标 G_1、G_2 的实现均与条件 L_1、L_2 相关。假设条件 L_1、L_2 中结构模块 S_{11}、S_{21} 作为设计目标 G_1 功能实现的载体，结构模块 S_{12}、S_{22} 作为设计目标 G_2 功能实现的载体。当 P_4 构成矛盾问题时，针对设计目标 G_1、G_2 均不满足的情况分以下几种情形讨论。

(1) 设计目标 G_1、G_2 相互独立。

当 $(S_{11}, S_{21}) \cap (S_{12}, S_{22}) = \varnothing$ 时，说明 G_1、G_2 相互独立，问题 P_4 等价为 $P_4 = P_{41} \vee P_{42}$，$P_{41} = G_1 * (L_1 \wedge L_2)$，$P_{42} = G_2 * (L_1 \wedge L_2)$，求解问题 P_{41}、P_{42} 即为式(9.2)单目标、多条件下的求解策略。

(2) 设计目标 G_1、G_2 正相关。

当 $(S_{11}, S_{21}) \cap (S_{12}, S_{22}) \neq \varnothing$ 时，说明 G_1、G_2 存在相关性，且当 G_1、G_2 为正相关时，需要判定主次矛盾。当 $K(G_1, (S_{11}, S_{21})) < K(G_2, (S_{12}, S_{22}))$ 时，其求解策略为

$$\left\{ T_{(S_{11}, S_{21})}, {}_{(S_{11}, S_{21})} T_{(S_{12}, S_{22})}, T_{(S_{12}, S_{22})}, {}_{(S_{12}, S_{22})} T_{(S_{11}, S_{21})} \right\}$$

当 $K(G_1, (S_{11}, S_{21})) \sim K(G_2, (S_{12}, S_{22}))$ 时，其求解策略为

$$\left\{ \left(T_{(S_{11}, S_{21})}, T_{(S_{12}, S_{22})} \right), \left({}_{(S_{11}, S_{21})} T_{(S_{12}, S_{22})}, {}_{(S_{12}, S_{22})} T_{(S_{11}, S_{21})} \right) \right\}$$

(3) 设计目标 G_1、G_2 负相关。

当 G_1、G_2 为负相关时，G_1 与 G_2 为对立关系。将 G_1、G_2 进行连接操作，或将条件 L_1、L_2 分别实施隔离操作，通过转换桥的方法求解对立问题；提取 G_1、G_2 对应的对立特征参数，通过矛盾矩阵法获取方案原理解，在原理解的基础上对 L_1、L_2 有针对性地实施变换操作。

9.2.2 基于设计矩阵的矛盾问题结构映射

9.2.1 节分析了创新设计中的四大类设计矛盾问题和相应的求解策略，而在实际实施变换操作时需要针对具体的结构参数展开，即创新设计也需要将需求属性 Be 映射到相应的模块结构，对底层结构的变换进行修改来满足相应属性需求。本节基于结构设计矩阵方法实现需求属性与模块结构间的映射关系。

需求属性 Be 与模块结构 S 的设计矩阵为 DM_1，通过构建 DM_1 一方面将需求属性与具体结构相对应，另一方面获取各模块结构变换操作时的传导信息。假设需求属性可以分解为 $Be_i(i=1,2,\cdots,m)$，对应结构为 $S_j(j=1,2,\cdots,n)$，构建 DM_1 为

$$DM_1 = \begin{bmatrix} a_{11} & a_{12} & \cdots & a_{1n} \\ a_{21} & a_{22} & \cdots & a_{2n} \\ \vdots & \vdots & & \vdots \\ a_{m1} & a_{m2} & \cdots & a_{mn} \end{bmatrix}_{(Be_i\text{-}S_j)} \tag{9.5}$$

在模块结构基础上进一步分解为相应的结构模块元 $D_k^{S_j}$ ($j=1,2,\cdots,n$；$k=1,2,\cdots,p$)，结构模块元由部件或零件组成，构建模块结构 S 与结构模块元的设计矩阵 DM_2：

$$DM_2 = \begin{bmatrix} b_{11} & b_{12} & \cdots & b_{1p} \\ b_{21} & b_{22} & \cdots & b_{2p} \\ \vdots & \vdots & & \vdots \\ b_{n1} & b_{n2} & \cdots & b_{np} \end{bmatrix}_{(S_j\text{-}D_k^{S_j})} \tag{9.6}$$

具体的结构修改中，在不置换相应零部件的情况下，修改操作主要针对零部件的结构特征 TBC^{Scu}、功能面 TBC^{Fuf}、性能属性 TBC^{Attrib}，并将上述低碳变换结构基统一为 TBC_l^{NA} (NA=Scu/Fuf/Attrib；$l=1,2,\cdots,q$)，构建结构模块元与变换结构基的设计矩阵 DM_3：

$$DM_3 = \begin{bmatrix} c_{11} & c_{12} & \cdots & c_{1q} \\ c_{21} & c_{22} & \cdots & c_{2q} \\ \vdots & \vdots & & \vdots \\ c_{p1} & c_{p2} & \cdots & c_{pq} \end{bmatrix}_{(D_k^{S_j}\text{-}TBC_l^{NA})} \tag{9.7}$$

通过各设计矩阵的构建，将不满足要求的设计需求属性映射到需要修改的模块结构、模块结构元或者最低层变换结构基，参照创新设计方法求解设计矛盾问题提供的设计原理解进行具体变换操作。

9.3　集成创新方法的低碳设计知识派生

构建 TRIZ 与可拓学方法的集成创新设计框架，建立面向技术矛盾和对立问题、物理矛盾和不相容问题的低碳创新设计方案生成策略，基于 Pro/Innovator 平台辅助创新设计。

9.3.1　TRIZ 与可拓学方法的集成创新设计

从上述的分析可知，TRIZ 和可拓学方法在求解矛盾问题中都存在不足，两者之间可以互补；同时，TRIZ 中物理矛盾和技术矛盾的定义与可拓学方法中的不相容问题和对立问题的概念具有相似性。因此，本节构思集成 TRIZ 和可拓学方法来求解低碳设计过程中的矛盾问题，获取创新性的设计知识，实现低碳设计知识的派生。

集成创新设计方法步骤如下：

(1) 根据用户需求检索获取相似实例，并重用和修改已有设计知识，这部分内容详见第 3~5 章，但是对于复杂的矛盾问题和创新性要求高的设计需求，传统 CBR 技术不能胜任，需要本章的创新设计方法来求解。

(2) 将相似实例中不满足需求的特征构成的矛盾问题采用可拓学基元模型形式化定性定量表述。

(3) 将特征属性构成的矛盾问题抽象化为 TRIZ 中的一般问题模型。

(4) 利用 TRIZ 中矛盾问题分析工具和知识工具获取一般问题的抽象创新原理解集。

(5) 采用可拓学方法中具体的变换操作方法将抽象创新原理解转换为具体的设计方案技术解，并将形成的新产品实例保存到实例库中。

基于 TRIZ 和可拓学的创新设计集成架构，针对不同的设计矛盾问题，建立技术矛盾和对立问题的低碳创新设计方案生成策略及物理矛盾和不相容问题的低碳创新设计方案生成策略。

9.3.2　面向技术矛盾和对立问题的低碳设计知识派生策略

TRIZ 中的技术矛盾和可拓学方法中的对立问题都涉及两个特征参数，当一个参数相关的性能得到改善时，另一个参数相关的性能被恶化。在集成方法中，采用矛盾矩阵方法获取创新原理解，生成一般问题求解策略；采用可拓学方法具体变换操作，将一般解转换为具体的设计方案。技术矛盾和对立问题求解策略创新方案生成步骤如下：

(1) 关联函数判定各需求特征属性 $Be_i(i=1,2,\cdots,n)$ 是否已经满足

$$K(Be_i, Bs_i) < 0 \Rightarrow \{Be_i\}, \quad i=1,2,\cdots,m, m \leqslant n \tag{9.8}$$

并提取存在设计矛盾问题的需求特征属性集 $\{Be_i\}$($i=1,2,\cdots,m$, $m\leqslant n$)。

(2) 将不满足的特征属性集 $\{Be_i\}$ 通过设计矩阵获取底层支持的结构载体，判断各特征属性间的关联性，构建相互独立特征属性集、正相关特征属性集和相互对立特征属性集。

相互独立特征属性集：$\{Be_i\}$, $i=1,2,\cdots,k$, $k\leqslant m$。

正相关特征属性集：$\{Be_i\}$, $i=1,2,\cdots,l$, $l\leqslant m$。

相互对立特征属性集(负相关)：$\{Be_i, Be_j\}$, $i,j=1,2,\cdots,p$, $p\leqslant m$, $i\neq j$。

相互独立特征属性集和正相关特征属性集中的设计矛盾问题可以转化为多个不相容问题或者物理矛盾进行求解，由 9.3.3 节中的低碳设计方案生成策略方法获取创新设计创新原理。相互对立特征属性集中设计矛盾问题的求解需要跳转到步骤(3)。

(3) 形式化建立对立问题和技术矛盾模型，并以变换结构基作为底层结构载体：

$$P = (Be_i \wedge Be_j) \uparrow (Bs_i \wedge Bs_j) * \bigcup_{l=1}^{q} TBC_l^{NA} \tag{9.9}$$

其中，Bs_i、Bs_j 为真实特征属性，且不满足特征 Be_i、Be_j 相关的变换结构基可包括多个。

(4) 将 Be_i、Be_j 或对应的下位设计目标属性 $Be_i\_G_1$、$Be_j\_G_2$ 匹配到 TRIZ 的 39 个工程参数中，通过查询矛盾矩阵表，获取一个或多个创新原理，形成一般问题解。

(5) 实施具体的可拓学变换操作，将一般问题解转化为具体的设计技术方案集。

(6) 获取可行解，保存新产品实例方案，提取低碳创新方案。

9.3.3　面向物理矛盾和不相容问题的低碳设计知识派生策略

TRIZ 中的物理矛盾和可拓学中的不相容问题都涉及一个特征参数，表示现有的结构方案不能满足设计需求，或者需要满足两个相反的设计需求。集成方法主要求解针对一个参数提出两个相反需求的矛盾问题，采用分离方法获取创新原理集，运用可拓学变换操作将一般问题解转换为具体的设计方案。物理矛盾和不相

容问题求解策略创新方案生成步骤如下:

(1) 关联函数判定各需求特征属性 $Be_i(i=1,2,\cdots,n)$ 是否已经满足,如式(9.8),提取存在设计矛盾问题的需求特征属性集 $\{Be_i\}(i=1,2,\cdots,m,\ m{\leqslant}n)$。

(2) 将不满足的特征属性集 $\{Be_i\}$ 通过设计矩阵映射到底层的结构载体,判断各特征属性间的关联性,构建相互独立特征属性集、正相关特征属性集和相互对立特征属性集。相互对立特征属性集中设计矛盾问题的求解由 9.3.2 节中的可拓知识派生方法获取创新设计原理解;相互独立特征属性集和正相关特征属性集中的设计矛盾可转化为多个不相容问题和物理矛盾进行求解,跳转到步骤(3)。

(3) 形式化构建不相容问题和物理矛盾模型,以变换结构基作为底层结构载体:

$$P = (Be_i \uparrow Bs_i) * \bigcup_{l=1}^{q} TBC_l^{NA} \tag{9.10}$$

(4) 将设计矛盾问题匹配到四种分离方法,针对每种分离方法选取一个或多个创新原理,生成一般问题解。

(5) 实施具体的可拓学变换操作,将一般问题解转换为具体的设计方案集。

(6) 获取可行解,保存新产品实例方案,提取低碳创新方案。

9.3.4 基于 Pro/Innovator 平台的低碳设计知识派生

计算机辅助创新技术(computer aided innovation, CAI)结合创新理论、方法与计算机技术,为设计人员提供便捷高效的产品创新设计开发平台。国内外相继开发了相应的 CAI 软件,如 Goldfire Innovator、TRIZSoft、Creax Innovation Suite、Pro/Innovator、Invention Tool 等。本节在集成创新理论方法研究的基础上,借助 Pro/Innovator 平台获取创新原理解等指导性知识,如图 9.2 所示,通过可拓变换生成低碳设计具体创新方案。

图 9.2　Pro/Innovator 计算机辅助创新设计平台

9.4　集成创新方法的低碳设计应用分析

本章以裁床为研究对象，论述基于 TRIZ 和可拓学方法的集成设计方法在裁床创新设计中的应用，从而获取裁床创新设计方案。数控裁床用于自动化裁剪布料或革料，代替了传统采用制模冲压的裁剪方式，提高了生产率。数控裁床裁剪工序主要包括铺布料、真空腔抽真空、裁剪、真空腔升压、送料、理料工序，其结构如图 9.3 所示。

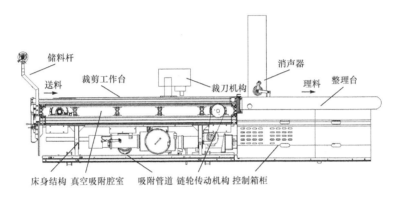

图 9.3　数控裁床系统结构图

1. 裁床创新设计矛盾问题求解

激烈的市场竞争环境，对裁床的创新设计提出了更高的要求；经过市场调研，用户对裁床的需求属性包括最大裁剪速度($Be_1 \geqslant 40000mm/min$)、裁剪厚度($Be_2 \geqslant 50mm$)、有效裁剪面积($Be_3 = 2050mm \times 3000mm$)、成本($Be_4 = 80$ 万～100 万元)、过窗裁剪能力($Be_5 = 0$，0 表示不具备该功能，1 表示具备该功能)、故障率(Be_6，故障率低)、低碳环保性(Be_7，环保性好)。其中，过窗裁剪是指在铺料—抽真空—裁剪—升压—送料的裁剪工序基础上，将生产工序缩短为铺料—抽真空—裁剪—送料过程，即在前一批次布料裁剪完毕后送往送料台的同时，裁刀立即对新送进的布料进行裁剪，进一步提高裁剪效率。在过窗裁剪中，真空吸附腔不需要进行升压后再抽真空的循环操作，降低了运行能耗。

根据用户需要及实例库实例属性参数，计算获得某型号裁床实例 CASE 的各属性关联函数中，$K(Be_5)<0$，$K(Be_7)<0$，即该实例的过窗裁剪功能、低碳环保属性不满足要求，即产生需求矛盾问题：

$$P_1 = Be_5 \uparrow L(CASE), \quad P_2 = Be_7 \uparrow L(CASE) \tag{9.11}$$

因此，需要对裁床实例创新改进设计，首先进行模块化划分，将需求属性映射到相应底层功能结构。裁床主要包括裁剪工作台、床身结构、真空吸附系统、裁刀机构、整理台、计算机控制系统，通过模块结构划分，获得需求属性-结构映射设计矩阵，如表 9.1 所示。

表 9.1　需求属性-结构映射设计矩阵

模块(S)	结构模块元(D)	属性(Be)						
		Be_1	Be_2	Be_3	Be_4	Be_5	Be_6	Be_7
裁剪工作台(S_1)	毛毡(D_1)	−	−	+	+	−	−	−
	毛毡安装板(D_2)	−	−	+	+	+	−	−
	滑动导轨(D_3)	−	−	+	+	++	−	−
	滑动导轨支撑梁(D_4)	−	−	+	+	−	−	−
	链轮传动机构(D_5)	−	−	+	++	++	+	+
床身结构(S_2)	床身型材件(D_1)	−	−	+	++	−	−	+
	床身底座(D_2)	−	−	−	+	−	−	−
	驱动线模(D_3)	++	−	+	++	+	+	−
	储料杆(D_4)	−	−	−	+	−	−	−
	床身盖板(D_5)	−	−	−	+	−	−	−
真空吸附系统(S_3)	真空吸附腔室(D_1)	+	+	+	++	++	−	++
	真空泵设备(D_2)	+	+	−	++	++	+	++
	真空管路(D_3)	+	+	−	+	+	+	+
	真空阀门(D_4)	+	+	−	+	+	+	+
	真空检测装置(D_5)	+	−	−	+	+	−	−
	消声器(D_6)	−	−	−	+	−	−	+
裁刀机构(S_4)	裁刀头安装横梁(D_1)	+	−	−	+	++	−	−
	裁刀上、下往复运动机构(D_2)	++	++	−	++	+	+	−
	切向跟随机构(D_3)	++	++	−	++	+	+	−
	刀头、刀盘起落机构(D_4)	+	+	−	++	+	−	−
	磨刀机构(D_5)	+	+	−	+	−	−	−
整理台(S_5)	链传动机构(D_1)	−	−	−	+	−	−	+
	物料传送带(D_2)	−	−	−	+	−	−	−
	整理台支撑部件(D_3)	−	−	−	+	−	−	−
控制系统(S_6)	横梁 X、Y 向伺服驱动模块(D_1)	++	−	+	++	++	+	+
	裁刀切向跟随伺服驱动模块(D_2)	++	−	+	++	++	+	+
	真空气路电磁阀控制模块(D_3)	+	−	−	+	+	−	−
	安全行程开关控制模块(D_4)	−	−	−	+	−	−	−

注："−"表示不相关，"+"表示相关，"++"表示强相关。

结合表 9.1 对问题 P_1 进行分析，与过窗裁剪属性功能相关的机构主要包括裁剪工作台、真空吸附系统、裁刀机构、控制系统。在原有实例功能基础上增加过窗裁剪功能时，发现裁剪工作台模块下链传动结构链条容易断裂。因此，针对过窗裁剪中导致的传动链条断裂问题展开分析。

针对裁剪工作台进行研究分析，在常规裁剪过程中，链轮传动机构停止工作，工作台处于静止状态，裁刀机构依据加工轨迹对吸附在毛毡上的布料进行裁剪，此时的链条处于不受力状态。当增加过窗裁剪时，要求在真空吸附腔不进行升压的情况下工作台由链传动带动处于运动状态。在裁剪阶段需要保持真空吸附腔一定的压强差，使布料能够稳定吸附在毛毡上；同时，压强差导致滑动导轨与毛毡安装板之间的正压力过大，链传动机构带动毛毡安装板拖动整个工作台移动过程中所需克服的摩擦力增大，导致链条断裂。因此，通过分析，针对属性 Be_5，存在两个相互对立的目标属性参数：$Be_5\_G_1$，保持真空吸附腔压强差；$Be_5\_G_2$，链条变形断裂，构成设计中的对立矛盾问题：

$$P_1 = (Be_5\_G_1 \wedge Be_5\_G_2) \uparrow Bs_5 * (S_1 \wedge S_2 \wedge S_3 \wedge S_4 \wedge S_6) \tag{9.12}$$

参数 $Be_5\_G_1$、$Be_5\_G_2$ 分别对应到 TRIZ 中 39 个工程参数，得到改善的工程参数 Y_{11}(应力或压强)、恶化的工程参数 Y_{12}(形状)。因此将(Y_{11}, Y_{12})通过矛盾矩阵查找获取相应的创新原理。

选取创新原理 35 和 15 作为一般问题解，并通过可拓具体变换操作将其转换为具体设计方案解。

创新原理 35 "物理或化学参数改变原理"，变换方法：改变物质表面物理特性。

$$T^{\mathrm{Add}} D_3^{S_1} = D_3^{S_1} \oplus D_6^{S_1} \tag{9.13}$$

其中，$D_6^{S_1}$ 为新增的聚四氟乙烯条块，即通过在模块元滑动导轨上增加摩擦系数小的聚四氟乙烯条块，降低链条拖动整体工作台移动过程中的摩擦阻力，避免摩擦力过大造成链条变形断裂问题。

创新原理 15 "动态特性原理"，变换方法：变滑动摩擦为滚动摩擦。

$$\begin{cases} T_\varphi^{\mathrm{Add}} D_3^{S_1} = D_3^{S_1} \oplus D_6^{S_1} \\ {}_\varphi T_{D_3^{S_1}}^{\mathrm{Exp}} D_3^{S_1} (\mathrm{TBC}^{\mathrm{Scu}_1}) = (D_3^{S_1} (\mathrm{TBC}^{\mathrm{Scu}_1}))' \\ {}_\varphi T_{D_3^{S_1}}^{\mathrm{Add}} D_3^{S_1} (\mathrm{TBC}^{\mathrm{Scu}_3}) = (D_3^{S_1} (\mathrm{TBC}^{\mathrm{Scu}_3}))' \\ {}_\varphi T_{D_2^{S_1}}^{\mathrm{Sub}} D_2^{S_1} (\mathrm{TBC}^{\mathrm{Scu}_3}) = (D_2^{S_1} (\mathrm{TBC}^{\mathrm{Scu}_3}))' \end{cases} \tag{9.14}$$

其中，$D_6^{S_1}$ 表示新增的滑轮组件，即通过在模块元滑动导轨上增加滑轮组件，将滑动轨道与毛毡安装板间的滑动摩擦转化为滚动摩擦；此时，主动变换 T_φ^{Add} 引起传导变换，滑轮组件的增加需要对滑动导轨变换结构基TBC^{Scu_1}(滑动导轨宽度特征)进行扩大变换，同时对滑动导轨增加一个结构特征元TBC^{Scu_3}(滑动导轨滑轮滚动槽)，而毛毡安装板底部结构特征TBC^{Scu_3}需要进行置换变换，置换为有相应滚动沟槽的接触面板。根据创新原理15的具体变换结果如图9.4所示。

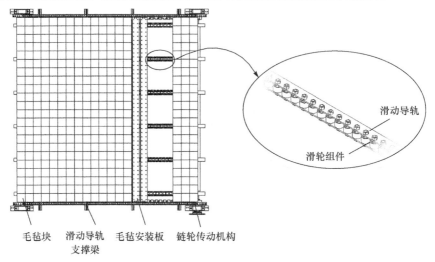

毛毡块　滑动导轨　毛毡安装板　链轮传动机构
　　　　支撑梁

图9.4　动态特性原理变换设计方案

　　针对问题P_1，也可以从物理矛盾的角度来求解。在过窗裁剪过程中，需要保持真空吸附腔一定的压强差，提供充足的压力使布料在裁剪过程中不发生错位；同时，压强差产生的压力使滑动轨道和毛毡安装板间的摩擦力增大，使链条变形断裂。因此，可以将技术矛盾问题中的双参数(Y_{11}, Y_{12})归结到单个特征参数，即作用在布料上的正压力，既希望正压力大，使布料稳定吸附，又希望正压力小，降低正压力过大而产生的滑动轨道与毛毡安装板间的摩擦力，构建单特征参数的矛盾问题模型：

$$P_1 = (Be_5 \_ G) \uparrow Bs_5 * (S_1 \wedge S_2 \wedge S_3 \wedge S_4 \wedge S_6) \tag{9.15}$$

其中，Be_5_G表示过窗裁剪功能特征属性下的需求目标参数，即正压力。

　　根据物理矛盾求解方法，本节采用空间分离方法，并采用创新原理 1 "分割原理"作为一般问题解，如表9.2所示。应用分割原理中的A项描述，通过具体变换操作将原理解转化为具体技术方案解。

表9.2　创新原理 1 描述

创新原理 1	创新原理描述
	A：把一个物体分成相互独立的几个部分
分割原理	B：把一个物体分成容易组装和拆卸的部分
	C：提高系统的可分性，以实现系统的改造

$$
\begin{cases}
T_\varphi^{\mathrm{Decp}} D_1^{S_3} = \{\bigcup_{i=1}^{6} D_{1i}^{S_3}\} \\[2mm]
{}_\varphi T_{D_3^{S_3}}^{\mathrm{Decp}} D_3^{S_3} = \{\bigcup_{j=1}^{6} D_{3j}^{S_3}\} \\[2mm]
{}_\varphi T_{D_4^{S_3}}^{\mathrm{Dup}} D_4^{S_3} = \{D_4^{S_3}, \bigcup_{k=1}^{5} (D_4^{S_3})*\} \\[2mm]
{}_\varphi T_{D_3^{S_6}}^{\mathrm{Dup}} D_3^{S_6} = \{D_3^{S_6}, \bigcup_{l=1}^{5} (D_3^{S_6})*\} \\[2mm]
{}_\varphi T_{D_5^{S_1}}^{\mathrm{Sub}} D_5^{S_1} = (D_5^{S_1})'
\end{cases}
\tag{9.16}
$$

针对真空吸附腔 $D_1^{S_3}$ 的分割变换 $T_\varphi^{\mathrm{Decp}}$，将原真空吸附腔分解为 6 个相互独立的子腔，引起各类的传导变换操作，包括对管路模块元的分解变换、真空阀门模块元的复制变换、真空气路电磁阀控制模块元的复制变换、链轮传动系统的置换变换。采用分割的原理，裁剪工作时，只需要对裁剪区域进行吸附，避免整腔吸附产生过大的正压力；同时采用局部吸附方式降低能耗。真空吸附腔的分割原理变换设计方案如图 9.5 所示。

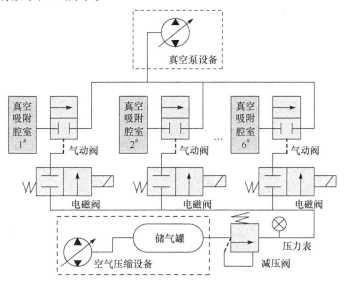

图 9.5　分割原理变换设计方案

针对设计矛盾问题 P_1，采用技术矛盾和物理矛盾都能获取相应的设计方案。通过求解技术矛盾获取的设计方案实施的变换操作较简单，传导变换问题对原有结构功能性能的影响小，但是未能提供矛盾底层的创新变换策略。通过求解物理矛盾获得的设计方案实施难度较大，涉及的传导问题复杂，但其策略方案从设计矛盾的底层来进行求解，创新程度高。

针对问题 P_2，从表 9.1 可知，与低碳需求属性 Be_7 相关的主要是真空吸附系统模块 S_3。其中，真空吸附腔室和真空泵设备起到强相关作用。在问题 P_1 求解中采用分割真空吸附腔的方案不仅可以解决过窗裁剪链条断裂问题，同时降低了裁剪工作中的能耗。在问题 P_2 求解中，主要针对真空设备的改进实现低碳的目标。

在裁剪过程中，设计者既希望真空泵转速高，在短时间内将真空吸附腔抽真空到要求的压强，又希望真空泵转速低，降低工作能耗。因此，真空泵转速属性需求 Be_7_G 构成了单因素的物理矛盾问题，构建其单特征参数问题模型：

$$P_2 = (Be_7\_G) \uparrow Bs_7 * (D_2^{S_3}) \tag{9.17}$$

采用时间分离方法，并选用创新原理 19 "周期性作用原理"，如表 9.3 所示。

表 9.3　创新原理 19 描述

创新原理 19	创新原理描述
周期性作用原理	A: 用周期性动作或脉冲代替连续性动作
	B: 如果周期性的动作正在进行，改变其运动频率
	C: 在脉冲周期中，利用暂停来执行另一有用动作

根据专家领域知识，可以采用周期性作用原理中的描述 A，采用周期性的动作代替连续性动作。即根据真空吸附腔内实时压力调节真空泵的转速，其设计方案如图 9.6 所示。

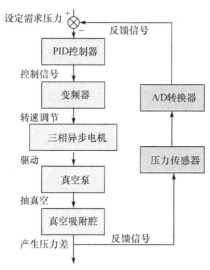

图 9.6　周期性作用原理变换设计方案

在原设计方案中，三相异步电机驱动真空泵将真空吸附腔抽气达到设定的压力值，在整个裁剪过程中，电机以满载的模式运行，能耗高。图 9.6 采用创新原理 19 获取的改进设计方案中，增加了速度调节模块和压力信息反馈模块。压力信息反馈模块将真空腔室中实时压力信息反馈给控制器，由控制器决定速度调节模块的具体参数。当真空腔内压力大于设定需求压力时，调速系统将降低电机转速；当真空腔内压力小于设定需求压力时，调速系统将提高电机转速，加快抽气速率。新方案通过变频调节电机转速，降低整个裁剪过程中的能耗，实现低碳的目标。

除了上述创新设计方案，本节利用 Pro/Innovator 平台对裁床过窗裁剪问题进行分析，构建相应的组件分析模型，如图 9.7 所示，在已获取原理方案基础上生成更多的概念方案解，表 9.4 为部分方案解。

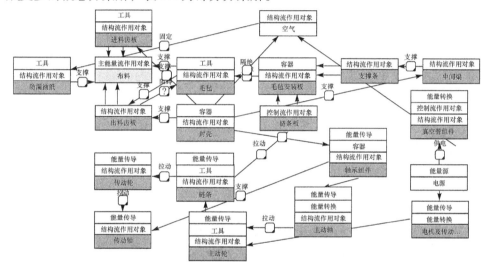

图 9.7   基于 Pro/Innovator 平台的裁床链传动组件分析模型

表 9.4   基于 Pro/Innovator 平台的创新方案解

序号	原理方案	概念方案
1	空间分离——中介物原理	设计压力装置，小范围内对裁剪布料压紧
2	矛盾矩阵——变害为利原理	设置特定的管道，使抽出的气体对毛毡安装板平台具有微抬作用，减小摩擦
3	矛盾矩阵——相变原理	采用特殊材料薄膜，裁剪结束，温度下降使薄膜自动愈合
4	矛盾矩阵——预先反作用原理	预设残余应力综合链条链板上的拉应力
5	专利借鉴——分段磁铁在磁控管中产生均匀磁场	设计分腔结构，实时控制各腔压力分布
6	专利借鉴——反磁斥力加速弹丸	利用磁力抬升毛毡安装板

2. 设计方法的对比分析

为了与其他设计方法进行比较，本节列举了除 TRIZ、可拓学方法之外的其他常用设计方法，如头脑风暴法、列表法、质量功能配置法、实例推理法，如表 9.5 所示，论述了各方法的特点，并针对产品设计中创新程度(level of innovation, Le-Inn)和设计效率(design efficiency, De-Eff)两方面进行对比分析。

表 9.5 中，前四种方法都是产品常规设计方法。头脑风暴法有较好的创新程度，但是设计过程时间和经济成本高；列表法虽然设计效率较高，但并不能提供具体的产品设计方案；质量功能配置法以用户需求为导向，具有较好的创新程度和设计效率，但是不能提供各设计特征属性间的矛盾问题求解策略；实例推理法通过相似实例的知识重用，快速生成设计方案，但是其创新程度低。

TRIZ 将矛盾问题划分为技术矛盾和物理矛盾，可拓学方法将冲突问题概括为对立问题和不相容问题。本节将单特征参数的物理矛盾和不相容问题和双特征参数的技术矛盾和对立问题分别采用集成方法中两种矛盾问题求解框架进行求解，但并不是指物理矛盾等价于不相容问题，技术矛盾等价于对立问题。技术矛盾侧重设计过程中两客观参数间的矛盾分析，对立问题表述客观条件下主观需求间的对立性。物理矛盾描述设计过程中单特征参数的两种不同需求，不相容问题描述单个需求特征参数在当前条件下的满足程度。不相容问题是可拓学冲突问题的最基本问题，可以将物理矛盾视为不同时间段、不同空间或不同子系统中的不相容问题的组合。

表 9.5　常用设计方法对比分析

设计方法	优点	缺点	创新程度	设计效率
头脑风暴法	通过连锁式的思想交流和反馈，刺激各设计组员的创新思维，获取创新方案	对设计组员要求高，其来自于各部门的领域专家；经济和时间成本高	中等	低
列表法	清晰罗列出产品方案的功能项和属性项	主观评价方法，不能提供具体的设计方案	低	中等
质量功能配置法	以用户需求为导向，建立需求与产品质量特征、产品质量特征与工程特征间的映射关系；鉴定对产品功能影响最大的工程特征	设计人员具有需要宽泛的领域设计知识；缺乏协调产品质量特征关联矩阵中设计冲突问题的能力	中等	中等
实例推理法	基于实例的方式建立先验知识实例库，无须构建复杂规则；检索相似实例，重用已有设计知识产生新的设计方案	通常用于常规设计，不能胜任复杂多特征属性耦合下的产品创新设计	低	高

续表

设计方法	优点	缺点	创新程度	设计效率
TRIZ	应用 TRIZ 分析工具和知识库生成一般设计方案求解矛盾问题；生成的设计方案不局限于本领域知识，创新程度高	以定性和半定量的方式描述问题，不能量化判定主、次矛盾；缺少将一般原理解转化为具体设计方案的变换操作	高	中等
可拓学方法	定性、定量表述设计矛盾；通过可拓变换将一般设计解转换为具体的技术方案解	缺少设计知识库，不能为设计人员提供领域知识外的设计灵感；可拓学方法依赖于设计者的领域知识和经验	高	中等
集成方法	以基元模型和关联函数定性、定量表述矛盾问题；应用 TRIZ 分析工具和知识库生成一般原理解；通过可拓变换将一般原理解转化为具体设计方案	集成方法同样依赖于设计人员的领域知识；集成方法提供多种方案，需要提供方案的进化算法获取可行解或最优解	高	高

第10章　基于多维关联函数的设计方案演化算法

通过实例库检索获取相似产品实例并进行修改生成常规设计方案，以及通过创新设计方法获取创新程度高的创新方案，都存在设计方案的择优问题。

本章论述拓展分析方法、TRIZ 创新原理解及可拓变换的多样性造成产品低碳设计方案的组合爆炸问题，提出基于演化算法的求解策略。建立设计参数动态变化下的碳足迹、成本量化约简模型；设计低碳问题遗传算法，创新地将多维关联函数应用于演化算法迭代过程的二次选择，提高算法收敛效率，生成设计方案解。

10.1　设计方案组合爆炸问题及求解策略

论述基于常规设计空间及创新设计空间的产品低碳设计过程中，由于拓展分析方法、TRIZ 创新原理解以及可拓变换的多样性和不确定性，造成设计方案的组合爆炸问题，提出基于演化算法的求解策略。

10.1.1　设计方案组合爆炸问题描述

1. 拓展分析方法的多样性

拓展分析是拓展推理的基础，通过拓展分析获取求解矛盾问题的多种可能途径，包括发散、蕴含、相关性分析及可扩分析方法，以相关性分析方法与可扩分析方法为例进行论述。

(1) 相关性分析方法。针对结构模块 S_l 进行相关性分析，构建结构模块相关链(网)，如式(10.1)所示。通过相关性分析，指导设计人员关注修改过程中相关零部件间的传导问题。当对结构模块 S_l 实施修改操作无法达到设计要求，可以考虑对与其相关的模块进行变换操作，通过传导变换使设计矛盾问题得以解决：

$$S_l \sim \begin{cases} S_1 \sim S_2 \\ S_3 \\ \vdots \\ S_m \end{cases} \tag{10.1}$$

其中，～表示结构相似符；S_m 表示与结构模块 S_l 存在相关性的结构模块。

(2) 可扩分析方法。可扩分析将结构模块 S_l 进行组合或分解，如式(10.2)所示，寻求新的矛盾问题求解方法：

$$\begin{cases} (S_l)' = S_k \oplus S_l \\ S_l /\!/ \{S_{l_1}, S_{l_2}, \cdots, S_{l_m}\} \end{cases} \tag{10.2}$$

其中，$\oplus$ 为组合符；$/\!/$ 为分解符。

2. TRIZ 创新原理解的不确定性

在采用 TRIZ 创新原理解为技术矛盾和物理矛盾提供原理方案解时存在不确定性，主要体现在三个方面：求解技术矛盾工程参数映射的不确定性；求解物理矛盾四种分离方法包含的创新原理不唯一性；选取的创新原理解不确定性。

对裁床过窗裁剪功能进行改进设计，针对技术矛盾真空吸附腔压力(Be_G_1)和链条断裂(Be_G_2)，根据 TRIZ 工程参数获取改善与恶化特征参数组合，如表 10.1 所示，形成不同的设计原理方案。

表 10.1　技术矛盾特征参数对对应的创新原理解

工程参数对(改善的参数 Y_i，恶化的参数 Y_j)	创新原理解
(Y_{11}, Y_{12})	35，4，15，10
(Y_{11}, Y_{27})	10，13，19，35
(Y_{11}, Y_{30})	22，2，37
(Y_{13}, Y_{12})	22，1，18，4

采用分离方法求解物理矛盾时，分离方法对应的推荐创新原理解并没有统一的规定，不同的 TRIZ 研究者对创新原理解在不同分离方法下的分类存在差异性。此外，设计人员对原理解的选择依赖于自身的设计经验知识，如表 10.1 中，选取不同的创新原理解，其改进设计的原理方案是不同的。因此，采用 TRIZ 创新原理解将产生不同的改进设计方案。

3. 可拓变换的多样性

例如，对某型真空泵进行低碳优化设计，对其 7 个结构模块实施变换操作，获取满足需求的可拓变换运算式：

$$T(\text{Prd}) = T_{S_1}(S_1) \oplus T_{S_2}(S_2) \oplus T_{S_3}(S_3) \oplus T_{S_4}(S_4) \oplus T_{S_5}(S_5) \oplus T_{S_6}(S_6) \oplus T_{S_7}(S_7) \tag{10.3}$$

其中，Prd 表示产品；T_{S_l} 表示结构模块 $S_l(l=1,2,\cdots,7)$ 的变换操作，包括五种基本变换操作及其组合变换。

各结构模块 S_l 包含了多个零部件单元,各零部件又由底层的变换结构基(TBC)组成。图 10.1 为真空泵各模块的可拓变换操作,针对不同零部件和变换结构基的不同变换操作,可以生成多种可拓变换运算式,同时可能出现复杂的传导变换,造成设计方案的组合爆炸。

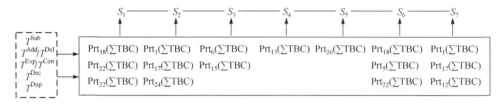

图 10.1　真空泵各模块可拓变换操作

10.1.2　组合爆炸问题求解策略

产品低碳设计的目标是在满足产品使用性能的前提下降低产品的碳足迹和成本,某一阶段成本的增加或减少将引起本阶段或其他阶段碳足迹和成本的变动。因此,对碳足迹和成本的优化,需要考虑产品整个生命周期的碳排放和成本支出,并且两者存在一定的耦合对立特性。

本节建立基于多维关联函数的演化算法对可拓变换生成的设计方案空间进行寻优,以产品碳足迹和成本为优化目标,获取可行的可拓变换运算式。在进化操作前,还需要完成以下工作:变换结构零部件的关联分析;碳足迹和成本的约简量化;基于性能的约束构建;基于关联函数的可行方案解集生成;构建设计目标函数。

1. 变换结构零部件的关联分析

演化算法需要对各零部件的 TBC 进行编码,当组成产品的零部件数量多,且每个零部件需要变换的 TBC 数量多时,会导致编码过长,降低搜索效率。通过相关性分析,用较少的零件特征参数来表达整个产品某方面的特征属性。如图 10.2 所示,在编码计算产品的质量时,分析装配关系,模块 M_i、M_j 的质量可以分别用 Prt_i、Prt_2 及 Prt_j、Prt_1、Prt_2 的结构参数来表征,减少了编码的工作量。

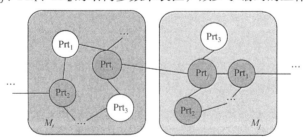

图 10.2　结构零部件相关性分析

2. 碳足迹和成本的约简量化

由碳足迹和成本量化方法可以计算原有产品模块的 CFP 和 C 值，当对原有模块实施变换操作后，需要重新计算改进后模块的 CFP 和 C 值。为提高优化运算效率，本节对改进模块 CFP 和 C 的量化计算进行约简，即

$$(CFP_{Phase\_Prt_i})' = k_i CFP_{Phase\_Prt_i} \tag{10.4}$$

$$(C_{Phase\_Prt_i})' = k_i C_{Phase\_Prt_i} \tag{10.5}$$

其中，下标 Phase 指代生命周期中的某一个阶段，$(CFP_{Phase\_Prt_i})'$ 和 $(C_{Phase\_Prt_i})'$ 分别表示变换后零件 Prt_i 在某阶段的碳足迹和成本；k_i 为质比系数或能耗比系数。

一般情况下，在制造阶段、配送阶段、生命周期末期阶段变换后零部件的碳足迹和成本计算通过与原零部件的质量比进行换算；而对材料阶段和使用阶段需要根据具体的变换操作来计算。

3. 基于性能的约束构建

产品低碳性能以碳足迹来衡量，本节中性能约束主要考虑产品运行工作时的力学状况，通过对力学性能的设定，将其反映到零部件的几何结构约束。例如，对于真空泵设计中考虑转轴联轴器处承受的扭矩、危险截面的弯扭强度，如图 10.3 所示，A 点为联轴器连接段扭矩校核点，B、D 点为轴承支点，C 点为叶轮与轴连接危险截面点。

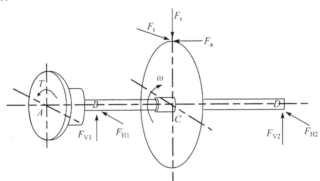

图 10.3　转轴力学性能约束条件

图 10.3 中，连接联轴器轴段所受扭矩为 T，该轴段需要满足的扭转强度条件为

$$\tau_T = \frac{T}{W_T} \leqslant [\tau_T] \tag{10.6}$$

其中，τ_T 为扭转切应力；W_T 为抗弯截面系数；$[\tau_T]$ 为许用扭转切应力。

由式(10.6)可以计算轴的最小编码轴径 d：

$$\begin{cases} d \geqslant A_0 \sqrt[3]{\dfrac{P}{n}} \\ A_0 = \sqrt[3]{\dfrac{9550000}{0.2[\tau_T]}} \end{cases} \tag{10.7}$$

其中，P 为电机功率；n 为电机转速；A_0 可计算获得或查表获取。

转轴的危险截面在连接叶轮轴段，叶轮受到径向力 F_r、切向力 F_t 及轴向力 F_a。在实例应用中由于轴向力相对较小，为简化编码而忽略了轴向力载荷，可以通过式(10.8)计算危险截面处的计算应力，推导出该轴段的轴径取值：

$$\sigma_{ca} = \frac{\sqrt{M^2 + (\alpha T)^2}}{W} \leqslant [\sigma_{-1}] \tag{10.8}$$

其中，σ_{ca} 为轴的计算应力；M 为危险截面处的弯矩；α 为折合系数；W 为轴的抗弯截面系数；$[\sigma_{-1}]$ 为对称循环变应力时轴的许用弯曲应力，案例中转轴材料为 Q235 钢时，$[\sigma_{-1}] = 40\text{MPa}$，材料为 45 钢时，$[\sigma_{-1}] = 60\text{MPa}$。

4. 基于关联函数的可行方案解集生成

第 3 章在一维关联函数的基础上将其拓展为多维关联函数，基于碳足迹和成本的需求区间，本章构建碳足迹和成本的二维关联函数 $K(CFP, C)$。通过关联函数判定各可拓变换运算式的可行性，获取可行方案解，缩小进化算法搜索空间，加快收敛速度，有关多维关联函数的构建详见第 3 章。

5. 构造设计目标函数

优化目标是在满足产品性能的条件下使碳足迹和成本最小化，因此在完成变换零部件的相关性分析、CFP 和 C 的约简量化计算、力学性能几何结构约束的设定，以及基于关联函数 $K(CFP, C)$ 的设计方案可行性判定后，构建设计目标函数：

$$\begin{cases} f_1 = \min CFP \\ f_2 = \min C \end{cases} \tag{10.9}$$

其中，CFP、C 为产品全生命周期碳足迹和成本量值。

10.2 基于遗传算法的设计方案生成

采用遗传算法[222](genetic algorithms, GA)，在以碳足迹和成本为目标的设计方案空间进行寻优，获取最优方案解，提取进化设计知识。因此，需要针对低碳问题进行相应的算法设计，在传统遗传算法基础上建立基于关联函数的遗传操作二次选择机制。

10.2.1　遗传算法的设计

将基本遗传算法定义为 9 元组：

$$GA=(C, E, L, P_0, M, \varPhi, \varGamma, \varPsi, T) \tag{10.10}$$

其中，C 为个体编码；E 为适应度评价函数；L 为染色体长度，即基因位数；P_0 为初始化的种群；M 为种群大小；$\varPhi$ 为选择算子；$\varGamma$ 为交叉算子；$\varPsi$ 为变异算子；T 为算法终止条件。算法的设计中主要针对 C、E、$\varPhi$、$\varGamma$、$\varPsi$ 展开。

1. 个体编码 C

通过编码将零部件各特征属性的表现型转换为可以实施遗传操作的基因型。采用二进制方式对各特征进行编码，并将各片段基因连接成完整的染色体，一条染色体代表一个设计方案解，如图 10.4 所示。在编码初期，对各基因随机编码，图中阴影部分的特征基因，如特征 1、特征 n 既与碳足迹和成本相关，又受力学性能的约束。为避免在最优方案解中出现碳足迹和成本达到最优，但设计方案无法满足力学性能的情况，在编码时不对此类基因位进行限制，而是通过后期增加惩罚函数解决上述问题。

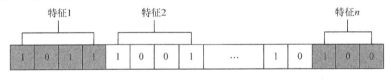

图 10.4　变换特征基因编码

基因解码是将各特征的基因型重新转换为表现型，各片段特征基因用式(10.11)的解码函数进行转化操作，并将获取的特征表现型实值用于适应度评价函数的计算。

$$\varUpsilon(k) = u_k + \frac{v_k - u_k}{2^{l_k} - 1} \left(\sum_{i=1}^{l_k} b_{(\sum l_{(k-1)+i})} \times 2^{i-1} \right) \tag{10.11}$$

其中，k 表示第 k 个特征；u_k、v_k 为该特征实值的上、下界；l_k 为第 k 个特征的基因长度；b 为二进制值，取 0 或 1。

2. 适应度评价函数 E

适应度评价函数用于评估算法解空间搜索的质量，本节采用权重分配方法构建碳足迹和成本的双目标适应度评价函数，即

$$E = w_1 f_1' + w_2 f_2' + kR(\text{CFP}, C) \tag{10.12}$$

其中，f_1'、f_2' 为式(10.9)中碳足迹和成本经归一化后的目标函数；w_1、w_2 为其权

重值；$R(CFP, C)$为惩罚函数，当种群中个体不满足力学性能时($k=1$，否则 $k=0$)，在求解以适应度值最小的优化问题中增加一个较大的惩罚值 R，以保证该个体不会被选为最优解，但并不会将其排出种群，以保留种群的多样性。

3. 选择算子 Φ

选择算子在适应度评价函数的基础上挑选出进化过程中较优的个体，使各次迭代的种群个体向着最优适应度评价函数值收敛，选择机制采用轮盘赌方法，如式(10.13)。

$$\Phi(k) = \sum_{i=1}^{k} 1/E_i \bigg/ \sum_{i=1}^{M} 1/E_i \leqslant P(k) \tag{10.13}$$

其中，k 为种群中第 k 个个体；E_i 为第 i 个个体适应度评价函数值；$P(k)$为产生的第 k 个随机数，当满足式(10.13)时，种群中第 k 个个体被选中，并进行后续的交叉和变异操作。

4. 交叉算子 Γ

通过父代个体间的交叉操作，产生相同数目的子代个体。设置较高的交叉率，采用单点交叉算子，获取子代个体，如图 10.5 所示。图中，交叉点位置为第 3 位，则父代个体的交叉点右侧基因保持不变，左侧基因相互交换，生成两个子代个体。

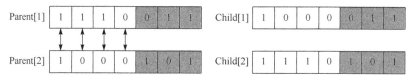

图 10.5　交叉操作

5. 变异算子 Ψ

变异操作使进化算法具有局部搜索能力，同时保持种群的多样性，防止出现非成熟收敛解。设置较低的变异率，当染色体某个基因位实施变异操作时，对该位二进制值进行反转，如图 10.6 所示。

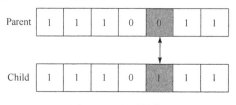

图 10.6　变异操作

10.2.2　基于关联函数的遗传操作

传统的遗传操作中，选择较优的父代个体，对父代个体实施交叉、变异产生子代，并开始新一轮的选择、交叉和变异操作，直至到达迭代次数。式(10.13)中选择算子是建立在适应度评价函数基础上，是对多目标总体结果的选择，而没有考虑单个目标的适应度情况。本节建立如图 10.7 所示的基于关联函数的遗传操作机制，以提高进化算法的收敛效果。

基于关联函数的遗传操作步骤如下：

(1) 对种群大小为 M 的种群个体实施传统的选择、交叉、变异操作，生成种群大小为 M 的子代个体。

(2) 将父代与子代个体组合生成种群大小为 $2M$ 的个体种群。

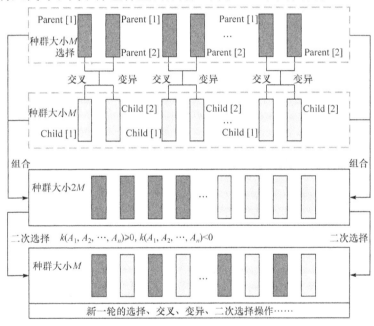

图 10.7　基于关联函数的遗传操作机制

(3) 对步骤(2)中的个体种群实施基于关联函数的二次选择，生成种群大小为 M 的子代种群。

(4) 开始新一轮的选择、交叉、变异、二次选择操作，直至完成迭代次数。

步骤(3)中实施二次选择，首先对父代种群中的优秀个体进行精英保留，然后根据关联函数值从子代和父代种群中先后挑选出 M 个个体组成新的种群，具体操作流程如图 10.8 所示，并给出相应的伪代码，如表 10.2 所示。

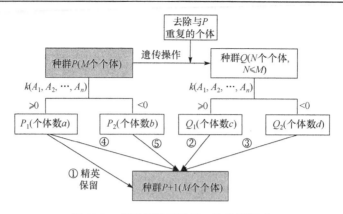

图 10.8　基于关联函数的二次选择策略

表 10.2　基于关联函数的二次选择策略伪代码

```
Population Pi
Qi = Genetic_operation(Pi)
Qi = set(Qi)−set(Pi)
Dp = Dependent_function (Pi)
Dq = Dependent_function (Qi)
if Dpj > 0 then Pij→P1 else Pij→P2
if Dqj > 0 then Qij→Q1 else Qij→Q2
M = len(Pi); a = len(P1); b = len(P2); c = len(Q1); d = len(Q2);
select e best individuals Pe from P
if c + d ≤ M−e
if a + c + d > M
select M−c−d best individuals P1e from P1
        Pe = P1e
else
select M−c−d−a best individuals P2e from P2
        Pe = P1 + P2e
        Pi+1 = Qi + Pe
```

```
else
select e best individuals Pe from P1 or P1+ P2
if e + c > M
select M−e best individuals Q1e from Q1
        Qe = Q1e
else
select M−e−c best individuals Q2e from Q2
        Qe = Q1 + Q2e
        Pi+1 = Pe + Qe
```

10.3　基于演化算法的产品低碳优化分析

以真空泵为低碳优化研究对象，对真空泵每个模块中的自生产零部件进行优化改进，各模块包括的可变换零部件如图 10.1 所示，主要对整个产品碳足迹影响较大的泵体(Prt_2)、叶轮(Prt_{15})、转轴(Prt_6)、泵盖(Prt_1)、轴承座(Prt_{18})进行改进设计。

1. 变换零部件关联分析

各零部件间存在配合关系，零件某一特征参数的变化会导致与其配合的零部件需要实施相应的变换操作。变换零部件的关联分析要尽可能减少每个零部件的变换特征数目以降低编码基因的复杂度，同时要求所选取的变换特征能够基本反映产品模块的属性特性。例如，对泵体编码的特征参数如图 10.9 所示。

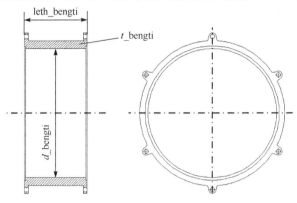

图 10.9　泵体编码特征参数

对泵体编码计算泵体的质量特性，可以约简为主要的三个参数：泵体内径 (d_bengti)、泵体壁厚(t_bengti)和泵体宽度(leth_bengti)，这三个特征参数可以基本表征泵体的质量。又如，对转轴的编码也需要相应的约简操作，如图 10.10 所示。

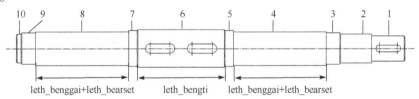

图 10.10　转轴编码特征参数

轴段 1 的直径 d_1 需要根据式(10.7)确定最小取值，案例中 P=30kW，n=970r/min，当轴材料为 45 钢时，查取 A_0=112，通过计算令 d_1=d_shaft≥40mm；轴段 1 需安装联轴器，其长度为半联轴的长度。

轴段 2 的直径 d_2=d_shaft+7mm，该轴段长度取决于轴承座压盖厚度(基本不变)及预留设定的安装空间和添加轴承润滑油空间，该轴段长度初步设定为 50mm。

轴段 3 的直径 d_3=d_shaft+10mm，该轴段安装轴承，因此直径 d_3 在优化后需要根据轴承的标准内径进行修正；轴段 3 的长度为轴承宽度。

轴段 4 的直径 d_4=d_shaft+20mm，该轴段长度取决于泵盖的宽度(leth_benggai)和轴承座支承架的宽度(leth_bearset)，在实例中 leth_bearset 为固定值。

轴段 5 的直径 d_5=d_shaft+25mm，该轴段用于安装套筒，长度为 30mm。

轴段 6 的直径为 $d_6=d\_shaft+30mm$，该轴段用于安装叶轮，其长度取决于叶轮的宽度，而叶轮宽度等价于泵体宽度(leth_bengti)；该轴段为危险截面所在处，需要进行弯扭矩强度的校核。

轴段 7 特征参数与轴段 5 相同，轴段 8 特征参数与轴段 4 相同，轴段 9 特征参数与轴段 3 相同。

轴段 10 的直径 $d_{10}=d\_shaft+7mm$，该轴段用于安装轴向固定的挡环，设置固定值 10mm。

因此，针对转轴的编码只需要考虑 d_shaft 及轴材料两个特征参数。轴的质量计算还与 leth_bengti 和 leth_benggai 相关，通过分析轴和泵体、泵盖的相关性，建立相互联动的特征参数量化关系，减少所需编码的特征数量。按照相同的方法对叶轮、泵盖、轴承座进行相关性分析和简化，最终获取 11 个编码特征，如表 10.3 所示。

表 10.3　编码特征信息

名称	参数	变换范围	名称	参数	参数
转轴轴径	d_shaft	[40, 80]mm	泵盖宽度	leth_benggai	[90, 160]mm
转轴材料	mat_shaft	{Q235, 45}	轴承座壁厚	$t\_bearset$	[10, 25]mm
泵体内径	d_bengti	[420, 540]mm	支架宽度	$leth_1\_bearset$	[30, 80]mm
泵体壁厚	t_bengti	[15, 35]mm	支架厚度	$t_1\_bearset$	[6, 20]mm
泵体宽度	leth_bengti	[180, 260]mm	支架数	$N\_bearset$	{2, 3, 4}
叶轮材料	mat_yelun	{铸钢, 铸铜}			

零部件中其他的特征参数可以建立与表 10.3 中编码参数的量化关系，从而通过对 11 个编码特征参数的基因型进行遗传操作实现所需优化零部件的质量变换，而通过质量的变换实现与质量直接相关的成本和碳足迹的寻优计算。

2. 碳足迹、成本的约简量化

在遗传操作后，各零部件的质量参数将发生改变，与质量相关的碳足迹和成本也发生变化。表 5.2 计算获取了 SK-15 型真空泵各零件全生命周期的碳足迹和成本，因此通过式(10.4)和式(10.5)的约简计算获取变换特征参数变换后的零部件碳足迹和成本。

在材料阶段、制造阶段、运输阶段、生命周期末期阶段，零部件的碳足迹和成本一般用变换后的质比系数 k 与原始零件碳足迹和成本的乘积获取。而使用阶段需要根据具体的零件特性进行计算，如表 10.4 所示，并以碳足迹计算为例进行说明，使用阶段碳足迹由三部分组成，即电能消耗碳足迹(Use_CFP$_1$)、维护消耗碳足迹(Use_CFP$_2$)和辅助设备消耗碳足迹(Use_CFP$_3$)。

表 10.4　使用阶段零部件碳足迹约简量化

零件	特征参数		Use_CFP$_1$	Use_CFP$_2$	Use_CFP$_3$	年限
转轴	材料	Q235 钢	1	1.5	k_1_shaft	5
		45 钢	1	1	k_2_shaft	5
泵体	容积率$\left(\lambda=\left\|\dfrac{v-v_0}{v_0}\right\|\right)$	[0.03,0.05]	±0.005h			
		(0.05,0.1]	±0.01h			
		(0.1,0.2]	±0.015h	1	k_bengti	5
		(0.2,0.3]	±0.02h			
		(0.3,0.5]	±0.02h			
	厚度 t	<20mm	1	1	k_bengti	3
		>20mm	1	1	k_bengti	5
叶轮	材料	铸钢	1	1.5	k_1_yelun	3
		铜	1	1	k_2_yelun	5
泵盖	容积率$\left(\lambda=\left\|\dfrac{v-v_0}{v_0}\right\|\right)$	[0.03,0.05]	±0.005h			
		(0.05,0.1]	±0.01h			
		(0.1,0.2]	±0.015h	1	k_yelun	5
		(0.2,0.3]	±0.02h			
		(0.3,0.5]	±0.02h			
轴承座	壁厚 t	<15mm	1	1	$k\_bearset$	3
		>15mm	1	1	$k\_bearset$	5

　　转轴材料可以选择 Q235 钢和 45 钢，对于 Use_CFP$_1$ 部分产生的碳足迹与零件材料关系不大,均等价于未变换前转轴 Use_CFP$_1$ 部分的碳足迹;对于 Use_CFP$_2$ 部分，选用不同的材料，后期的维护消耗碳足迹不同，45 钢材料的轴维护部分碳足迹与变换前相等，Q235 钢材料的轴维护部分碳足迹是 45 钢材料的 1.5 倍；对于 Use_CFP$_3$ 部分，k_1_shaft 和 k_2_shaft 分别为不同材料的转轴变换前后质比系数，此部分碳足迹为质比系数与变换前碳足迹的乘积。叶轮的特征参数也为材料，对叶轮使用阶段碳足迹的解释与转轴相同，但叶轮使用铸钢时使用年限为 3 年，使用铸铜时为 5 年。

　　影响泵体使用阶段碳足迹的特征参数为容积率及泵体厚度。容积率表示泵体变换后体积对变换前体积的相对比率,当泵体体积增大时,可以提高抽排气效率,可以认为减少了相应的工作时间,如 $\lambda \in (0.3, 0.5]$,每天可以减少 0.02h 的工作能耗;当泵体体积变小时,虽然减少了材料等制造成本,但降低了抽排气效率,可以认为增加了相应的工作时间,如同样 $\lambda \in (0.3, 0.5]$,每天需要增加 0.02h 的工作能耗;当容积率达到一定值时,由于泵的功率恒定,抽排气效率将保持稳定。泵体的厚度决定了泵体的使用年限,当 $t \leqslant 20mm$ 时,设定使用年限为 3 年,此时的碳足迹需要计算近 2 个泵体的碳足迹量;当 $t > 20mm$ 时,使用年限为 5 年,虽然材料制造等阶段碳足迹增加,但其使用寿命更长。泵盖中特征参数为容积率,轴承座中特征参数为壁厚,其解释与泵体相同。

3. 性能约束

低碳设计是在满足常规使用性能前提下展开的,实例分析中主要考虑转轴的力学性能,如式(10.7)和式(10.8),以及轴承座工作时的弯曲强度,如式(10.14):

$$
\begin{cases}
\sigma = \dfrac{PL/N}{bh^2/6} \leqslant [\sigma] \\
P = C \sqrt[3]{\dfrac{10^6}{60nL_h}}
\end{cases}
\tag{10.14}
$$

其中,L 为轴承座支承架高度,取固定值 60mm;N 为支承架个数;b=leth_bearset;h=t_bearset;C 为轴承基本额定动载荷;n 为轴的转速;L_h 为轴承寿命;$[\sigma]$为弯曲疲劳强度,取 180MPa。

因此,通过适当地简化,将力学性能与变换特征参数进行关联,在遗传操作时需保证满足零部件力学性能要求,在此基础上获取碳足迹和成本的双目标优化解。

4. 设计算法实现

在完成零部件的关联分析,碳足迹、成本的量化约简,力学性能约束设定后,将 11 个特征编码根据特征参数取值精度设定染色体长度为 50,并建立碳足迹和成本的目标函数 f_1、f_2:

$$f_1 = \text{CFP\_shaft} + \text{CFP\_bengti} + \text{CFP\_yelun} + \text{CFP\_benggai} + \text{CFP\_bearset} + k \times 2000$$

$$f_2 = \text{C\_shaft} + \text{C\_bengti} + \text{C\_yelun} + \text{C\_benggai} + \text{C\_bearset} + k \times 4000$$

其中,k 取 0 或 1。对 f_1 和 f_2 进行归一化后组成适应度评价函数。

设定零部件碳足迹理想需求区间 X_0=[124700,125300]kgCO₂e,可行区间 X=[124500, 125700]kgCO₂e,最优取值点 P_S=125000kgCO₂e;

设定零部件成本理想需求区间 X_0=[116500,11800]元,可行区间 X=[115800,

120000]元，最优取值点 P_s=117000 元。

设定遗传操作参数：M=40，Γ=0.85，Ψ=0.025，T=500。

(1) 当 w_1=1.0，w_2=0 时，进化迭代结果如图 10.11 所示，得到最终收敛方案解染色体基因串：00001101101000010001001010010010110110011010001011。

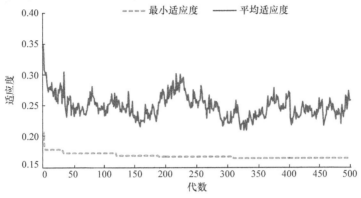

图 10.11　适应度迭代曲线(w_1=1.0, w_2=0)

对各基因片段解码获得各特征参数：d_shaft=41.905mm，mat_shaft=0，d_bengti=518.268mm，t_bengti=20.161mm，$leth\_bengti$=226.614mm，mat_yelun=0，$leth\_benggai$=131.339mm，$N\_bearset$=2，$t\_bearset$=19mm，$leth_1\_bearset$=61.746mm，$t_1\_bearset$=16.267mm。

在实际设计中需要根据外购标准件对改进后的上述特征参数进行取整，表 10.5、表 10.6 为改进前后零部件全生命周期碳足迹和成本信息。

表 10.5　零部件改进前全生命周期碳足迹、成本信息

生命周期阶段	材料阶段	制造阶段	运输阶段	使用阶段	生命周期末期	全生命周期
CFP/kgCO$_2$e	2379.5	2270.0	23.4	122077.7	6.6	126757.2
C/元	1535.0	2599.4	178.1	113916.1	429.8	118658.4

表 10.6　零部件改进后全生命周期碳足迹、成本信息(w_1=1.0, w_2=0)

生命周期阶段	材料阶段	制造阶段	运输阶段	使用阶段	生命周期末期	全生命周期
CFP/kgCO$_2$e	1941.4	1871.3	18.9	121317.2	4.1	125152.8
C/元	1224.6	2075.2	143.6	113240.1	304.5	116988.0

(2) 当 w_1=0，w_2=1.0 时，进化迭代结果如图 10.12 所示，得到最终收敛方案解染色体基因串：00000001010011010001001111010111010101110110101111。

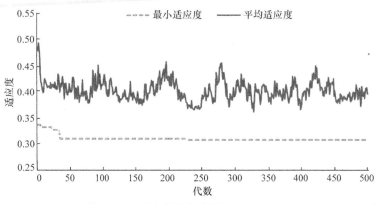

图 10.12　适应度迭代曲线(w_1=0, w_2=1.0)

对各基因片段解码获得各特征参数：d_shaft=40mm，mat_shaft=0，d_bengti=498.425mm，t_bengti=20.161mm，leth_bengti=229.764mm，mat_yelun=0，leth_benggai=141.260mm，N_bearset=2，t_bearset=17mm，leth$_1$_bearset=50.635mm，t_1_bearset=20mm。

同样需要对改进后的特征参数进行取整，并获取表 10.7 所示的零部件全生命周期碳足迹、成本信息。

表 10.7　零部件改进后全生命周期碳足迹、成本信息(w_1=0, w_2=1.0)

生命周期阶段	材料阶段	制造阶段	运输阶段	使用阶段	生命周期末期	全生命周期
CFP/kgCO₂e	1908.1	1840.0	18.5	121414.6	4.0	125185.1
C/元	1199.3	2038.7	141.0	113326.6	298.3	117003.9

(3) 当 w_1=0.5，w_2=0.5 时，进化迭代结果如图 10.13 所示，得到最终收敛方案解染色体基因串：00001001111100010000110010010010011010110111111001。

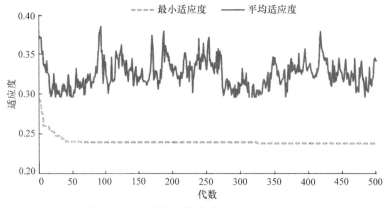

图 10.13　适应度迭代曲线(w_1=0.5, w_2=0.5)

对各基因片段解码获得各特征参数：d_shaft=41.270mm，mat_shaft=0，d_bengti= 537.165mm，t_bengti=20.161mm，leth_bengti=211.496mm，mat_yelun=0，leth_ benggai=130.236mm，$N\_bearset$=2，$t\_bearset$=21mm，$leth_1\_bearset$=54.603mm，$t_1\_$ bearset=14.4mm。

对改进后的特征参数进行取整，并获取表 10.8 所示的零部件碳足迹、成本信息。

表 10.8　零部件改进后全生命周期碳足迹、成本信息(w_1=0.5, w_2=0.5)

生命周期阶段	材料阶段	制造阶段	运输阶段	使用阶段	生命周期末期	全生命周期
CFP/kgCO$_2$e	1957.7	1889.6	19.0	21315.1	4.0	125185.5
C/元	1223.4	2089.7	144.4	113238.2	305.9	117001.6

分析上述优化结果，零部件优化后全生命周期的碳足迹和成本均比优化前低，达到了优化目的。但无论只考虑碳足迹(w_1=1.0，w_2=0)、只考虑成本(w_1=0，w_2=1.0)还是综合考虑碳足迹和成本(w_1=0.5，w_2=0.5)，碳足迹和成本并未出现整体上的对立性。相反，在同一生命周期阶段，碳足迹和成本体现一致性，如材料阶段碳足迹的增加伴随着成本的增加。而零部件生命周期不同阶段间的碳足迹和成本存在一定的对立性，不同的设计决策将影响整个生命周期的碳足迹和成本总值。

以材料阶段成本为优化目标(w_1=0，w_2=1.0)，通过调整适应度评价函数获取优化后零部件的各特征参数：d_shaft=40mm，mat_shaft=1，d_bengti=420mm，t_bengti=15mm，leth_bengti=182.52mm，mat_yelun=1mm，leth_benggai=90.551mm，$N\_bearset$=2，$t\_bearset$=11mm，$leth_1\_bearset$=40.317mm，$t_1\_bearset$=19.067mm。

材料阶段零部件改进后全生命周期碳足迹和成本信息如表 10.9 所示。

表 10.9　材料阶段零部件改进后全生命周期碳足迹、成本信息

生命周期阶段	材料阶段	制造阶段	运输阶段	使用阶段	生命周期末期	全生命周期
CFP/kgCO$_2$e	1215.3	1150.1	11.8	123702.3	2.8	126082.3
C/元	623.9	1287.7	89.7	116341.0	200.0	118542.1

对比表 10.9 与表 10.6～表 10.8 可知，虽然材料阶段碳足迹和成本都得到了优化，但是使用阶段碳足迹和成本却呈现出相反性质，导致全生命周期碳足迹和成本反而增加。因此，在零部件设计初期，应当从产品全生命周期的角度统筹考虑设计方案。通过将演化算法应用于产品低碳设计，有效解决了设计方案的组合爆炸问题，同时，以不同需求作为优化目标，挖掘并生成相应的设计知识，为设计者在设计初期阶段提供决策参考。

第 11 章　低碳设计可拓智能方法原型系统

低碳设计可拓智能方法原型系统软件开发是通过前几章的研究工作，系统地将基础理论、低碳技术、知识驱动的创新技术与实际低碳需求整合，利用计算机辅助设计技术，智能化地处理低碳设计过程中的复杂冲突问题，实现低碳设计方案涌现。该系统以人机协同为设计目的，碳排放关键数据采集、提炼及集成的智能化处理方法为基础，整合现有大型空气动力装备中的螺杆机低碳实例、相关设计资料、设计标准与专利库等设计知识，实现从低碳需求到系统创新方案的智能化推理过程及设计方案的输出。通过该软件平台，可向外协企业提供产品低碳数据库构建、低碳产品检索、低碳产品实例动态分类及低碳设计冲突协调方法等相关的应用服务，达到人机互动的形式化、智能化、高效化与通用化，实现产品低碳设计快速响应低碳需求的能力，并提高现有产品实例、设计知识、数据库等的有效利用。

11.1　系统开发及主要功能模块

11.1.1　系统开发工具及运行配置

本书所开发的面向大型空气动力装备低碳设计可拓智能方法的原型系统采用 Microsoft Visual C++ 6.0、SQL Server 2008，软件开发的基础平台为 SolidWorks 2012，利用 SolidWorks 提供的基于 COM 的 API 对象，在 MFC 功能下完成上层 UI 交互层和中间算法、规则、约束等的层与底层各类数据库之间的系统功能，使低碳设计系统体现出更好的可视化、易操作与掌握、更好的智能化与更高的通用化。

本原型系统可运行的系统配置如下：

(1) 硬件最低配置，CPU 667MHz、256MB 内存、64MB 显存、4 倍速光盘驱动器以上。

(2) 软件最低配置，Windows XP 操作系统、SolidWorks 2012 平台、Microsoft Visual C++ 6.0、SQL Server 2008、Microsoft Access 6.0。

使用 Microsoft Visual C++ 6.0 进行 SolidWorks 二次开发有如下优势：

(1) 高效地使用 GDI 实现绘图功能。

(2) Microsoft Visual C++ 6.0 能够提供给用户高度的可视化开发方式和强大的向导工具，并且用户能轻松地开发多种类型的应用程序。

(3) Microsoft Visual C++ 6.0 具有强大的调试功能，帮助开发人员寻找出错误和提高程序效率。

(4) Microsoft Visual C++ 6.0 与 SolidWorks 有很好的连接性, 方便在 SolidWorks 上挂菜单, 且更大程度地使用 SolidWorks API, 用于较大系统的开发。

11.1.2　系统组织结构体系

1. 系统开发目标

低碳设计原型系统开发的目标是应用课题研究的关键技术及理论成果, 不仅为客户和公司企业建立起一套性能良好、使用方便、操作简单、专业要求相对低的计算机辅助设计支持系统的桥梁式软件平台, 也为生产与设计企业增强解决低碳设计过程中的复杂冲突问题的创新能力, 提高快速响应市场低碳需求效率及设计方案涌现, 缩短产品开发周期。PLCD 原型系统将达到如下效果:

(1) 有利于在网络化环境下的低碳需求快速获取与响应。

(2) 快速分析低碳设计中出现的各种类型的冲突问题及给出对应的协调策略。

(3) 增加产品实例、设计知识、各类数据库的重用度, 加快低碳设计方案涌现, 从而降低开发成本与缩短开发周期, 提高企业的创造性、创新性和竞争力。

(4) 加强客户在低碳产品设计各环节中的参与度与体验, 有利于指导正确的低碳设计方向。

(5) 适当降低低碳设计专业要求, 简化软件操作复杂度, 增加人机互动性与可视化。

2. 系统基本框架

系统基本框架由以下几部分构成: 以面向对象的 VC 语言为客户端, 结合 Access 建立标准件参数库, 通过 ActiveX Automation 技术控制服务端 SolidWorks 自身二次开发接口 API 函数, 调用其对象、属性、方法, 实现 SolidWorks 的二次开发, 如图 11.1 所示。

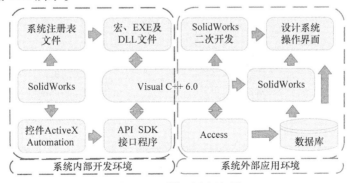

图 11.1　系统开发框架图

3. 系统基本框架的组织结构体系

大型空气动力装备低碳创新设计系统主要包括空气压缩机和钻凿机械两大系列产品，其登录界面如图 11.2 所示。

图 11.2　系统登录界面

该系统主要包括四大结构，即 SolidWorks 软件平台、应用对象的机电产品、人机交互界面及其流程实现的各个模块，主要包括低碳需求获取模块、产品全生命周期低碳数据库管理模块、产品实例相似检索模块、相似产品实例动态分类模块、低碳设计冲突问题协调模块、低碳设计方案管理模块等。系统基本架构如图 11.3 所示。

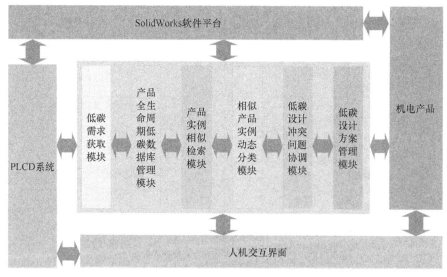

图 11.3　系统组织基本架构

11.1.3　系统主要功能模块

该系统的主要功能模块是将这六大模块进行分解而获得的具有可操作的各个功能菜单模块。其特点是功能全面、功能之间相对独立、功能菜单层次精炼化、功能菜单数量适宜化等。

1. 低碳需求获取模块

低碳需求获取模块的主要作用是对产品低碳需求进行管理和输入操作。该模块主要包括低碳需求输入模块、产品实例数据查询、客户账户管理、产品反馈意见、低碳需求统计模块，如图 11.4 所示。

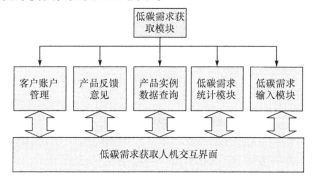

图 11.4　低碳需求获取模块

2. 产品全生命周期低碳数据库管理模块

产品全生命周期低碳数据库管理模块的主要作用是现有产品实例全生命周期各个阶段的碳足迹和成本数据计算及缺省数据补全、产品实例增减、产品实例归类等。该模块主要包括碳足迹与成本数据计算、产品实例缺省数据补全、产品实例添加与删除、产品实例自动归类、产品实例数据统计等功能模块，如图 11.5 所示。

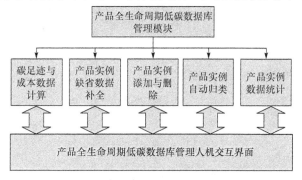

图 11.5　产品全生命周期低碳数据库管理模块

3. 产品实例相似检索模块

产品实例相似检索模块的主要作用是依据低碳需求输入模块，检索实例库获得相似度较高的实例。该模块主要包括低碳需求规范化、产品实例检索、相似实例管理等，如图 11.6 所示。

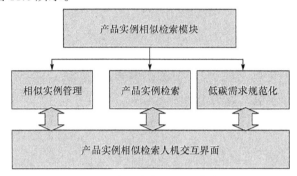

图 11.6　产品实例相似检索模块

4. 相似产品实例动态分类模块

相似产品实例动态分类模块的主要作用是在相似产品实例静态分类的基础上，通过层次变换和多维关联函数变换的动态分类，区分相对狭小相似度区间内的产品实例优选，凸显在该范围内产品实例的优势点，增加客户选择的多样性与个性化。该模块主要包括相似实例静态分类、产品实例域变换、多维关联函数变换、基于多维关联函数的动态分类、产品实例动态分类结果管理，如图 11.7 所示。

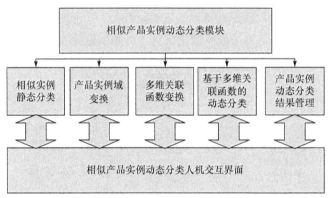

图 11.7　相似产品实例动态分类模块

5. 低碳设计冲突问题协调模块

低碳设计冲突问题协调模块主要是解决低碳设计中出现的两类冲突问题，给出符合低碳需求的设计方案解集。该模块主要包括核问题与非核问题转换、TRIZ 与可拓集成、基于物理矛盾的不相容问题策略生成、基于技术矛盾的对立问题策略生成、低碳设计冲突协调方案涌现，如图 11.8 所示。

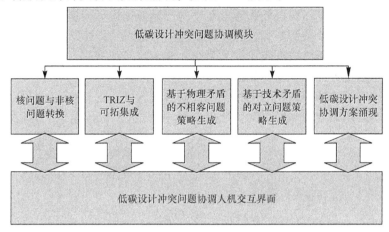

图 11.8　低碳设计冲突问题协调模块

6. 低碳设计方案管理模块

低碳设计方案管理模块的主要作用是对协调设计方案解集进行评价优选、各个环节设计知识管理、低碳需求到低碳设计方案输出映射、低碳设计方案的三维模型导出。该模块主要包括低碳设计方案优选、低碳设计知识管理、低碳需求输入与低碳设计方案输出挖掘、低碳设计方案的 CAD 模式、低碳设计方案零部件管理、低碳设计方案反馈意见等功能模块，如图 11.9 所示。

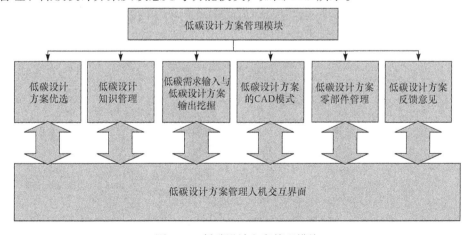

图 11.9　低碳设计方案管理模块

11.2　系统应用说明

以大型螺杆空气压缩机低碳需求驱动的产品低碳设计为例，介绍产品低碳设计系统的应用过程及关键步骤、内容及要点。

进入螺杆空气压缩机低碳设计子系统，输入账号和密码，该账号和密码与前面进入的总系统界面不一样，如图 11.10 所示。

以低碳需求获取模块中的产品实例数据查询为例，选择查询的低碳实例，并显示其基本的产品介绍和简单的优缺点分析，以螺杆空气压缩机为例，如图 11.11 所示。

图 11.10　产品低碳设计系统登录界面

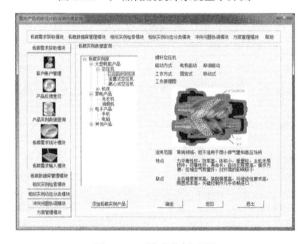

图 11.11　低碳实例选择

　　确定选择螺杆空气压缩机实例后，显示数据库中的全部螺杆空气压缩机实例型号、全生命周期碳足迹和成本、性能数据。依据查询输入的名称或特征不同，可以获得相对应的结果，针对获得的多种实例，可任选两种进行对比分析，如图 11.12 所示。

　　以低碳数据管理模块中的碳足迹和成本计算为例，螺杆空气压缩机的全生命周期碳足迹和成本的计算都是通过每个零部件对应参数的累加获得,如选电动机，输入各个阶段的特征数据可计算出各个阶段碳足迹和成本，如图 11.13 所示。

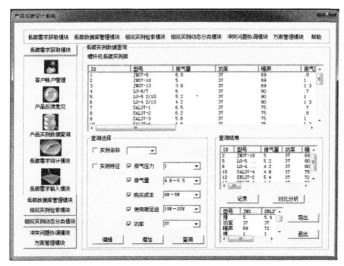

图 11.12　低碳实例查询结果分析

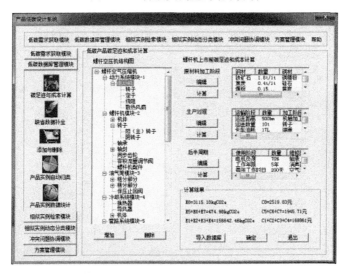

图 11.13　产品碳足迹和成本计算过程

　　以相似实例检索模块中的产品实例检索为例，通过选择不同检索层级可得到不同的相似度值，并对应显示低碳实例满足、相似及不满足的柱状图。依据雷达图显示各个实例的相似程度，如图 11.14 所示。

　　以相似实例动态分类模块中的基于多维关联函数的动态分类为例，通过第 i 次低碳需求的输入，并判断关联函数的选择公式，得到该次的分类。综合分析每次的分类结果，获得动态分类变化趋势及导出所需要的域内实例集，如图 11.15 所示。

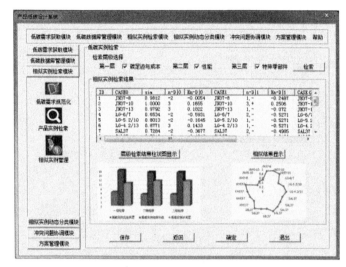

图 11.14　相似实例检索及结果分析

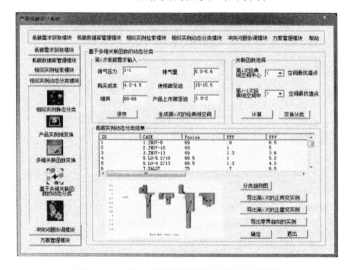

图 11.15　动态分类结果及分类趋势预测

　　以冲突问题协调模块中的基于技术矛盾的对立问题策略生成为例，通过导入负量变域内的实例库，依据截集获得变换实例集，任意选择一个螺杆空气压缩机实例(以实例 9 为例)，生成对立问题。依据设计目标与实力结构的层次关系，确定冲突要素，结合 TRIZ 给出创新原理解及创新设计变换对象，如图 11.16 所示。然后设定创新变换的激励特征和初始变换步长，结合变换矩阵，给出符合要求的设计方案，并导入仿真软件进行结果的对比分析，如图 11.17 所示。

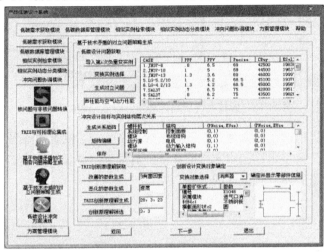

图 11.16　TRIZ 创新原理解生成

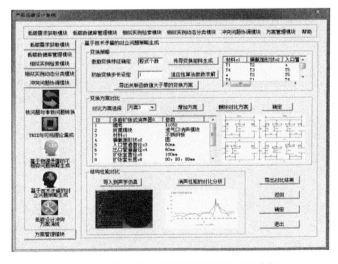

图 11.17　创新方案的结构及性能对比分析

　　以方案管理模块中的低碳设计方案的 CAD 模式为例，导入优选方案，显示螺杆空气压缩机产品零部件组成信息，在 SolidWorks 中生成 CAD 三维装配模型爆炸图，如图 11.18 所示。

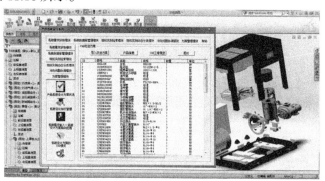

图 11.18　螺杆空气压缩机创新方案 CAD 模型输出

　　利用计算机辅助设计方法开发低碳设计可拓智能方法原型系统，验证了本书的理论方法和关键技术，初步实现了从低碳需求到低碳设计方案智能化生成的设计流程，提高了产品低碳设计的效率。

参 考 文 献

[1] 路甬祥. 论创新设计[M]. 北京: 中国科学技术出版社, 2017.

[2] 中国机械工程学会. 中国机械工程技术路线图[M]. 北京: 中国科学技术出版社, 2016.

[3] Herrmann I T, Hauschild M Z. Effects of globalisation on carbon footprints of products[J]. CIRP Annals-Manufacturing Technology, 2009, 58(1): 13-16.

[4] Laurent A, Olsen S I, Hauschild M Z. Carbon footprint as environmental performance indicator for the manufacturing industry[J]. CIRP Annals-Manufacturing Technology, 2010, 59(1): 37-40.

[5] Sinden G. The contribution of PAS 2050 to the evolution of international greenhouse gas emission standards[J]. International Journal of Life Cycle Assessment, 2009, 14(3): 195-203.

[6] BSI.Guide to PAS 2050 how to assess the carbon footprint of goods and services[S]. UK: British Standards, 2008.

[7] Wiedmann T. Carbon footprint and input-output analysis-An introduction[J]. Economic Systems Research, 2009, 21(3): 175-186.

[8] Jeswiet J, Kara S. Carbon emissions and CESTM in manufacturing[J]. CIRP Annals-Manufacturing Technology, 2008, 57(1): 17-20.

[9] Joyce T, Okrasinski T A, Schaeffer W. Estimating the carbon footprint of telecommunications products: A heuristic approach[J]. Journal of Mechanical Design, 2010, 132(9): 94052.

[10] 张秀芬. 复杂产品可拆卸性分析与低碳结构进化设计技术研究[D]. 杭州: 浙江大学, 2011.

[11] 孙良峰, 裘乐淼, 张树有, 等. 面向低碳化设计的复杂装备碳排放分层递阶模型[J]. 计算机集成制造系统, 2012, 18(11): 2381-2390.

[12] 黄海鸿, 戚赟徽, 刘光复, 等. 面向产品设计的全生命周期能量分析方法[J]. 农业机械学报, 2007, 38(11): 88-92.

[13] 尹瑞雪, 曹华军, 李洪丞, 等. 砂型铸造生产系统碳排放量化方法及应用[J]. 计算机集成制造系统, 2012, 18(5): 1071-1076.

[14] 陶雪飞, 曹华军, 李洪丞, 等. 基于碳排放强度系数的产品物料消耗评价方法及应用[J]. 系统工程, 2011, 29(2): 123-126.

[15] Pasqualino J, Meneses M, Castells F. The carbon footprint and energy consumption of beverage packaging selection and disposal[J]. Journal of Food Engineering, 2011, 103(4): 357-365.

[16] Myung C L, Lee H, Choi K, et al. Effects of gasoline, diesel, LPG, and low-carbon fuels and various certification modes on nanoparticle emission characteristics in light-duty vehicles[J]. International Journal of Automotive Technology, 2009, 10(5): 537-544.

[17] Rotz C A, Montes F, Chianese D S. The carbon footprint of dairy production systems through partial life cycle assessment[J]. Journal of Dairy Science, 2010, 93(3): 1266-1282.

[18] 赵燕伟, 洪欢欢, 周建强, 等. 产品低碳设计研究综述与展望[J]. 计算机集成制造系统, 2013, 19(5): 897-908.

[19] Xu Z Z, Wang Y S, Teng Z R, et al. Low-carbon product multi-objective optimization design for meeting requirements of enterprise, user and government[J]. Journal of Cleaner Production, 2015, 103(9): 747-758.

[20] 刘琼, 周迎冬, 张漪. 面向低碳的切削参数与调度集成优化[J]. 机械工程学报, 2017, 53(5): 24-33.

[21] 田广东, 张洪浩, 王丹琦. 基于模糊 AHP-灰色关联 TOPSIS 的拆解方案评估研究[J]. 机械工程学报, 2017, 53(5): 34-40.

[22] 刘飞, 张华, 陈晓慧. 绿色制造的决策框架模型及其应用[J]. 机械工程学报, 1999, 35(5): 11-15.

[23] 鲍宏, 刘光复, 王吉凯. 面向低碳设计的产品多层次碳足迹分析方法[J]. 计算机集成制造系统, 2013, 19(1): 22-29.

[24] 中国科学院可持续发展战略研究组. 2009 中国可持续发展战略报告——探索中国特色的低碳道路[M]. 北京: 科学出版社, 2009.

[25] 刘飞, 李聪波, 曹华军, 等. 基于产品生命周期主线的绿色制造技术内涵及技术体系框架[J]. 机械工程学报, 2009, 45(12): 115-120.

[26] Gerner S, Kobeissi A, David B, et al. Integrated approach for disassembly processes generation and recycling evaluation of an end-of-life product[J]. International Journal of Production Research, 2005, 43(1): 195-222.

[27] Kim H J, Ciupek M, Buchholz A, et al. Adaptive disassembly sequence control by using product and system information[J]. Robotics and Computer-Integrated Manufacturing, 2006, 22(3): 267-278.

[28] 刘志峰, 李新宇, 张洪潮. 基于智能材料主动拆卸的产品设计方法[J]. 机械工程学报, 2009, 45(10): 192-197.

[29] Xiang W, Ming C. Implementing extended producer responsibility: Vehicle remanufacturing in China[J]. Journal of Cleaner Production, 2011, 19(6-7): 680-686.

[30] 徐滨士, 刘世参, 史佩京. 再制造工程的发展及推进产业化中的前沿问题[J]. 中国表面工程, 2008, 21(1): 1-5.

[31] Gabbar H A. Engineering design of green hybrid energy production and supply chains[J]. Environmental Modelling & Software, 2009, 24(3): 423-435.

[32] Devanathan S, Ramanujan D, Bernstein W Z, et al. Integration of sustainability into early design through the function impact matrix[J]. Journal of Mechanical Design, 2010, 132(8): 081004.

[33] Huisingh D, Zhang Z, Moore J C, et al. Recent advances in carbon emissions reduction: Policies, technologies, monitoring, assessment and modeling[J]. Journal of Cleaner Production, 2015, 103(9): 1-12.

[34] 刘红旗, 陈世兴. 产品绿色度的综合评价模型和方法体系[J]. 中国机械工程, 2000, 11(9): 62-65.

[35] 陈建, 赵燕伟, 李方义, 等. 基于转换桥方法的产品绿色设计冲突消解[J]. 机械工程学报, 2010, 46(9): 132-142.

[36] 汪劲松, 向东, 段广洪. 产品绿色化工程概论[M]. 北京: 清华大学出版社, 2010.

[37] 刘志峰, 张福龙, 张雷, 等. 面向客户需求的绿色创新设计研究[J]. 机械设计与研究, 2008, 24(1): 6-10.

[38] 刘献礼, 陈涛. 机械制造中的低碳制造理论与技术[J]. 哈尔滨理工大学学报, 2011, 16(1): 1-8.

[39] 李祺, 刘海涛, 黄田. 考虑静柔度约束的 A3 并联动力头轻量化设计[J]. 机械工程学报, 2016, 52(17): 105-115.

[40] 吴清文. 空间相机中主镜的轻量化技术及其应用[J]. 光学精密工程, 1997, 5(6): 71-82.

[41] 谭惠丰, 王超, 王长国. 实现结构轻量化的新型平流层飞艇研究进展[J]. 航空学报, 2010, 31(2): 257-264.

[42] 杨合, 李恒, 张志勇, 等. 弯管成形理论和技术研究进展与发展趋势[J]. 中国航空学报: 英文版, 2012(1): 1-12.

[43] 焦洪宇, 周奇才, 李英, 等. 桥式起重机轻量化主梁结构模型试验研究[J]. 机械工程学报, 2015, 51(23): 168-174.

[44] 郭垒, 张辉, 叶佩青, 等. 基于灵敏度分析的机床轻量化设计[J]. 清华大学学报(自然科学版), 2011, 51(6): 846-850.

[45] Zulaika J J, Campa F J, de Lacalle L N L. An integrated process-machine approach for designing productive and lightweight milling machines[J]. International Journal of Machine Tools and Manufacture, 2011, 51(7-8): 591-604.

[46] 史国宏, 陈勇, 杨雨泽, 等. 白车身多学科轻量化优化设计应用[J]. 机械工程学报, 2012, 48(8): 110-114.

[47] 赵韩, 钱德猛. 基于 ANSYS 的汽车结构轻量化设计[J]. 农业机械学报, 2005, 36(6): 12-15.

[48] 李艳萍, 刘海江, 童荣辉. 基于多目标满意度的车身轻量化方案优选[J]. 计算机集成制造系统, 2011, 17(1): 37-44.

[49] 彭禹, 郝志勇. 基于虚拟样机的动态轻量化设计方法[J]. 浙江大学学报(工学版), 2008, 42(6): 984-988.

[50] Fredricson H. Structural topology optimisation: An application review[J]. International Journal of Vehicle Design, 2005, 37(1): 67-80.

[51] Jiao R J, Xu Q L, Du J, et al. Analytical affective design with ambient intelligence for mass customization and personalization[J]. International Journal of Flexible Manufacturing Systems, 2007, 19(4): 570-595.

[52] 付培红, 周宏明, 李峰平, 等. 基于生物仿生的产品生态系统及进化[J]. 计算机集成制造系统, 2012, 18(5): 905-912.

[53] 张秀芬, 张树有, 伊国栋. 产品可拆卸结构单元图谱构建与演化[J]. 机械工程学报, 2011, 47(3): 95-102.

[54] 刘征, 潘凯, 顾新建. 集成 TRIZ 的产品生态设计方法研究[J]. 机械工程学报, 2012, 48(11): 72-77.

[55] 左铁镛, 戴铁军. 有色金属材料可持续发展与循环经济[J]. 中国有色金属学报, 2008, 18(5): 755-763.

[56] 张玲, 王正肖, 潘晓弘, 等. 绿色设计中产品拆卸序列生成与评价[J]. 农业机械学报, 2010, 41(12): 199-204.

[57] 高一聪, 冯毅雄, 谭建荣, 等. 面向寿命终结阶段的机械产品设计绿色多准则优化[J]. 机械工程学报, 2011, 47(23): 144-151.

[58] 唐涛, 刘志峰, 刘光复, 等. 绿色模块化设计方法研究[J]. 机械工程学报, 2003, 39(11): 149-154.

[59] Smith S, Yen C C. Green product design through product modularization using atomic theory[J]. Robotics and Computer-Integrated Manufacturing, 2010, 26(6): 790-798.

[60] 孙有朝, 黄进永, 王伟. 基于零件故障率和拆卸时间的产品拆卸性定量评估方法[J]. 机械工程学报, 2010, 46(13): 147-154.

[61] 潘云鹤, 孙守迁, 包恩伟. 计算机辅助工业设计技术发展状况与趋势[J]. 计算机辅助设计与图形学学报, 1999, 11(3): 57-61.

[62] 李方义, 段广洪, 汪劲松, 等. 产品绿色设计评估建模[J]. 清华大学学报(自然科学版), 2002, 42(6): 783-786.

[63] 李先广, 刘飞, 曹华军. 齿轮加工机床的绿色设计与制造技术[J]. 机械工程学报, 2009, 45(11): 140-145.

[64] 余卓民, 赵洪伦. 以可靠性为中心的机车车辆结构全生命周期安全管理体系[J]. 中国铁道科学, 2005, 26(6): 1-6.

[65] 向东, 段广洪, 汪劲松. 产品全生命周期分析中的数据处理方法[J]. 计算机集成制造系统, 2002, 8(2): 150-154.

[66] 陈鹏, 刘志峰, 刘光复. 产品全生命周期节能设计关键技术分析[J]. 农业机械学报, 2008, 39(11): 113-116, 121.

[67] Ross S, Evans D. Use of life cycle assessment in environmental management[J]. Environmental Management, 2002, 29(1): 132-142.

[68] Umeda Y, Fukushige S, Tonoike K, et al. Product modularity for life cycle design[J]. CIRP Annals-Manufacturing Technology, 2008, 57(1): 13-16.

[69] Umeda Y, Fukushige S, Tonoike K. Evaluation of scenario-based modularization for lifecycle design[J]. CIRP Annals-Manufacturing Technology, 2009, 58(1): 1-4.

[70] 李江, 钟诗胜, 刘金, 等. 基于可拓理论的模块化设计方法研究[J]. 计算机集成制造系统, 2006, 12(5): 641-647.

[71] 李国喜, 吴建忠, 张萌, 等. 基于功能-原理-行为-结构的产品模块化设计方法[J]. 国防科技大学学报, 2009, 31(5): 75-80.

[72] 高卫国, 徐燕申, 陈永亮, 等. 广义模块化设计原理及方法[J]. 机械工程学报, 2007, 43(6): 48-54.

[73] 刘昆, 张育林, 程谋森. 液体火箭发动机系统瞬变过程模块化建模与仿真[J]. 推进技术, 2003, 24(5): 401-405.

[74] 汪文旦, 秦现生, 阎秀天, 等. 一种可视化设计结构矩阵的产品设计模块化识别方法[J]. 计算机集成制造系统, 2007, 13(12): 2345-2350.

[75] 朱元勋, 周德俭, 谌炎辉. 面向模块化库的装载机模块接口的系列化设计[J]. 机械设计与制造, 2012, 50(5): 255-257.

[76] 孙喜龙. 汽车被动安全性的模块化建模方法与多目标优化研究[D]. 长春: 吉林大学, 2013.

[77] 李彭超. 智能水下机器人模块化建模技术研究[D]. 哈尔滨: 哈尔滨工程大学, 2013.

[78] 谢鸿宇, 王习祥, 杨木壮, 等. 机动车燃料碳排放分析[J]. 武汉理工大学学报(交通科学与工程版), 2011, 35(5): 1040-1043.

[79] 谢友柏. 现代设计理论和方法的研究[J]. 机械工程学报, 2004, 40(4): 1-9.

[80] 冯培恩, 邱清盈, 潘双夏, 等. 机械广义优化设计的理论框架[J]. 中国机械工程, 2000,

11(1-2): 126-129.

[81] 魏喆, 谭建荣, 冯毅雄. 广义性能驱动的机械产品方案设计方法[J]. 机械工程学报, 2008, 44(5): 1-10.

[82] 孟祥慧, 谢友柏, 戴旭东. 面向复杂产品时变性能设计的理论与方法[J]. 机械工程学报, 2010, 46(1): 128-133.

[83] 苏楠, 郭明, 陈建, 赵燕伟, 等. 基于可拓挖掘的产品方案再配置方法[J]. 计算机集成制造系统, 2010, 16(11): 2346-2354.

[84] 周思杭, 刘振宇, 谭建荣. 基于智能理解的异地协同虚拟装配冲突消解[J]. 计算机集成制造系统, 2012, 18(4): 738-746.

[85] 周文滨. 并联混合动力汽车能量控制策略研究[D]. 长春: 吉林大学, 2013.

[86] 高淳. 增程式电动汽车动力舱交互热分析与热管理系统设计[D]. 长春: 吉林大学, 2016.

[87] 姚现伟. 基于 STM32 的智能家居红外控制系统研究与设计[D]. 秦皇岛: 燕山大学, 2014.

[88] 李立轩. 基于 GPRS 的路灯智能控制技术的研究[D]. 杭州: 杭州电子科技大学, 2013.

[89] 梁艳娟. 空压机变频改造节能技术的研究与应用[J]. 制造业自动化, 2011, 33(13): 153-156.

[90] Wong S. Coping with conflict in cooperative knowledge-based systems[J]. IEEE Transactions on Systems Man and Cybernetics-Part A Systems and Humans, 1997, 27(1): 57-72.

[91] Klein M. Conflict management as part of an integrated exception handling approach[J]. Artificial Intelligence for Engineering Design Analysis and Manufacturing, 1995, 9(4): 259-267.

[92] 盛步云, 林志军, 丁毓峰, 等. 基于粗糙集的协同设计冲突消解事例推理技术[J]. 计算机集成制造系统, 2006, 12(12): 1952-1956.

[93] 孟秀丽, 韩向东, 曹杰. 机床协同设计中基于实例的冲突消解[J]. 机械设计与制造工程, 2005, 34(10): 109-112.

[94] 马海波, 熊光楞, 李涛, 等. 协同设计中冲突的集成解决方案[J]. 高技术通讯, 2001, 11(1): 61-65.

[95] Pena-Mora F, Wang C Y. Computer-supported collaborative negotiation methodology[J]. Journal of Computing in Civil Engineering, 1998, 12(2): 64-81.

[96] Yang S L, Fu C. Constructing confidence belief functions from one expert[J]. Expert Systems with Applications, 2009, 36(4): 8537-8548.

[97] 陈亮, 金国栋, 罗志伟. 产品多学科协同设计的协商模型[J]. 机械工程学报, 2006, 42(8): 175-781.

[98] 徐文胜, 熊光楞, 钟佩思. 并行工程中标准满意度评价空间中的冲突协商方法[J]. 计算机集成制造系统, 2001, 7(9): 60-63.

[99] Fresner J, Jantschgi J, Birkel S, et al. The theory of inventive problem solving(TRIZ) as option generation tool within cleaner production projects[J]. Journal of Cleaner Production, 2010, 18(2): 128-136.

[100] Chang H T, Chen J L. The conflict-problem-solving CAD software integrating TRIZ into eco-innovation[J]. Advances in Engineering Software, 2004, 35(8): 553-566.

[101] 马力辉, 檀润华. 基于 TRIZ 进化理论和 TOC 必备树的冲突发现与解决方法[J]. 工程设计学报, 2007, 14(3): 177-180.

[102] 楼炯炯, 桂方志, 任设东, 等. 基于可拓创新方法的改进 TRIZ 研究[J]. 计算机集成制造

系统, 2018, 24(1): 127-135.

[103] Ren S D, Gui F Z, Zhao Y W, et al. Accelerating preliminary low-carbon design for products by integrating TRIZ and Extenics methods[J]. Advances in Mechanical Engineering, 2017, 9(9): 168781401772546.

[104] Chen J L, Liu C C. An eco-innovative design approach incorporating the TRIZ method without contradiction analysis[J]. The Journal of Sustainable Product Design, 2001, 1(14): 263-272.

[105] 杨红燕, 陈光, 顾新. TRIZ 创新方法的应用推广及问题对策[J]. 情报杂志, 2010, 29(6): 16-18.

[106] 杨春燕, 蔡文. 可拓学[M]. 北京: 科学出版社, 2014.

[107] 蔡文, 杨春燕, 何斌. 可拓逻辑初步[M]. 北京: 科学出版社, 2003.

[108] 赵燕伟, 周建强, 洪欢欢, 等. 可拓设计理论方法综述与展望[J]. 计算机集成制造系统, 2015, 21(5): 1157-1167.

[109] 杨春燕, 张拥军. 可拓策划[M]. 北京: 科学出版社, 2002.

[110] 李聪波, 王秋莲, 刘飞, 等. 基于可拓理论的绿色制造实施方案设计[J]. 中国机械工程, 2010, 21(1): 71-75.

[111] 马辉, 张树有, 谭建荣, 等. 基于事物元的产品设计过程可拓重用方法[J]. 机械工程学报, 2006, 42(3): 110-116.

[112] 楼健人, 伊国栋, 张树有, 等. 基于知识的产品可拓配置与进化设计技术研究[J]. 浙江大学学报(工学版), 2007, 41(3): 466-470.

[113] 赵燕伟, 苏楠. 可拓设计[M]. 北京: 科学出版社, 2010.

[114] 洪欢欢, 赵燕伟, 陈尉刚. 多维关联函数建模及其低碳实例检索应用[J]. 中国机械工程, 2017, 28(6): 688-694.

[115] 洪欢欢, 胡舜迪, 赵鹏, 等. 产品创新中技术冲突的粒度分类与可拓协调方法[J]. 计算机集成制造系统, 2018, 24(1): 136-145.

[116] 周建强, 赵燕伟, 洪欢欢, 等. 基于可拓变换的产品性能冲突传导协调方法[J]. 中国机械工程, 2014, 25(5): 661-668.

[117] 周建强, 赵燕伟, 洪欢欢, 等. 基于需求驱动的性能冲突可拓传导变换协调方法[J]. 计算机集成制造系统, 2013, 19(6): 1205-1215.

[118] 桂方志, 任设东, 赵燕伟, 等. 基于改进可拓学第三创造法的产品创新设计[J]. 智能系统学报, 2017, 12(1): 38-46.

[119] 朱李楠, 赵燕伟, 王万良. 基于 RVCS 的云制造资源封装、发布和发现模型[J]. 计算机集成制造系统, 2012, 18(8): 1829-1838.

[120] Zhao Y W, Ren S D, Hong H H, et al. Extension classification method for low-carbon product cases[J]. Advances in Mechanical Engineering, 2016, 8(5): 1687814016647615.

[121] 赵燕伟, 占胜, 苏楠, 等. 基于可拓数据挖掘的产品性能配置设计[J]. 机械设计与制造, 2011, 49(5): 18-20.

[122] 王万良. 人工智能及其应用[M]. 3 版. 北京: 高等教育出版社, 2016.

[123] 尚福华, 李想, 巩淼. 基于模糊框架-产生式知识表示及推理研究[J]. 计算机技术与发展, 2014, 24(7): 38-42.

[124] 沈亚诚, 舒忠梅. 基于框架和产生式表示法的病历知识库研究[J]. 南方医科大学学报,

2006, 26(10): 1467-1470.

[125] 李雷. 基于产生式规则的变压器故障诊断专家系统[D]. 西安: 西安电子科技大学, 2008.

[126] Wang W, Yang M, Seong P H. Development of a rule-based diagnostic platform on an object-oriented expert system shell[J]. Annals of Nuclear Energy, 2016, 88: 252-264.

[127] Khan W A, Amin M B, Khattak A M, et al. Object-oriented and ontology-alignment patterns-based expressive mediation bridge ontology(MBO)[J]. Journal of Information Science, 2015, 41(3): 296-314.

[128] Khan A A, Chaudhry I A. Object oriented case representation for CBR application in structural analysis[J]. Applied Artificial Intelligence, 2015, 29(4): 335-352.

[129] Jezek P, Moucek R. Semantic framework for mapping object-oriented model to semantic web languages[J]. Frontiers in Neuroinformatics, 2015, 9(3): 1-15.

[130] Witherell P, Krishnamurty S, Grosse I R. Ontologies for supporting engineering design optimization[J]. Journal of Computing and Information Science in Engineering, 2007, 7(2): 141-150.

[131] 张善辉, 杨超英, 刘震宇. 基于本体的机械产品设计知识嵌入方法[J]. 计算机集成制造系统, 2010, 16(11): 2385-2391.

[132] Feng Y X, Hao H, Tan J R, et al. Variant design for mechanical parts based on extensible logic theory[J]. International Journal of Mechanics and Materials in Design, 2010, 6(2): 123-134.

[133] 王体春, 陈炳发, 卜良峰. 基于公理化设计的产品方案设计可拓配置模型[J]. 中国机械工程, 2012, 23(19): 2269-2275.

[134] 王德伦, 张德珍, 马雅丽. 机械运动方案设计的状态空间方法[J]. 机械工程学报, 2003, 39(3): 22-27.

[135] 张德珍. 串联机械系统运动方案设计的状态空间理论与方法的研究[D]. 大连: 大连理工大学, 2003.

[136] Zhang X F, Zhang S Y. Product cooperative disassembly sequence planning based on branch-and-bound algorithm[J]. The International Journal of Advanced Manufacturing Technology, 2010, 51(9-12): 1139-1147.

[137] Wang R C, Wu J D, Qian Z N, et al. A graph theory based energy routing algorithm in energy local area network[J]. IEEE Transactions on Industrial Informatics, 2017, 13(6): 3275-3285.

[138] Nishi T, Maeno R. Petri net modeling and decomposition method for solving production scheduling problems[J]. Journal of Advanced Mechanical Design, Systems, and Manufacturing, 2007, 1(2): 262-271.

[139] Zhong C F, Li Z W. A deadlock prevention approach for flexible manufacturing systems without complete siphon enumeration of their Petri net models[J]. Engineering with Computers, 2009, 25(3): 269-278.

[140] 朱芳来, 董志豪, 徐立云. 实例检索中基于混合属性距离的相似性度量[J]. 同济大学学报(自然科学版), 2015, 43(7): 1089-1096.

[141] Liu J S, Lu L Y Y. An integrated approach for main path analysis: Development of the Hirsch index as an example[J]. Journal of the American Society for Information Science and Technology, 2012, 63(3): 528-542.

[142] Castro J L, Navarro M, Sánchez J M, et al. Loss and gain functions for CBR retrieval[J]. Information Sciences, 2009, 179(11): 1738-1750.

[143] Zhang W Y, Tor S B, Britton G A. A two-level modelling approach to acquire functional design knowledge in mechanical engineering systems[J]. The International Journal of Advanced Manufacturing Technology, 2002, 19(6): 454-460.

[144] Ishino Y, Jin Y. An information value based approach to design procedure capture[J]. Advanced Engineering Informatics, 2006, 20(1): 89-107.

[145] Huang S H, Hao X, Benjamin M. Automated knowledge acquisition for design and manufacturing: The case of micromachined atomizer[J]. Journal of Intelligent Manufacturing, 2001, 12(4): 377-391.

[146] Antonsson E K, Otto K N. Imprecision in engineering design[J]. Journal of Vibration and Acoustics, 1995, 117(s1): 25-32.

[147] Li H, Azarm S. Product design selection under uncertainty and with competitive advantage[J]. Journal of Mechanical Design, 2000, 122(4): 411-418.

[148] Aughenbaugh J M. The value of using imprecise probabilities in engineering design[J]. Journal of Mechanical Design, 2006, 128(4): 969-979.

[149] Pimmler T U, Eppinger S D. Integration analysis of product decompositions[C]. ASME Design Theory and Methodology Conference, New York, 1994: 1-10.

[150] Sharman D M, Yassine A A. Characterizing complex product architectures[J]. Systems Engineering, 2004, 7(1): 35-60.

[151] Choo H J, Hammond J, Tommelein I D, et al. DePlan: A tool for integrated design management[J]. Automation in Construction, 2004, 13(3): 313-326.

[152] DSM Home. http://www.dsmweb.org/[EB/OL].

[153] DSM Conference Web. https://dsmconferenceblog.wordpress.com/[EB/OL].

[154] Browning T R. Applying the design structure matrix to system decomposition and integration problems: A review and new directions[J]. IEEE Transactions on Engineering Management, 2001, 48(3): 292-306.

[155] 王万良. 人工智能导论[M]. 4 版. 北京: 高等教育出版社, 2017.

[156] 宋欣. 复杂产品设计知识模型构建及其重用方法研究[D]. 天津: 天津大学, 2009.

[157] 杨春燕, 蔡文. 可拓数据挖掘研究进展[J]. 数学的实践与认识, 2009, 39(4): 134-141.

[158] 陈文伟. 挖掘变化知识的可拓数据挖掘研究[J]. 中国工程科学, 2006, 8(11): 70-73.

[159] 赵燕伟. 基于多级菱形思维模型的方案设计新方法[J]. 中国机械工程, 2000, 11(6): 684-686.

[160] Zhang J H, Wang F L, Wang C K. Integrating case-based with rule-based reasoning in body-in-white fixture design[J]. International Journal of Advanced Manufacturing Technology, 2015, 85(5-8): 1807-1824.

[161] Vong C M, Leung T P, Wong P K. Case-based reasoning and adaptation in hydraulic production machine design[J]. Engineering Applications of Artificial Intelligence, 2002, 15(6): 567-585.

[162] Qi J, Hu J, Peng Y H. Incorporating adaptability-related knowledge into support vector machine for case-based design adaptation[J]. Engineering Applications of Artificial Intelligence, 2015,

37: 170-180.

[163] 刘辉. 基于设计结构层次的机械产品设计实例表达与推理[D]. 济南: 山东大学, 2012.

[164] Baxter D, Gao J, Case K, et al. An engineering design knowledge reuse methodology using process modelling[J]. Research in Engineering Design, 2007, 18(1): 37-48.

[165] Gray P M D, Runcie T, Sleeman D. Reuse of constraint knowledge bases and problem solvers explored in engineering design[J]. Artificial Intelligence for Engineering Design, Analysis and Manufacturing, 2014, 29(1): 1-18.

[166] Gero J S. Future Directions for Design Creativity Research[C]. International Conference on Design Creativity, Kobe, 2011: 15-22.

[167] Kelly N, Gero J S. Interpretation in design: Modelling how the situation changes during design activity[J]. Research in Engineering Design, 2014, 25(2): 109-124.

[168] Kelly N, Gero J S. Situated interpretation in computational creativity[J]. Knowledge-Based Systems, 2015, 80: 48-57.

[169] 舒慧林, 刘继红, 钟毅芳. 计算机辅助机械产品概念设计研究综述[J]. 计算机辅助设计与图形学学报, 2000, 12(12): 947-954.

[170] Goel A K. Design, analogy, and creativity[J]. IEEE Expert, 1997, 12(3): 62-70.

[171] Umeda Y, Ishii M, Yoshioka M, et al. Supporting conceptual design based on the function-behavior-state modeler[J]. Artificial Intelligence for Engineering Design Analysis and Manufacturing, 1996, 10(4): 275-288.

[172] Campbell M I, Cagan J, Kotovsky K. Agent-based synthesis of electroMechanical design configurations[J]. Journal of Mechanical Design, 1998, 122(1): 61-69.

[173] Zhang W Y, Tor S B, Britton G A, et al. EFDEX: A knowledge-based expert system for functional design of engineering systems[J]. Engineering with Computers, 2001, 17(4): 339-353.

[174] Qian L, Gero J S. Function-behaviour-structure paths and their role in analogy-based design[J]. Artificial Intelligence for Engineering Design Analysis and Manufacturing, 1996, 10(4): 289-312.

[175] Bracewell R H, Sharpe J E E. Functional descriptions used in computer support for qualitative scheme generation-"Schemebuilder" [J]. Artificial Intelligence for Engineering Design Analysis and Manufacturing, 1996, 10(4): 333-345.

[176] 宋玉银, 蔡复之, 张伯鹏, 等. 基于实例推理的产品概念设计系统[J]. 清华大学学报(自然科学版), 1998, 38(8): 5-8.

[177] 刘志峰, 王淑旺, 万举勇, 等. 基于模糊物元的绿色产品评价方法[J]. 中国机械工程, 2007, 18(2): 166-170.

[178] 李立希, 杨春燕, 李铧汶. 可拓策略生成系统[M]. 北京: 科学出版社, 2006.

[179] 王美清, 唐晓青. 产品设计中的用户需求与产品质量特征映射方法研究[J]. 机械工程学报, 2004, 40(5): 136-140.

[180] 魏喆. 性能驱动的复杂机电产品设计理论和方法及其在大型注塑装备中的应用[D]. 杭州: 浙江大学, 2009.

[181] 谭建荣, 谢友柏, 陈定方, 等. 机电产品现代设计: 理论、方法与技术[M]. 北京: 高等教

育出版社, 2009.

[182] 闻邦椿. 产品全功能与全性能的综合设计[M]. 北京: 机械工业出版社, 2008.

[183] Cooper R. The rise of activity based costing-part one: What is an activity-based cost system[J]. Journal of Cost Management, 1988, 2: 22-29.

[184] Shiu S, Pal S K. Foundations of Soft Case-Based Reasoning[M]. New York: John Wiley & Sons, 2004.

[185] Hashemi H, Shaharoun A M, Sudin I. A case-based reasoning approach for design of machining fixture[J]. The International Journal of Advanced Manufacturing Technology, 2014, 74(1): 113-124.

[186] Kang Y B, Krishnaswamy S, Zaslavsky A. A retrieval strategy for case-based reasoning using similarity and association knowledge[J]. IEEE Transactions on Cybernetics, 2013, 44(4): 473-487.

[187] Stephane N, Hector R, Marc L L J. Effective retrieval and new indexing method for case based reasoning: Application in chemical process design[J]. Engineering Applications of Artificial Intelligence, 2010, 23(6): 880-894.

[188] Akbari M, van Overloop P J, Afshar A. Clustered K nearest neighbor algorithm for daily inflow forecasting[J]. Water Resources Management, 2011, 25(5): 1341-1357.

[189] Jiang S Y, Pang G S, Ling W M, et al. An improved k-nearest neighbor algorithm for text categorization[J]. Expert Systems with Applications, 2003, 39(1): 1503-1509.

[190] Cao D S, Huang J H, Yan J, et al. Kernel k-nearest neighbor algorithm as a flexible SAR modeling tool[J]. Chemometrics and Intelligent Laboratory Systems, 2012, 114(7): 19-23.

[191] Hjaltason G R, Samet H. Index-driven similarity search in metric spaces[J]. ACM Transactions on Database Systems, 2003, 28(4): 517-580.

[192] 赵燕伟, 苏楠, 张峰, 等. 基于可拓实例推理的产品族配置设计方法[J]. 机械工程学报, 2010, 46(15): 146-154.

[193] 贾艳华, 莫蓉, 杨海成, 等. 基于可拓理论的 CBR 系统实例检索模型[J]. 计算机工程与应用, 2013, 49(2): 258-260.

[194] 胡伟, 胡国清, 魏昕, 等. 基于图论的产品实例检索结构相似度分析[J]. 农业机械学报, 2011, 42(8): 184-188.

[195] 钟诗胜, 王体春, 王威. 基于子空间法的多级实例分类检索与匹配模型[J]. 中国机械工程, 2009, 20(7): 767-772.

[196] 李锋, 冯珊. 基于人工神经网络的案例检索与案例维护[J]. 系统工程与电子技术, 2004, 26(8): 1053-1056.

[197] 张煜东, 霍元铠, 吴乐南, 等. 降维技术与方法综述[J]. 四川兵工学报, 2010, 31(10): 1-7.

[198] Yan Y C, Wen C. Extenics: Theory, Method and Application[M]. Beijing: Science Press, 2013.

[199] 赵燕伟, 姜高超, 华尔天, 等. 基于多维关联函数的产品低碳设计实例动态分类方法[J]. 计算机集成制造系统, 2015, 21(6): 1428-1435.

[200] 赵燕伟, 史文浩, 桂元坤, 等. 基于多维关联函数的调整工艺选择[J]. 科技导报, 2014, 32(36): 26-31.

[201] 赵燕伟, 任设东, 陈尉刚, 等. 基于改进 BP 神经网络的可拓分类器构建[J]. 计算机集成制造系统, 2015, 21(10): 2807-2815.

[202] Zhao Y W, Wang H, Hong H H. Cased-based reasoning based on extension theory for conflict resolution in cooperative design[J]. Lecture Notes in Computer Science, 2012, 7467: 134-142.

[203] 罗仕鉴, 潘云鹤. 产品设计中的感性意象理论、技术与应用研究进展[J]. 机械工程学报, 2007, 43(3): 8-13.

[204] 王玉, 邢渊, 阮雪榆. 机械产品设计重用策略研究[J]. 机械工程学报, 2002, 38(5): 145-148.

[205] 张氢, 卢耀祖, 高顺平, 等. 基于知识的产品级参数化虚拟设计的可重用性研究[J]. 中国机械工程, 2003, 14(20): 1753-1756.

[206] 顾晓华, 仲梁维. 基于知识工程的参数化设计[J]. 机械设计与制造工程, 2001, 30(4): 17-18, 31.

[207] 李治, 金先龙, 贾怀玉, 等. 产品设计知识的表示与重用技术[J]. 上海交通大学学报, 2006, 40(7): 1183-1186.

[208] 刘巍巍. 基于知识的机械产品快速设计方法研究[D]. 大连: 大连理工大学, 2014.

[209] 胡宝清. 可拓与关联分析理论及其在水文水环境的应用研究[D]. 武汉: 武汉大学, 2001.

[210] 李桥兴, 刘思峰. 基于区间距和区间侧距的初等关联函数构造[J]. 哈尔滨工业大学学报, 2006, 38(7): 1097-1100.

[211] 邓宏贵. 可拓理论与关联分析及其在变压器故障诊断中的应用[D]. 长沙: 中南大学, 2005.

[212] 何斌. 基于可拓逻辑的机器学习理论与方法[D]. 广州: 华南理工大学, 2005.

[213] 马大猷. 噪声与振动控制工程手册[M]. 北京: 机械工业出版社, 2002.

[214] 杨坤. 面向变异设计的零件结构分割与再生技术研究及应用[D]. 杭州: 浙江大学, 2013.

[215] 邹纯稳, 张树有, 伊国栋, 等. 面向产品变异设计的零件可拓物元模型研究[J]. 计算机集成制造系统, 2008, 14(9): 1677-1683.

[216] 光耀, 张树有, 裘乐淼. 基于设计结构矩阵的产品变异设计约束重建[J]. 计算机集成制造系统, 2010, 16(9): 1801-1808.

[217] 邱剑波. 面向零件结构变异的设计过程重用技术及应用研究[D]. 杭州: 浙江大学, 2008.

[218] Ong S K, Xu Q L, Nee A Y C. Design reuse methodology for product family design[J]. CIRP Annals-Manufacturing Technology, 2007, 56(1): 167-170.

[219] 周贤永. 基于 TRIZ 和可拓学的技术创新理论与方法研究[D]. 成都: 西南交通大学, 2012.

[220] 赵燕伟, 何路, 洪欢欢, 等. 面向 TRIZ-可拓学集成的创新方法研究[J]. 广东工业大学学报, 2015, 32(2): 1-10.

[221] Zhao Y W, Hong H H, Jiang G C, et al. Conflict resolution for product performance requirements based on propagation analysis in the extension theory[J]. Advances in Mechanical Engineering, 2014, doi: 10.1155/2014/589345.

[222] 王万良. 生产调度智能算法及其应用[M]. 北京: 科学出版社, 2007.